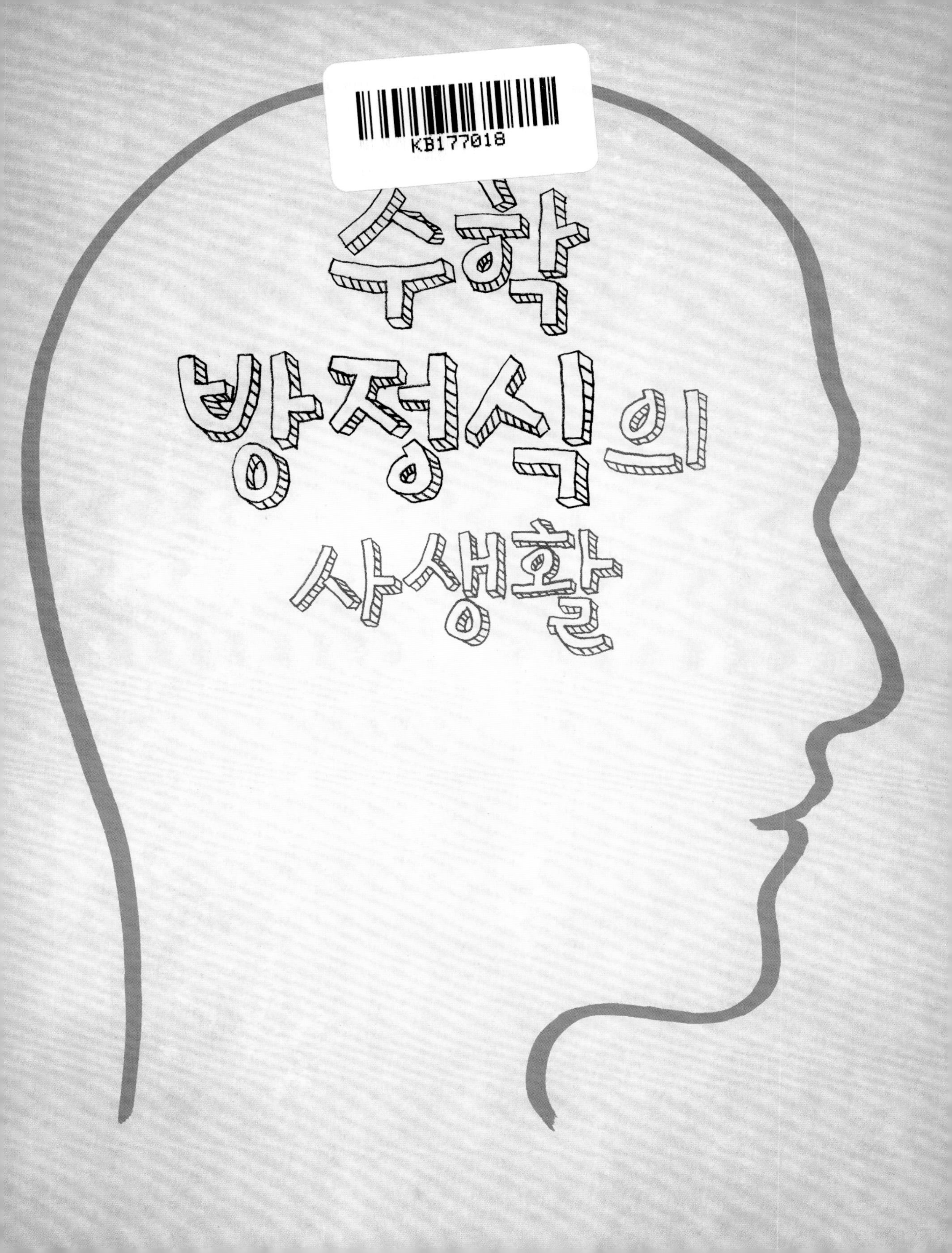

KB177018
수학
방정식의
사생활

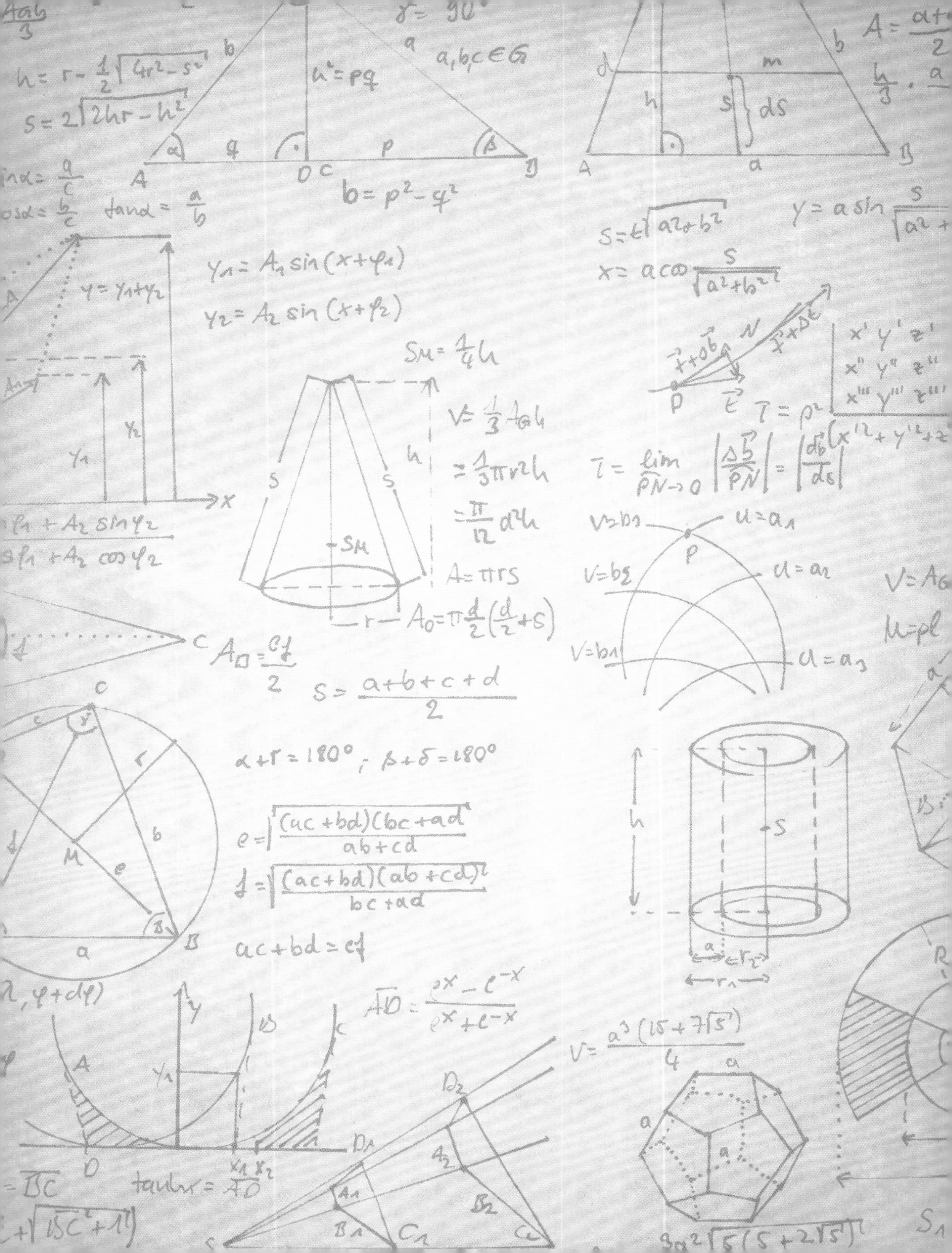

y₁ = A₁ sin(x+φ₁)
y₂ = A₂ sin(x+φ₂)
y = y₁+y₂
b = p² − q²
a, b, c ∈ G
h = r − ½√(4r² − s²)
s = 2√(2hr − h²)
tanα = a/b
Sм = ¼h
V = ⅓ AG h
= ⅓ πr²h
= π/12 d²h
A = πrs
A₀ = π d/2 (d/2 + s)
S = (a+b+c+d)/2
α+γ = 180° ; β+δ = 180°
e = √((ac+bd)(bc+ad) / (ab+cd))
f = √((ac+bd)(ab+cd) / (bc+ad))
ac+bd = ef
V = a³(15+7√5) / 4
u = a₁
u = a₂
u = a₃

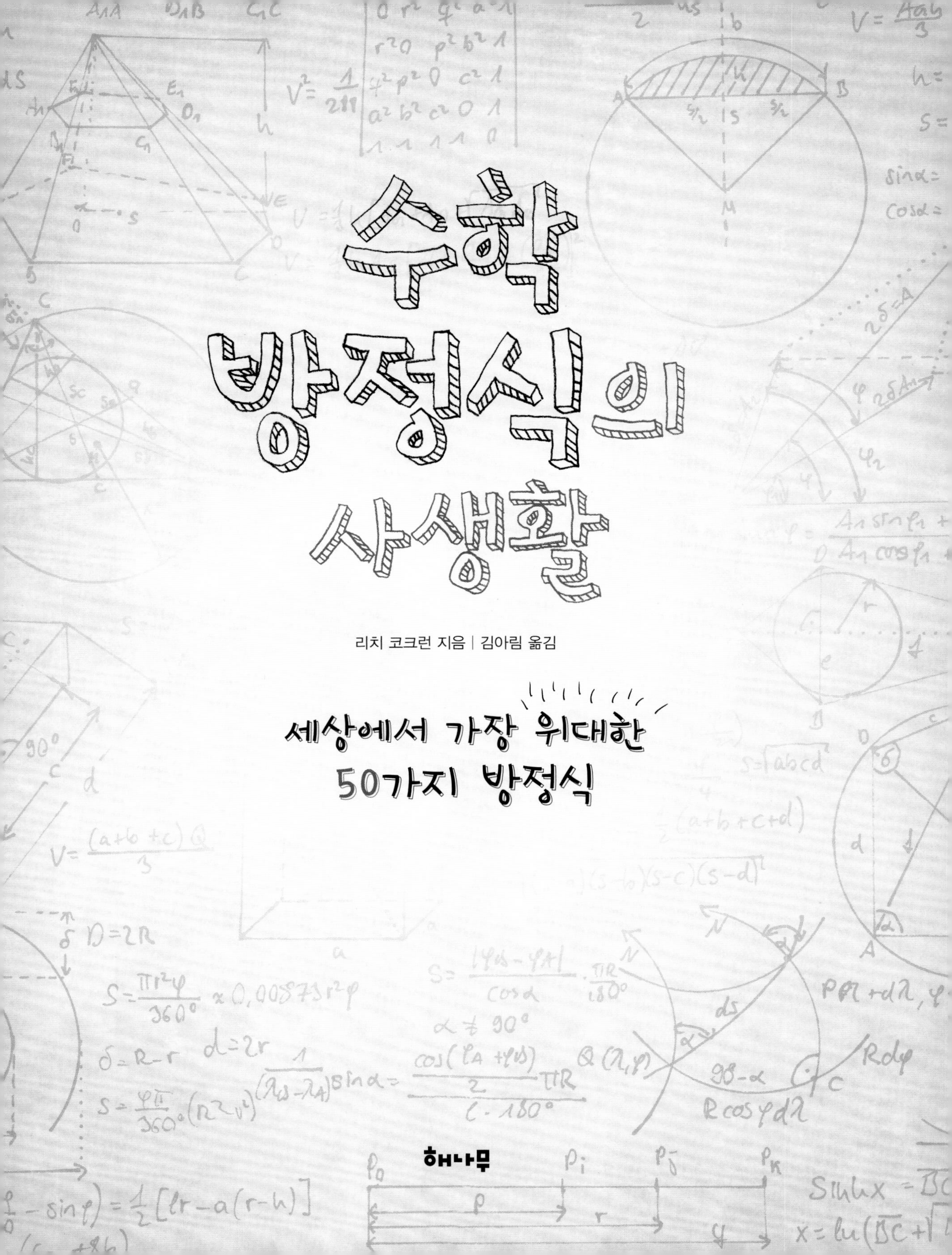

수학 방정식의 사생활

리치 코크런 지음 | 김아림 옮김

세상에서 가장 위대한
50가지 방정식

해나무

옮긴이 김아림
서울대학교에서 생물학을 전공했으며, 서울대학교 대학원 과학사 및 과학철학 협동과정에서 과학철학을 공부했다.
현재 교양과학, 철학, 역사 등 다양한 분야의 책을 번역하고 있다. 번역한 책으로는 『엔지니어들의 한국사』
『고래 : 고래와 돌고래에 관한 모든 것』『재난은 몰래 오지 않는다』『자연의 농담』 등 여러 권이 있다.

수학 방정식의 사생활
: 세상에서 가장 위대한 50가지 방정식

초판 발행 2017년 9월 25일

지은이 리치 코크런 | 옮긴이 김아림
펴낸이 김정순 | 편집 허영수 이근정 주이상
디자인 김진영 모희정 | 마케팅 김보미 임정진 전선경

펴낸곳 (주)북하우스 퍼블리셔스 | 출판등록 1997년 9월 23일 제406-2003-055호
주소 04043 서울시 마포구 양화로 12길 16-9(서교동 북앤드빌딩)
전자우편 henamu@hotmail.com | 홈페이지 www.bookhouse.co.kr
전화번호 02-3144-3123 | 팩스 02-3144-3121

ISBN 978-89-5605-728-6 04400
978-89-5605-726-2 (세트)

해나무는 (주)북하우스 퍼블리셔스의 과학 · 인문 브랜드입니다.

이 도서의 국립중앙도서관 출판시도서목록(CIP)은 서지정보유통지원시스템 홈페이지(http://seoji.nl.go.kr)와
국가자료공동목록시스템(http://www.nl.go.kr/kolisnet)에서 이용하실 수 있습니다.(CIP제어번호: CIP2017012721)

The Secret Life of Equations
by Rich Cochrane

First published in Great Britain in 2016 by Cassell Illustrated, a division of Octopus Publishing Group Ltd.,
Carmelite House 50 Victoria Embankment London EC4Y 0DZ.

차례

들어가며

기원후 약 820년에 페르시아의 수학자 무하마드 이븐 무사 알콰리즈미(Muhammad ibn Musa al-Khwarizmi)는『복원과 대비의 계산』이라는 저서를 남겼다. 이 책에서 알콰리즈미는 '대수학(algebra)'이라는 단어와 함께 몇 가지 기본 원리를 정리했다. 대수학의 기본은 균형 맞추기인데, 이것을 나타내는 수단이 바로 방정식이다. 예컨대 저울 한쪽에 사과를 올리고 다른 한쪽에 오렌지를 올린다면, 양쪽 무게가 같아야 저울의 균형이 맞을 것이다. 방정식이 하는 일이 이런 일이다. 양 변의 균형을 맞추는 것이다.

이 책의 활용법

여러분은 이 책을 처음부터 끝까지 소설책 읽듯이 쭉 읽을 수도 있다. 하지만 대부분, 수학책을 그렇게 읽지는 않는다. 수학은 여러 아이디어가 연결된 그물과 같기 때문에, 하나하나 곰곰이 따져보아야지 미리 정해진 순서대로 휙 훑어보는 것은 적절하지 않다. 이 책 역시 내용들이 서로 연결되며 이어지기 때문에, 뒤의 절을 읽고 앞의 절을 다시 읽어야 이해가 더 잘 될 것이다. 한 번에 이해할 수 없다고 실망하지는 말자. 우리들 대부분이 수학을 배울 때 이런 느낌을 갖기 때문이다. 물론 예상하지 못한 연결고리를 찾고 즐거워하기도 한다. 그런 연결고리 가운데 일부는 무척 심오하고 아름답다.

새로운 수학 아이디어를 접할 때, 전체적으로 어떤 일이 일어나는지 직관적인 그림을 그리는 것부터 시작하는 게 좋다.

그렇기에 이 책에서 할 수 있는 일은 수학의 여러 아이디어를 개괄적으로 쉽게 설명한 다음, 아이디어들 사이의 연관성을 보여주는 것이다. 이 과정에서 가끔씩 수학과 과학, 일상생활을 폭넓게 넘나들기도 할 것이다. 과감한 단순화 작업이 불가피하다. 이래야 수학 초심자들이 고마워하고 전문가들도 용서해줄 것이다. 비슷한 이유로 이 책에 실린 그래프 대부분은 눈금이 실제 수치에 비례하지 않는다. 수학 선생이라면 이런 방식에 화를 낼지도 모르지만, 불필요한 곁가지를 쳐내야 우리가 봐야 할 전체 그림에 집중할 수 있다.

기호에 대해서

그래도 이 책은 방정식에 관한 책이다. 유명한 수학 도서를 보면 대개 무시무시한 수식이 지나치게 많이 들어가지 않도록 하면서 조심스레 길을 찾아간다. 하지만 이 책은 정반대의 접근을 취한다. 수학자들이 사용하는 기호는 삶에 도움을 주려는 것이지 결코 더 힘들게 만들려는 것이 아니다. 이런 점에서 수학 기호는 음악가, 편집자, 안무가, 뜨개질하는 사람, 체스 선수들이 사용하는 전문 기호와 같다. 만약 그 기호의 의미를 모른다면 완전히 까막눈이 된 듯한 기분일 것이다. 하지만 기호를 읽을 수만 있다면 번거롭게 말로 늘어놓지 않아도 그림 보듯이 쉽게 알아볼 수 있다.

수학을 표기하는 방식이 언제나 논리적인 것만은 아니다. 수학은 지난 수백 년 동안 발전해왔기에 아무리 생각해도 바보 같은 방식을 따르기도 한다. 역사적인 발전 과정을 거친 거의 모든 것이 그렇다. 어쩌면 누군가 나서서 더욱 앞뒤가 잘 맞는 방정식 표기법을 새로 만들어야 할 수도 있다. 그러니 가끔은 어떤 기호가 뜻하는 바를 이해할 수는 있어도 왜 그렇게 작동하는지 알 수 없을 테지만, 그래도 걱정하지는 말라. 또 가끔은 옆 페이지의 일람표대로 기호를 읽어야 할 것이다. 그것은 무척 어려운 작업일 텐데, 여러분이 봤을 때 거의 완전히 제멋대로이고 임의적인 표기법을 배워야 하기 때문이다. 하지만 일단 표기법을 익히면 여러분도 제대로 사용할 수 있다.

나는 일단 여러분이 양수와 음수, 그리고 분수를 알고 있다고 가정했다. 대수학의 몇 가지 원리들도 함께 말이다. 문자를 비롯한 여러 기호는 미지의 수를 상

기호 일람표

이 책에서 반복적으로 나타나는 주요 기호들을 목록으로 정리했다.
옆에는 해당 기호가 처음 등장하는 페이지를 함께 표시했다.

기호	의미
$\sqrt{x}$	x의 제곱근(피타고라스 정리, 10쪽)
Σ	합(제논의 이분법, 18쪽)
lim	리미트(제논의 이분법, 18쪽)
∞	무한대(제논의 이분법, 18쪽)
π	파이(오일러 항등식, 40쪽)
sin, cos, tan	삼각함수(삼각법, 14쪽)
$\int$	적분(미적분학의 기본 정리, 26쪽)
$\frac{dy}{dx}$	x에 대한 y의 미분[x와 y 대신에 다른 문자가 들어가기도 함] (미적분학의 기본 정리, 26쪽)
$\frac{d^2y}{dx^2}$	x에 대한 y의 2차 미분[x와 y 대신에 다른 문자가 들어가기도 함] (미적분학의 기본 정리, 26쪽)
x', x''	시간에 대한 x의 1차, 2차 미분[다른 기호가 들어가기도 함] (곡률, 30쪽)
log, ln	로그 (로그, 36쪽)
i	−1의 제곱근 (오일러 항등식, 40쪽)
∇^2	라플라스 연산자 (열 방정식, 80쪽)
div, curl	벡터장의 도함수 (맥스웰 방정식, 92쪽)
∇	기울기 (나비에-스토크스 방정식, 96쪽)
$\neg$, $\wedge$, $\vee$	not(~이 아닌), and(그리고), or(또는)를 나타내는 논리 기호 (드모르간의 법칙, 126쪽)
$P(x)$	사건 x가 일어날 확률 (균일분포, 162쪽)
$P(x\|y)$	y라는 조건이 주어졌을 때 사건 x가 일어날 확률 (베이즈의 정리, 168쪽)

징할 수 있다. 이런 미지수들을 곱하는 것은 문자들을 옆으로 나란히 배치하는 것으로 나타낼 수 있다. 예컨대 다음과 같은 식이다.

$$\mathrm{a} \times \mathrm{b} = ab$$

그리고 나눗셈은 편리하게 분수로 표현할 수 있다.

$$a \div b = \frac{a}{b}$$

마지막으로 무엇보다 중요한 기호는 등호다. 등호는 한쪽 변에 있는 모든 것들이 다른 쪽 변의 모든 것과 같다는 뜻이다. 다른 기호들 역시 이런 식으로 뜻을 알아가면 된다.

각각의 방정식은 개별 부품이 맞물려 돌아가는 조그만 기계와 같다. 이 책에서 우리가 할 주된 일은 각각의 부품이 무슨 일을 하는지, 다른 부품들과 어떤 관계를 맺는지 알아보는 것이다. 가끔 기호들을 분석하거나 해독해야 한다. 가끔은 단순한 사례를 통해 알아봐야 할 수도 있다. 또 가끔은 모호한 무언가의 바닥까지 파헤쳐야 할 때도 있고, 반대로 빠르게 지나가며 흘긋 살펴야 하는 경우도 있다.

사실, 이 책은 학교에서 수학을 배우는 순서와는 달리 이리저리 왔다 갔다 할 것이다. 예컨대 고등학교 수준의 대수학을 다루다가도 그 다음에는 대학 전공자도 느지막이 접할 만한 내용을 다룬다. 나는 이런 순서는 무시하기로 했다. 수학 과목에서 여러 주제들의 난이도가 미리 정해진 것은 아니기 때문이다. 어린 시절에 배웠던 쉬운 계산이라 해도 놀랄 만큼 심오하고 신비한 것이 있고, 이른바 고급 전공과목 주제라 해도 전문 용어만 제대로 알면 꽤나 간단한 경우가 있다. 일단 흐름을 알고 관심이 가는 부분들을 좀 더 깊이 이해하려 애쓴다면 문제가 없다. 어떻게 하든 잘못된 방법은 없다.

우주의 모양

기하학과 수

피타고라스 정리

삼각형의 각 변은 공간이 어떻게 작동하는지 알려준다.

긴 변 / 나머지 변들

$$A^2 = B^2 + C^2$$

어떤 내용일까?

길이가 정해지지 않은 3개의 막대기가 있다고 하자. 막대기 각각의 길이가 A, B, C이고 그중에서 A가 가장 긴 변이라고 하자(또는 다른 변과 공동으로 가장 긴 변일 수도 있다). A의 길이가 $B+C$의 길이보다 길지 않으면 삼각형을 만들 수 있을 것이다. 하지만 이 삼각형에 사각형이나 직사각형처럼 90°의 직각을 만들고자 한다면, 꽤 특별한 집합의 막대기가 필요하다. 실제로 B와 C 막대기가 이미 직각으로 고정되어 있다면(L자를 이루며), 삼각형을 완성시키는 나머지 긴 변 A의 길이는 피타고라스 정리로 결정된다.

그렇지만 언뜻 이 정리는 그렇게 대단하지 않아 보인다. 첫째, 이 정리는 직각을 가진 삼각형에만 적용된다. 둘째, 우리가 일상생활에서 삼각형의 길이를 알아야 하는 경우가 과연 얼마나 될까? 그래도 삼각형은 무척 중요하다. 삼각형은 2차원으로 만들 수 있는 모양 가운데 가장 간단하기 때문에, 다른 2차원 도형과 관련한 문제를 삼각형으로 바꾸어놓을 수 있다. 3차원 도형 문제의 상당수도 그렇다. 더구나 직각삼각형은 다른 모든 삼각형 문제 가운데 특별한 위치를 차지한다(14쪽, '삼각법' 참고).

삼각형의 종류는 세 변의 길이에 따라 달라진다. 몇 가지 길이의 조합만으로는 삼각형이 되지 않는다.

이 정리는 왜 중요할까?

피타고라스 정리는 이 책에 등장하는 여러 방정식 가운데서도 직접 활용할 수 있는 얼마 안 되는 식이다. 예컨대 집에서 뭔가를 수리하거나 조립할 때 쓸모가 있다. 또, 피타고라스 정리는 거리를 예측하는 기본 방식을 담아낸다. 특히 이 정리는 대개 답을 찾아내는 방식과 관련 있다.

넓은 들판 한가운데에 나무 말뚝이 놓여 있다고 상상해보자. 그리고 이 들판 어딘가 비밀 장소에 보물을 숨겨놓았고, 여러분에게 간결한 방식으로 메시지를 전달해 보물이 있는 장소를 알려주려 한다. 만약 여러분에게 나침반이 있다면(또는 하늘을 보고 북쪽이 어디인지 알 수 있다면), 여러분에게 숫자 2개가 들어간 필수 정보만 알려주면 된다. 말뚝 앞에 서라고 한 다음 북쪽으로 몇 미터, 동쪽으로 몇 미터 걸어가라고 하는 식으로.

만약 보물을 숨겨둔 곳이 말뚝의 남동쪽이라면 어떻게 할까? 별 문제는 없다. 북을 음수로 나타낼 수 있기 때문이다. 북쪽 −10m라면 남쪽 10m를 뜻한다고 해석할 수 있다. 이런 방식으로 하면 들판이 아무리 넓더라도 숫자 2개만으로 어느 위치든 나타낼 수 있다. 사실, 이것은 편평한 2차원 공간 안에서 길을 찾는 데 사용하는 표준적인 방법이다. 1600년대 초반에 프랑스 수학자 르네 데카르트(René Descartes)가 공식화한 방식이기도 하다. 다만 북쪽과 동쪽 대신에 우리가 학교에서 배웠던 x와 y를 사용한다. 물리학자들은 가끔 i와 j를 써서 똑같은 것을 표현한다.

말뚝이 어디에 있는지는 중요하지 않다. 말뚝이 옮겨진다 해도 숫자들을 약간 조정하면 된다. 다시 말해 하나의 점(말뚝)으로 다른 한 점(보물)을 찾을 수 있는 것이다. 피타고라스가 했던 일도 똑같다. 위의 조건에서 북쪽과 동쪽으로 떨어진 거리가 직각삼각형의 두 변을 이룬다(동쪽 방향은 북쪽 방향과 직각을 이루기 때문이다). 따라서 피타고라스 정리는 말뚝과 보물 사이의 직통 거리를 알려준다. 이것은 어떤 공간 속, 거리에 관한 기본적인 사실이다.

어쩌면 이 원리를 3차원으로 확장할 수도 있을 것이다. 지면에서 위로 올라간 높이를 나타내는 숫자를 덧붙이기만 하면 된다(12쪽 그림 참고). 만약 그 숫자가 음수라면 땅 밑으로 그만큼 파고들라는 뜻이다! 피타고라스 정리는 3차원은 물론, 더 높은 차원에서도 적용된다. 이런 설정을 '직교 좌표계'라 부른다. 피타고라스 정리는 길이와 거리를 계산하는 방법을 알려준다. 이런 값은 수학, 물리학, 공학에서 허구한 날 쓰이는 가장 기본 정보다.

더 자세하게 알아보자

우리가 피타고라스에 대해 아는 바는 그렇게 많지 않다. 피타고라스는 기원전 5세기에 살았던 그리스 사람이었고, 수비학(數秘學) 집단의 지도자였다. 피타고라스의 삶과 가르침에 관한 별난 이야기가 많지만 그가 직접 남긴 저술은 하나도 전해지지 않는다. 피타고라스 정리도 어쩌면 그가 혼자서 발견하거나 증명한 것이 아닐지도 모른다. 아마 피타고라스의 추종자들 사이에 돌아다니던 내용일 것이다. 20세기의 수학자이자 저술가 야코프 브로노프스키(Jacob Bronowski)는 저서『인간 등정의 발자취(*The Ascent of Man*)』에서 피타고라스 정리를 '수학 전체에서 가장 중요한 정리'로 꼽았다. 물론 이런 표현이 다소 과장되었을지도 모르지만 적어도 고대 수학자들이 이룬 위대한 업적인 것만은 확실하다.

또 유념해야 할 사실은 피타고라스 정리가 이론적으로는 길이보다 면적에 관련된 방정식으로 보인다는 점이다. A가 10cm의 길이라면, A^2은 10cm×10cm, 즉 $100cm^2$의 값을 가진 면적이다. 즉 이 내용은 다음과 같은 오래된 문구로 정리된다. '가장 긴 변의 제곱은 나머지 두 변을 각각 제곱해 더한 값과 같다.' 하지만 아무리 그래도 모든 사람이 이 정리를 알아야 하는 이유는 여전히 오리무중이다. 일상생활에서 세 숫자를 제

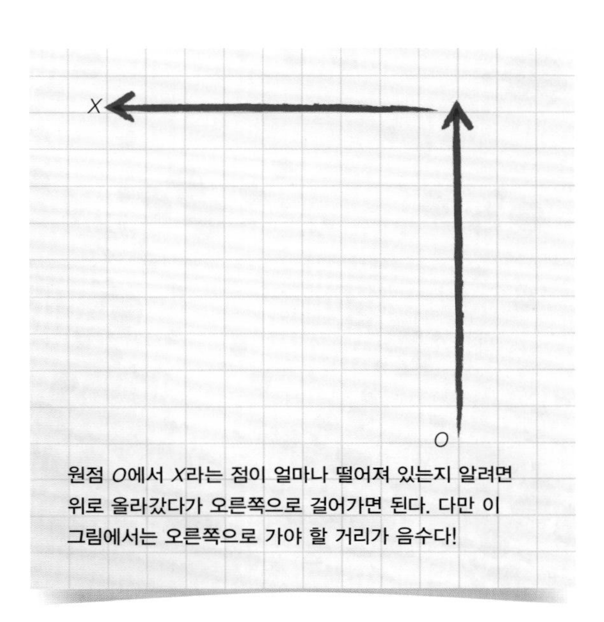

원점 O에서 X라는 점이 얼마나 떨어져 있는지 알려면 위로 올라갔다가 오른쪽으로 걸어가면 된다. 다만 이 그림에서는 오른쪽으로 가야 할 거리가 음수다!

곱한 값이 깔끔하게 정리되어 있는 경우가 얼마나 되겠는가.

이 정리가 가진 위력은 제곱근을 만드는 힘에서 온다. 제곱근끼리 곱하면 원래 숫자로 되돌아올 수 있다. 즉 $3 \times 3 = 9$이니 9의 제곱근은 3이다. 다시 말해 각 변의 길이가 3m인 방의 넓이는 $9m^2$이 된다. 오늘날의 표기법대로 하면 다음과 같다.

$$\sqrt{9} = 3$$

여기서 묘하게 생긴 체크 모양의 기호가 바로 '제곱근'을 뜻한다.

이제 우리는 피타고라스 정리를 이용해 막대기의 길이를 구하고 삼각형을 완성할 수 있다. 좀 더 신나는 예를 들자면, 보물이 말뚝에서 얼마나 떨어져 있는지도 이 정리를 통해 알 수 있다. 막대 B의 길이가 3cm이고 막대 C의 길이가 4cm이라고 해보자. 이 두 막대는 이미 L 모양으로 고정되어 있다. 이제 두 막대를 이어 삼각형을 만드는 막대 A의 길이는 다음과 같이 구할 수 있다.

$$\begin{aligned} A^2 &= B^2 + C^2 \\ &= 3^2 + 4^2 \\ &= 9 + 16 \\ &= 25\text{cm}^2 \end{aligned}$$

즉 A^2의 값을 알아낸 셈이다. 하지만 우리가 알려고 하는 것은 A값이다. 어떻게 하면 될까? 앞서 얘기한 제곱근을 구하면 된다.

$$\begin{aligned} A &= \sqrt{25} \\ &= 5\text{cm} \end{aligned}$$

각각의 변이 3인치, 4인치, 5인치이거나 다른 단위일 때도 피타고라스 정리는 잘 적용된다. 하지만 이 3, 4, 5라는 숫자는 우연히 선택된 것이 아니다. 피타고라스 정리가 적용되는 정수 A, B, C를 '피타고라스의 수'라 부른다. 이런 숫자들을 무턱대고 찾아내려 한다면 그렇게 간단한 작업이 아닐 것이다. 고대 그리스의 기하학자 유클리드는 이 숫자들을 찾아내는 영리한 방법을 고안했다. 먼저 2개의 서로 다른 정수 p, q를 고르

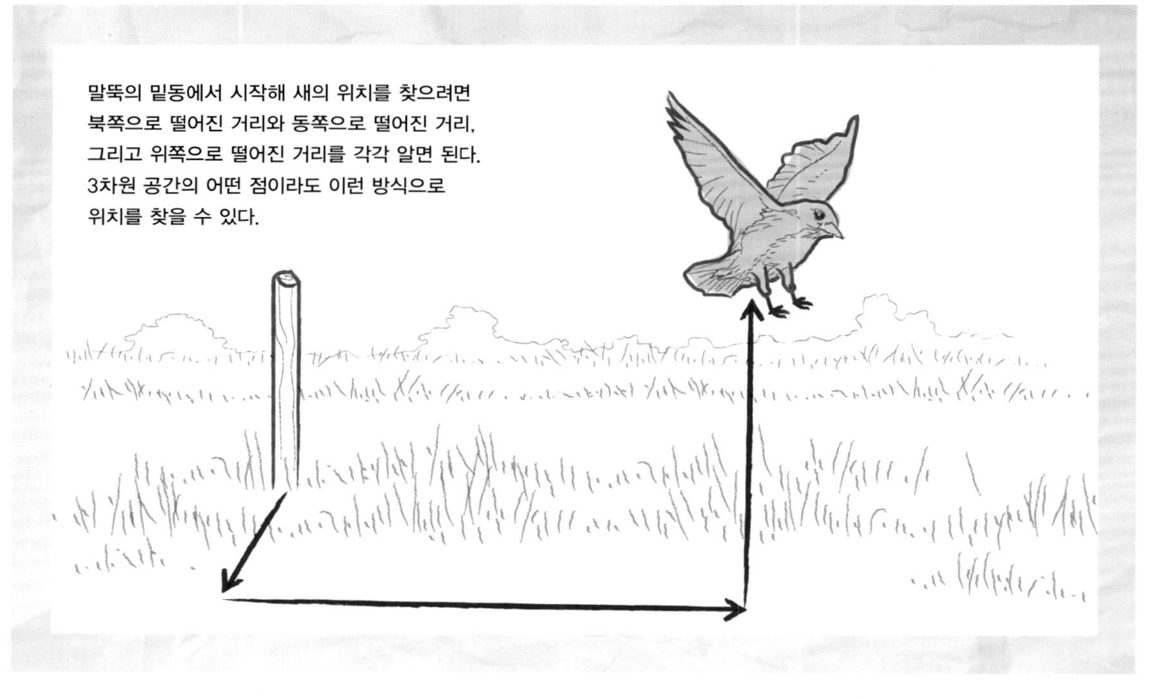

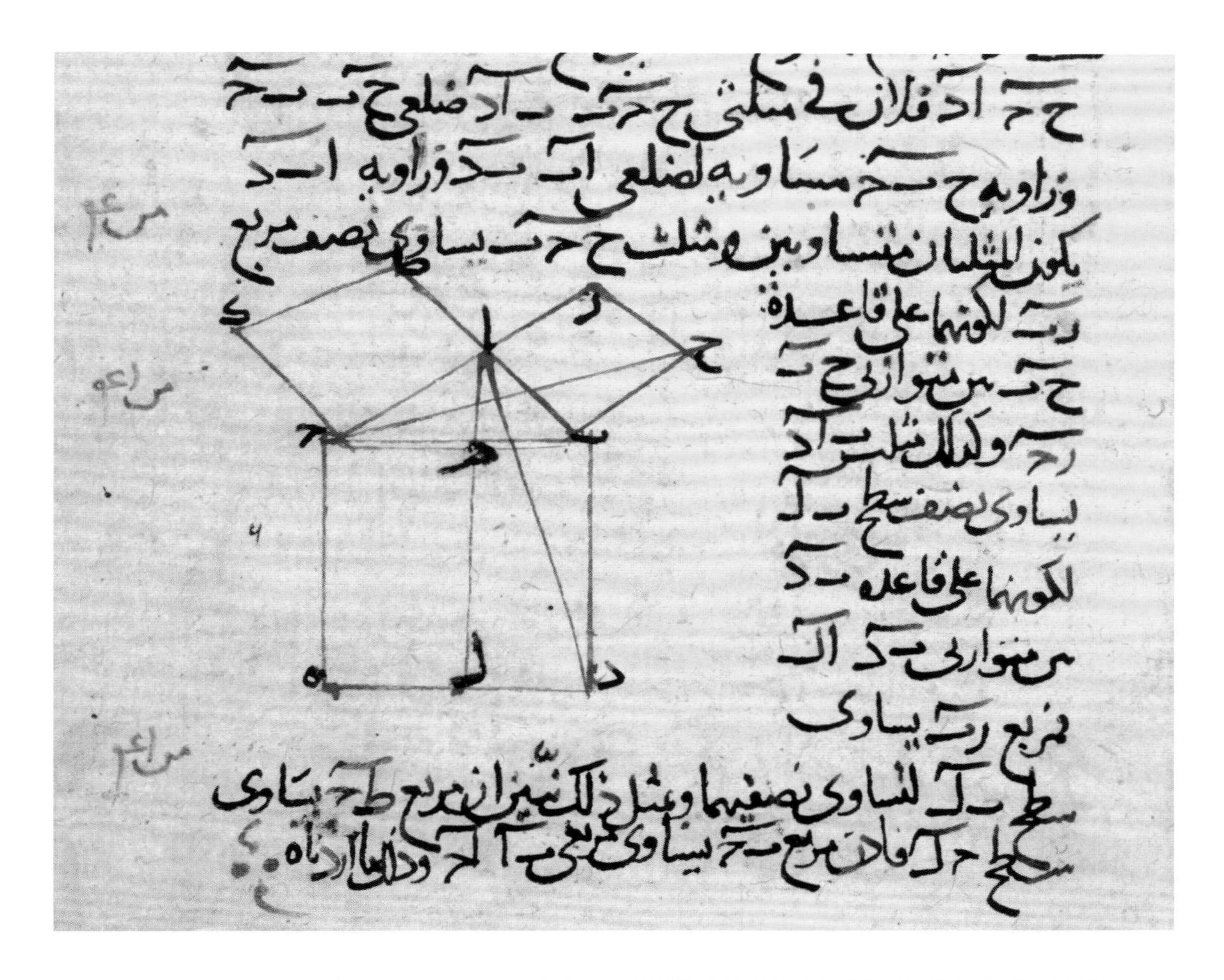

유명한 페르시아의 학자 나시르 알-딘 알-투시는 1258년에 피타고라스 정리에 대한 자기만의 유클리드식 증명을 아랍어로 출간했다.

고 p가 더 큰 수라고 하자. 다음과 같은 관계가 성립하는 A, B, C를 찾자.

$$A = p^2 + q^2$$
$$B = 2pq$$
$$C = p^2 - q^2$$

그러면 이제 피타고라스의 수를 찾아낸 셈이다. 여러분이 대수학을 조금 다룰 줄 안다면 $B^2 + C^2$가 A^2과 같은지 직접 증명할 수 있다. 유클리드의 방법이 잘 통하는지 한번 확인해보는 건 어떨까.

피타고라스 정리는 3개 사각형의 면적 사이의 관계를 보여주는 것 같지만 실제로는 어떤 공간에서 점들 사이의 거리를 알려준다.

삼각법

원은 세상을 돌아가게 하고, 삼각형으로 그 원을 다룰 수 있다.

각도

대변(맞변)

$$\sin(a) = \frac{O}{H}$$

빗변

$$\cos(a) = \frac{A}{H}$$

인접변(이웃변)

$$\tan(a) = \frac{O}{A}$$

빗변
H
O
대변(맞변)
A
인접변(이웃변)

어떤 내용일까?

'삼각법'은 '삼각형을 측정하는 방법'이라는 뜻이다. 삼각형은 기하학에서 가장 기본 도형이다. 삼각형은 측량이나 건축, 천문학을 비롯한 모든 분야에 등장한다. 그렇기 때문에 삼각법이 무척 오래된 기술이라는 사실은 전혀 놀랍지 않다. 심지어 가장 오래된 수학이라 할 수도 있다. 적어도 4000년 전 고대 이집트와 바빌론에서는 삼각법을 응용해 실용 기술을 발달시켰는데 여기서 삼각법의 시초를 찾을 수 있다.

삼각법은 원과 밀접한 관계가 있다. 원과 삼각형은 그렇게 닮지 않았지만 말이다. 이 사실 또한 아주 오래 전부터 직관적으로 알려져 있었다. 원 위를 돌면서 움직이는 점의 운동은 삼각함수로 표현할 수 있으며, 이 삼각함수는 원이나 매끄러운 앞뒤 운동을 포함하는 여러 수학 모형에 나타난다. 이 책에서도 몇몇 방정식에 모습을 드러낼 것이다.

더 자세히 알아보자

삼각형을 측정한다고 하면 두 가지가 생각난다. 세 변의 길이와 세 각의 크기다. 이것들은 서로 연결되어 있다. 이 점을 알아보려면 막대기 3개로 삼각형을 만들어 보자. 삼각형은 단 하나만 만들어질 것이다. 다시 말해 길이는 각도를 미리 결정한다.

이 관계는 실제 길이보다 길이 사이의 비율과 관련 있다. 각도는 같지만 변의 길이가 다른 2개의 삼각형이 존재할 수 있기 때문이다. 이런 도형을 가리켜 기하학에서는 '닮은꼴 삼각형'이라고 한다. 즉 삼각형의 각도를 결정하는 것은 각 변의 길이가 갖는 비율이지, 변의 실제 길이가 아니다.

기원후 600년경에 인도의 학자들은 오늘날 우리가 아는 것과 같은 삼각법의 주요 비율을 구했다. 오늘날에는 다른 이름, 즉 사인(sin), 코사인(cos), 탄젠트(tan)라고 부르는 것들이다. 또 다른 이름들도 있었는데 이

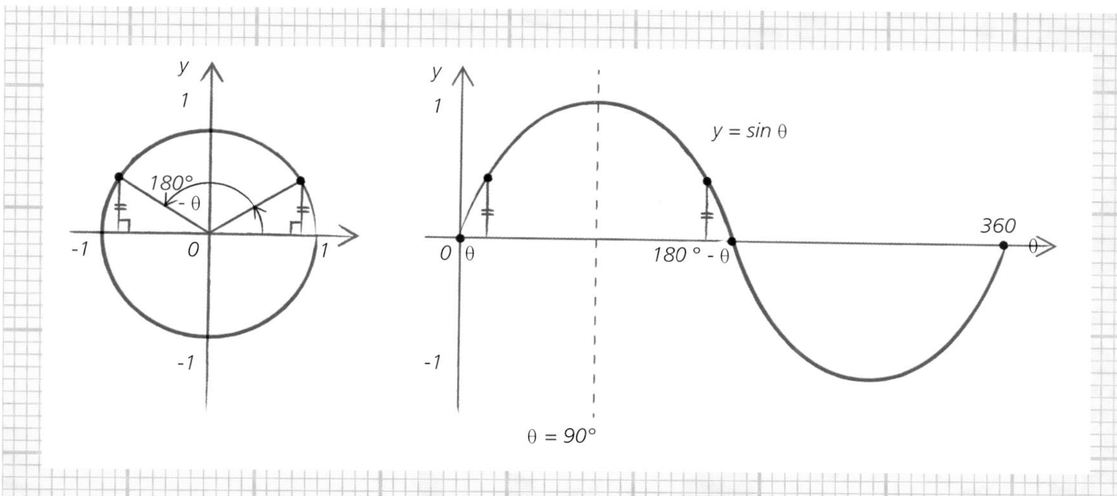

오른쪽 그래프의 사인 함수(오른쪽)는 왼쪽 그래프의 녹색 삼각형이 붉은색 원을 따라 쓸고 지나는 과정에서 가장 긴 변의 높이를 나타낸다.

세 가지가 가장 잘 알려진 이름이다. 오랜 기간에 걸쳐 사람들은 서로 다른 삼각형들을 측정해가며 이 비율을 열심히 계산했다. 왜 그렇게 해야 할 필요를 느꼈을까? 그 대답은 단순했다. 삼각법은 실생활에서 흔히 마주하는 문제들을 해결하는 데 도움이 되었기 때문이다.

여러분이 올라가기 힘들 만큼 높은 나무의 높이를 재고 싶어 한다고 가정해보자. 여러분은 땅에 드러누워 지면에서 나무 꼭대기를 올려다보는 각도를 잴 수 있다. 몇몇 간단한 도구를 사용하면 이 작업을 꽤 정확하게 해낼 수 있다. 또한 여러분이 드러누운 지점에서 나무 밑동까지의 거리도 쉽게 구할 수 있을 것이다. 이런 정보를 알면 삼각법으로 나무의 높이를 구할 수 있다.

따라서 우리는 각도 x와 이 각도에 닿아 있는 변의 길이 A를 알고 있다. 이제 이 각도에 대한 대변의 길이 O를 구하려면 다음 식에 대입하면 된다.

$$\tan(x) = \frac{O}{A}$$

예컨대 각도가 40°라고 하자. 그러면 표 또는 계산기를 활용해 tan(40)의 값 0.839를 찾을 수 있다. 그리고 거리 A가 10m라고 가정하면, 다음과 같은 식이 만들어진다.

$$0.839 = \frac{O}{10}$$

그러면 나무의 높이 O는 8.39m가 된다. 여러분이 상상하듯이 고대의 측량가나 건축가들은 이 계산법을 아주 유용하게 활용했다. 오늘날 후손들도 이 방법을 그대로 사용한다.

원, 각도, 거리는 가장 빈번하게 사용하는 기본적인 집짓기 블록이다. 삼각법은 독특하고 조화로운 방식으로 이 블록을 한데 모은다.

원뿔곡선

원, 타원, 포물선, 쌍곡선은 자연계 곳곳에서 볼 수 있으며 기하학으로 간단히 설명할 수 있다.

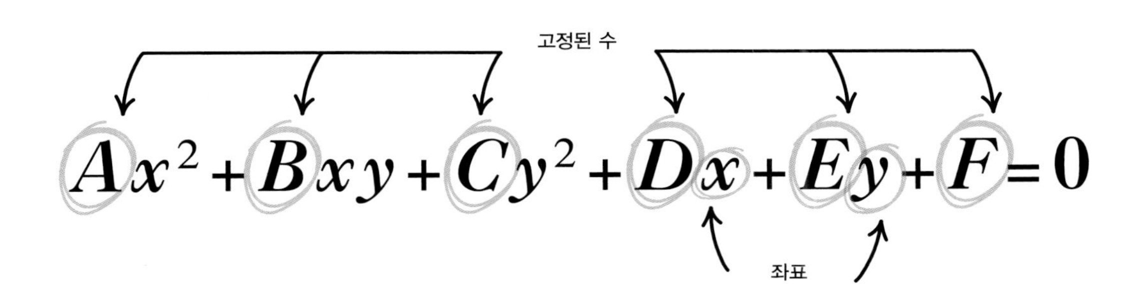

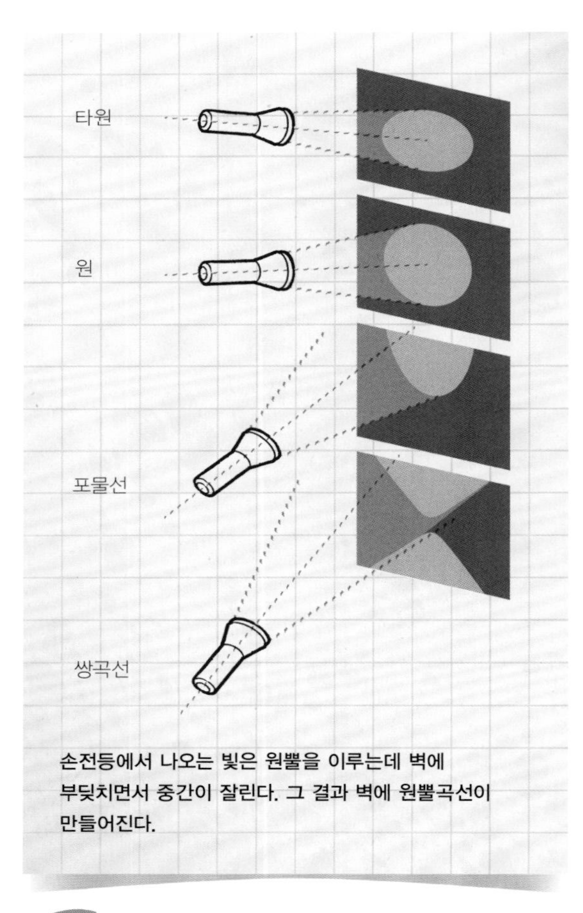

손전등에서 나오는 빛은 원뿔을 이루는데 벽에 부딪치면서 중간이 잘린다. 그 결과 벽에 원뿔곡선이 만들어진다.

어떤 내용일까?

벽에 손전등 불빛을 쏘아보자. 둥그런 모양의 빛이 만들어질 것이다. 이제 손전등을 천천히 위쪽으로 비추며 둥그런 빛이 어떻게 바뀌는지 살펴보자. 손전등을 계속 올리다 보면 어느 지점에서 갑자기 끝이 보이지 않게 모양이 툭 트일 것이다. 조금씩 모양이 바뀌며 달라 보이겠지만 이때 빛이 빚어내는 모양은 전부 '원뿔곡선'이다. 이들 곡선은 손전등 끝에서 나오는 원뿔 모양 빛을 가로로 잘라낸 모습이다.

원뿔곡선은 자연스러운 환경에서 불쑥 나타나는 경우가 많아 벽이나 손전등과 관련이 없을 것 같지만 놀랄 만한 기하학적인 특징을 공유한다. 연기나 먼지가 뿌옇게 낀 곳에서 손전등을 비춰 보면 실제로 3차원 원뿔 모양의 빛을 지속적으로 내뿜기 때문이다. 2차원적인 모양이 바뀌는 것처럼 보이는 이유는 단지 벽이 이 원뿔을 잘라내는 각도가 바뀌기 때문이다.

더 자세히 알아보자

손전등의 각도를 점차 위로 기울이다 보면 원, 여러 모양의 타원, 포물선, 여러 모양의 쌍곡선이 차례로 등장한다(옆 그림 참고). 이것들은 수학 전 분야에서 중요하게 다루는 곡선들이다. 만약 여러분이 공을 던지면 그

다른 여러 화력 발전소와 마찬가지로 영국 디드코트에 자리한 이 발전소의 냉각탑 역시 윤곽이 쌍곡선 모양이다.

오스트레일리아 애들레이드 대학교에서 포물선을 그리며 뿜어져 나오는 분수 물줄기.

경로는 포물선을 이룬다(56쪽, '뉴턴의 제2법칙' 참고). 이 포물선은 거울이나 마이크를 비롯해 신호를 어떤 하나의 점으로 반사시키는 물건에 활용된다. 기원전 3세기에 시라쿠사가 포위되었을 때 아르키메데스는 포물선 모양의 거울로 적의 배에 불을 붙이기도 했다. 행성들은 태양을 중심으로 타원 궤도를 그리며 움직인다(52쪽, '케플러의 제1법칙' 참고). 타원은 고유의 반사하는 성질이 있어서 런던 세인트폴 대성당의 '속삭이는 회랑'에서 활용되거나 음파로 담석을 찾아내는 데 활용된다. 쌍곡선은 비눗물 막이나 전기장에서 발견되며 건축이나 디자인 분야에서 종종 활용된다. 손전등 빛줄기가 벽에 맺히는 상은 손전등이 벽과 평행을 이루며 천장을 비출 때 포물선에서 쌍곡선으로 미묘하게 바뀐다. 그래서 벽에 가까운 전등은 쌍곡선 모양을 이룰 때가 많다.

앞에서 제시한 방정식을 이용해 이 곡선을 나타내려면, 먼저 A, B, C, D, E, F 값이 정해져야 한다. 방정식의 나머지 문자들(x와 y)은 2차원 공간의 한 점을 정의한다. 따라서 모든 점은 독특한 x와 y값의 쌍을 가지고 있다(10쪽, '피타고라스 정리' 참고). 이제 우리는 여러 점이 방정식에 들어맞는지 알아볼 것이다. 만약 방정식이 성립하면 그 점은 곡선 위에 있고, 성립하지 않으면 그 점은 곡선 위에 없다. 우리가 대입하는 점들은 대부분 방정식에 들어맞지 않을 것이다. 방정식의 왼쪽 변을 전부 계산했을 때 0 이외의 값이 나오면 그 점은 그 곡선 위에 있지 않다. 이제 방정식을 0으로 만드는 점들만 골라서 표시를 한다고 상상해보자. 그 점들이 그리는 모양은 손전등으로 벽을 비출 때 생기는 여러 모양 가운데 하나일 것이다. 즉 방정식의 고정된 숫자가 무엇인지에 따라 원이나 타원, 포물선, 쌍곡선이 나올 것이다. 사실 그 밖에도 두 가지 가능성이 더 남아 있다. 방정식의 고정된 수를 신중하게 잘 고르면 서로 교차하는 2개의 직선이 나오거나 단 하나의 점이 나올 수 있다.

원뿔곡선이라 알려진 이 곡선은 고대 그리스 사람들을 매혹시켰다.
오늘날에도 렌즈 제작에서 건축에 이르기까지 놀랄 만큼 폭넓게 쓰인다.

제논의 이분법

이 운동이 불가능하다는 '증명'은 미적분학의 발명을 2000년 앞당겼다.

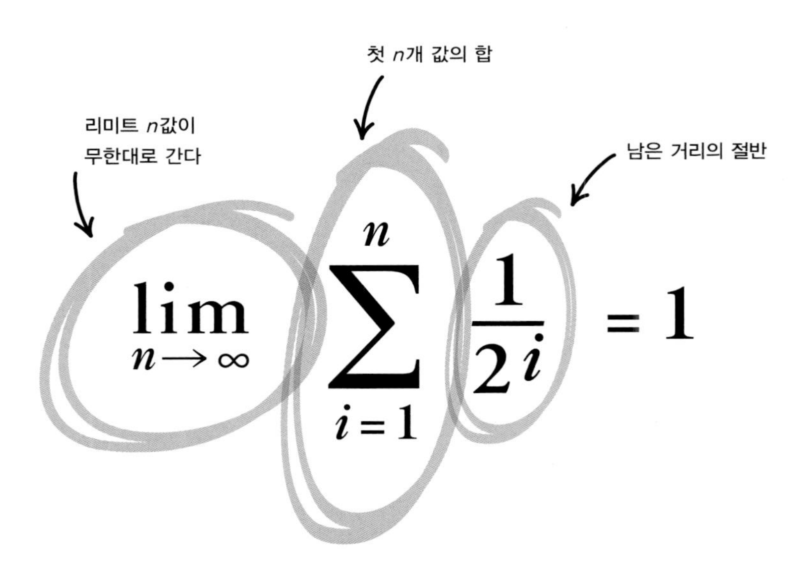

어떤 내용일까?

고대 그리스 엘레아 학파의 제논은 사람들에게 다음과 같이 상상해보라고 주문했다. 여러분이 방 한가운데에 있고 밖으로 나가려고 하는데, 문은 열려 있고 앞길을 막는 장애물은 전혀 없다. 여러분은 문을 향해 걸어가려 하지만 문제가 하나 있다. 문에 닿으려면 먼저 문까지 거리의 절반을 걸어가야 한다. 그렇게 하려면 그 절반 거리의 절반을 걸어가야 한다. 여러분은 문에 닿지 못하고, 이 과정은 계속해서 반복된다. 몇 번이나 반복되어야 할까? 제논은 이 문제의 답이 '무한'이라고 생각했다. 결국 여러분은 문에 가까이 가려고 움직일 테지만, 매번 움직일 때마다 남아 있는 거리의 절반까지만 닿을 수 있고 남은 간격에 결코 가까이 다가가지 못한다. 제논은 이렇게 결론을 내렸다. 한정된 시간에 어떤 동작을 무한 반복할 수 있는 사람은 아무도 없으니, 이 상황에서 방을 빠져나가기란 불가능하다고 말이다!

제논의 주장은 우스꽝스러워 보이지만 사실은 그렇지 않다. 공간, 시간, 운동에 관한 고대의 몇몇 개념들을 반박하는 네 가지 주장 가운데 하나다. 그렇지만 우리의 관심사는 철학이 아니라 수학이다. 제논은 절반으로 나뉘는 거리를 전부 더하면 주어진 전체 거리와 같다는 사실을 깨달았다. 절반으로 나눈 다음 계속 절반으로 나누기를 반복하는 작업이기 때문이다. 현대 용어로 바꾸면 제논은 '극한'의 개념을 발견한 셈이다. 극한은 18세기에 수학과 물리학에 쓰이는 기본 도구가 되었다.

이 정리는 왜 중요할까?

무한이라는 개념은 사람들을 골치 아프게 했다. 철학 수업에서만 나오는 복잡한 개념은 아니다. 무언가를 무한정으로 더해 평범하고 유한한 무언가를 얻는다는 아이디어는 왠지 처음부터 수상쩍어 보인다. 결국 모든 것을 실제로 더한 사람은 아무도 없었다. 계산 과정이 끝도 없이 이어지기 때문이다. 이런 문제에 대처하기 위해 아리스토텔레스는 실제의 무한(실무한)과 잠재적 무한(가무한)을 구별 짓는 중요한 작업을 했다. 이것은 정

베티가 문까지 걸어가려면 일단 전체 거리의 절반에 도달한 다음, 남은 거리의 절반에 다시 도달하고, 다시 남은 거리의 절반에 도달해야 한다. 이 과정은 영원히 계속될 것처럼 보인다. 과연 이 올가미에서 탈출할 수 있을까?

해진 종점이 없다고 생각하는 한 가능하다. 수 세기를 예로 들어보자. 나는 아무리 큰 숫자라도 셀 수 있다. 또한 가장 큰 숫자에는 딱히 제한도 없다(아무리 큰 숫자라도 1을 더하면 더 큰 숫자가 된다!). 그렇기 때문에 수 세기는 무한일 가능성이 있지만, 실제로 무한에 이르기까지 수를 셀 수는 없다. 제논의 논증도 이처럼 '무한에 이르기까지 수 세기'와 무척 비슷해 보인다. 확실히 수상쩍다.

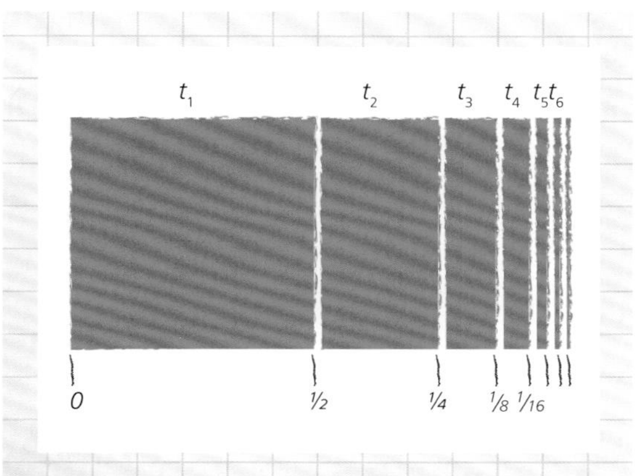

이 그림은 베티가 문을 향해 가는 동안 나아간 거리를 보여준다. 시간 간격이 하나씩 지날 때마다 베티는 남아 있는 거리의 절반만큼 앞으로 나아간다. 이때 전체 거리는 유한하지만 발걸음을 옮기는 수는 무한하다.

17세기 말에 물리학에서 '미적분학'이라는 새로운 방식을 활용하기 시작할 때도 이런 점이 큰 문젯거리였다. 이 방식은 무척 유용했지만 무한히 작은 거리라는 개념에 의존했다. 게다가 미적분학을 발명한 사람들조차 그 개념을 진정으로 증명하지는 못했다. 하지만 뉴턴을 비롯한 신진 물리학자들이 제논의 주장과 비슷한 터무니없는 개념을 근거로 삼았다면 무슨 생각이 드는가? 굉장히 염려스러울 것이다. 그래서 미적분을 활용해 수학 문제를 풀고 새로운 물리 이론을 고안하기 위해, 많은 사람들이 그 안에 숨어 있는 무한 개념을 이해하고자 노력했다. 그 결과 극한이라는 개념이 등장했다. 극한은 비록 공상에 가까운 개념이지만, 오늘날에는 수학은 물론 수학을 응용하는 대부분의 분야에서 널리 활용된다.

더 자세하게 알아보자

제논의 이분법 논증에서 어떤 일이 일어나는지 제대로 분석하려면 먼저 표준 표기법 2개를 이해해야 한다. 비록 제논 자신도 이해하지 못한 것 같지만 말이다. 앞으로 이 책의 뒷부분에 등장할 몇몇 방정식에도 이 표기법이 등장한다. 일단 지금 표기법을 익혀두면 다시 봤을 때 아무래도 덜 두려울 것이다. 첫 번째는 지그재그 모양으로 휘갈긴 듯한 기호 Σ인데, 그리스 알파벳 시그마의 대문자다. 그리고 두 번째 기호는 극한 기호인 'lim' 자체다.

시그마는 영어의 S에 해당하는 그리스어 알파벳인데 이 경우에는 '합'을 뜻한다. 다시 말해 모든 값을 전부 더하라는 뜻이다. 이 '합' 기호가 나오면 뒤에 나오는 것들을 모두 더해야 한다. 하지만 정확히 어떻게 하라는 말일까?

시그마 기호 아래쪽을 보면 '$i=1$'이라는 조그만 식이 붙어 있고, 위쪽에는 'n'이라는 글자 하나가 적혀 있다. 이 두 가지가 이 기호의 사용 방법에 대한 실마리를 제공한다. 시그마 기호를 n층짜리 건물이라고 상상해보자. 우리는 1층('$i=1$')으로 들어가 위층으로 올라가기 시작한다. 매번 새로운 층에 발을 디딜 때마다 i에 1을 더하며, 시그마 기호 뒤에 나오는 식의 값을 구한다. 그리고 그 결과를 기록한 다음 계속해나간다. 그러다가 시그마 기호 위에 있는 숫자에 다다르면('$i=n$'), 결과들의 목록을 얻게 되고 이것을 전부 더해('합') 최종 결과를 얻는다. 다음은 이와 같은 방식으로 10층을 오르며 계산하는 예다.

$$\sum_{i=1}^{10}\frac{1}{i}=\frac{1}{1}+\frac{1}{2}+\frac{1}{3}+\frac{1}{4}+\frac{1}{5}+\frac{1}{6}+\frac{1}{7}+\frac{1}{8}+\frac{1}{9}+\frac{1}{10}$$

왼쪽 기호는 $i=1$에서 시작해 10층을 오르라는 뜻이다. 이제 한 층을 오를 때마다 시그마 기호 옆에 붙은 $^1/_i$를 하나씩 나열해나간다. 그리고 모든 층을 다 오르면 각 층의 결과를 전부 더해 답을 얻는다. 원한다면 계산기를 사용해도 좋다.

그 다음 식은 위의 식과 비슷한데, 제논의 이분법에서 열 걸음을 내딛었을 때 얼마나 문에 가까워지는지 보여준다.

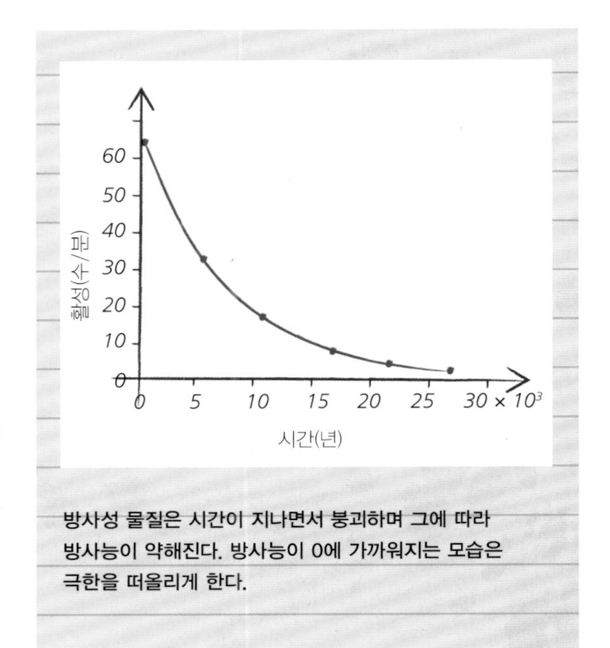

방사성 물질은 시간이 지나면서 붕괴하며 그에 따라 방사능이 약해진다. 방사능이 0에 가까워지는 모습은 극한을 떠올리게 한다.

$$\sum_{i=1}^{10}\frac{1}{2^i}=\frac{1}{2}+\frac{1}{4}+\frac{1}{8}+\frac{1}{16}+\frac{1}{32}+\frac{1}{64}+\frac{1}{128}+\frac{1}{256}+\frac{1}{1024}+\frac{1}{2048}=\frac{2047}{2048}$$

숫자들을 들여다보면 이 합계가 얼마나 사실과 부합되는지 알 수 있다. 먼저, 우리는 문을 향해 절반을 갔고, 그다음에는 전체 거리의 4분의 1을 갔으며(남은 거리의 절반), 다시 전체 거리의 8분의 1을 간 것이다(다시 남은 거리의 절반). 이렇게 계속 이어진다. 이 숫자를 전부 더하면 우리는 문에 무척 가까워지지만 결코 문에 도달하지는 못 한다.

하지만 발걸음이 반드시 열 걸음이어야만 할 이유는 없다. 표기법을 더 일반화시켜서 10을 n이라고 표시하면 아래 수식처럼 된다. 이제 우리는 몇 걸음을 내딛든 간에 얼마나 문에 가까워지는지 알아볼 수 있다.

$$\sum_{i=1}^{n}\frac{1}{2^i}$$

혹시 여러분은 이렇게 생각할지도 모른다. 제논은 우리가 문까지 도달하는 데 몇 걸음을 내딛어야 한다고 정해주지 않았다고 말이다. 제논은 우리가 얼마나 가든 문에 점점 가까워지기는 하겠지만 결코 문에 닿지는 못한다고 말했다. 오늘날의 용어로 말하면 n이 한계가 없이 점점 커진다는 것이다. 그러면 어떤 일이 벌어질까? 바로 이제 'lim' 기호가 등장할 차례다.

다음과 같이 단순화시킨 식을 살펴보자.

$$\lim_{n \to \infty} \frac{1}{n}$$

n이 점점 커지면 $1/n$은 점점 작아진다. 사실 n이 엄청나게 커지면 $1/n$의 값은 0에 가까워진다. 더구나 아무리 작더라도 오차한계가 생기면, 어떤 n값에서는 $1/n$의 값이 그 오차한계보다도 0에 더 가까워지게 되고, 그 이후로는 n값이 증가해도 $1/n$의 값은 그 오차한계의 범위 안에 계속 머무른다. 이런 상황을 'n이 무한대에 가까워질 때 $1/n$의 극한값은 0이다'라고 말한다. 그렇다고 n이 무한대 값이 된다는 뜻은 아니고, 계속해서 점점 커진다는 뜻이다. 사실, 간단히 정리하면 극한이 그런 의미이기도 하다.

이제 앞서 등장했던 수식을 넣어보자.

$$\lim_{n \to \infty} \sum_{i=1}^{n} \frac{1}{2^i} = 1$$

풀어서 설명하면, 'n이 무한에 가까워지고 i가 1에서 n까지 증가할 때, $1/2^i$의 총합은 1'이다. 꽤나 복잡한 문장이다. 하지만 여러분이 매번 남아 있는 거리의 절반을 가면서 문에 가까이 다가가는 상황을 기하학적인 직관으로 정확히 표현해준다(전체 길이를 단위 1로 볼 때). 충분히 많은 걸음을 내딛을 수만 있다면 문에 충분히 가까이 다가갈 수 있는 것이다(비록 실제로 닿지는 못하겠지만).

아르키메데스의 '실진법'을 실시하면 다각형은 점점 푸른색 원에 가까워진다.

아르키메데스는 '실진법(method of exhaustion)'을 사용해 원의 둘레를 구하는 과정에서 18세기에 등장한 이 정교한 아이디어를 이미 생각해냈다. 아르키메데스는 정다각형을 원 안에 딱 맞게 집어넣으면서 정다각형의 변을 끝없이 점점 늘리면 점점 원에 가까워진다는 사실을 발견했다. 오늘날의 표현을 빌자면 아르키메데스는 '정다각형의 변이 점점 늘어날 때 정다각형 둘레의 극한값은 원의 둘레가 된다'는 사실을 깨달은 셈이다. 그에 따라 아르키메데스는 원주율의 근삿값을 구할 수 있었다(40쪽, '오일러 항등식' 참고).

발걸음의 폭을 점점 더 무한히 좁혀나가며 극한값에 도달하는 과정은 마치 철학적인 말장난처럼 보인다. 하지만 이 과정은 모든 수학 발명품 가운데 가장 쓸모가 많은 미적분학의 핵심을 차지한다.

피보나치 수

오각형과 고대의 신비주의, 토끼의 번식을 전부 연결하는 수가 있다. 무엇일까?

다음 번 피보나치 수 / 이전의 피보나치 수 / 그 전의 피보나치 수

$$F_n = F_{n-1} + F_{n-2}$$

어떤 내용일까?

1202년에 피보나치라고 알려진 피사의 레오나르도는 아래 문제의 해답을 찾았고 그 결과를 출판했다. 어떤 농부가 성적으로 성숙하는 데 한 달이 걸리며 수명이 무척 긴 특정 종의 토끼를 기른다고 상상해보자. 완전히 성숙한 암컷 1마리는 매달 수컷 1마리와 암컷 1마리를 낳는다. 새로 태어난 암컷과 수컷들은 먹이가 풍부하고 포식 동물이 없는 넓은 들판에서 자란다. 이제 이 토끼들이 본성대로 짝을 짓게 내버려두고, n개월이 지난 뒤에 들판에 돌아온다고 해보자. 그러면 토끼들의 짝짓기 쌍은 몇 쌍이 될까? 정답은 F_n이다. 이 기호는 n번째 피보나치 수를 나타내며, 위의 방정식은 이 수를 구하기 위한 식이다.

어쩌면 이 문제는 별것 아닌 것처럼 보일 수도 있다. 아무래도 현실적인 상황 같지는 않으니 말이다. 그럼에도 피보나치 수는 엄청난 발견이다. 피보나치 수는 황금비율이라는 고대의 수와 밀접한 관련이 있다. 많은 사람들은 황금비율을 성스럽거나 신비롭다고 여겼고 그 자체가 다른 여러 수학적 수수께끼와 관계를 맺고 있다고 생각했다. 특히 생물학 분야에서 이 황금비율과 관련된 사례들을 상당히 많이 볼 수 있다. 생명체가 DNA처럼 상대적으로 조그만 물질 속에 암호화되어 복잡한 모습으로 성장하는 현상을 피보나치 수 같은 단순한 규칙으로 설명할 수 있기 때문이다.

이 방정식은 왜 중요할까?

사실, 피보나치 수에 매혹된 사람들은 과학자나 기술자가 아니라 대부분 수학자였다. 수학자들의 흥미를 불러일으켰던 몇 가지 수학적인 이유를 간단히 알아볼 예정이다. 피보나치 수를 발견하는 과정에서 '점화식'이라는 아이디어도 생겨났다. 대강 이야기하자면, 점화식이란 다음 항이 하나 이상의 전 항에 의해 결정되는 관계식이다. 그 안에는 결코 바뀌지 않는 규칙이 있다.

점화식에 따라 어떤 값에서 그 다음 값이 만들어지는 방식은 시간이 지나면서 발전해가는 어떤 과정을 설명할 때 무척 유용하다. 예컨대 여러분의 통장 잔고 역시 아주 단순한 점화식에 따라 움직인다(매달 같은 액수의 돈이 입금된다고 할 때). 대출금의 액수를 결정하는 규칙 역시 마찬가지다(36쪽, '로그' 참고). 생물학자나 공학자들이 종종 그러는 것처럼 경제학자들은 무척 복잡한 점화식을 활용한다. 마르코프 연쇄라 알려진 개념 역시 본질적으로는 바로 이전 값에 의해서만 결정되는 점화식과 관련이 깊다. 이 개념은 확률의 요소가 많이 포함되며 열전도를 다루는 물리학부터(80쪽, '열 방정식' 참고) 재무 예측(70쪽, '브라운 운동' 참고)에 이르기까지 놀랄 만큼 다양하게 적용된다.

더 나아가 몇몇 점화식은 순수 수학자들을 즐겁게 만들기도 한다. 그중 가장 유명한 예를 들어보겠다. 먼저 아무 정수나 골라 첫 번째 항으로 삼자. 그리고 다음 규칙에 따라 숫자를 나열하자. 바로 전 숫자가 짝수라면 반으로 나누고, 홀수라면 3배를 한 다음 1을 더한다. 예컨대 숫자 7을 골랐다고 치자. 숫자들은 다음과 같이 나열된다.

7, 22, 11, 34, 17, 52, 26, 13, 40, 20, 10, 5, 16, 8, 4, 2, 1, 4, 2, 1, 4, 2, 1, 4, 2, ⋯

숫자들을 살펴보면 몇 번 이리저리 넘나든 이후에 숫자 1에 도달하고, 그 이후에는 숫자 3개가 단순히 반복된다는 사실을 알 수 있다. 처음에 고른 숫자와 상관없이 이런 현상이 나타날까? 즉 이 숫자들의 열은 언제나 결국 1에 도달할까? '콜라츠 추측(Collatz Conjecture)'에 따르면 답은 '그렇다'이다. 여러분도 짐작하겠지만 이 추측의 사실 여부는 아무도 알지 못한다. 만약 해법이 발견된다면, 그 해법은 완전히 새로운 아이디어를 포함하며 다른 분야에도 폭넓게 응용될 것이다.

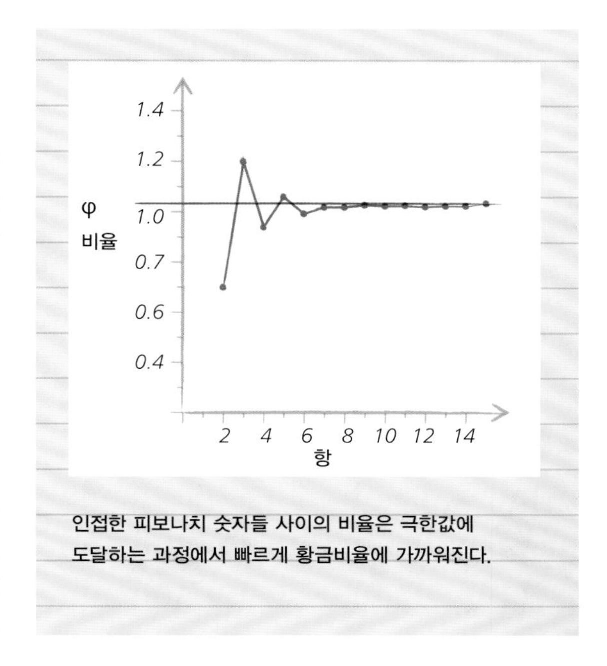

인접한 피보나치 숫자들 사이의 비율은 극한값에 도달하는 과정에서 빠르게 황금비율에 가까워진다.

피보나치 수에 따라 번식하는 토끼 가계도는 실제로는 좀 더 복잡하겠지만 적어도 이론적으로 점화식을 따를 것이다.

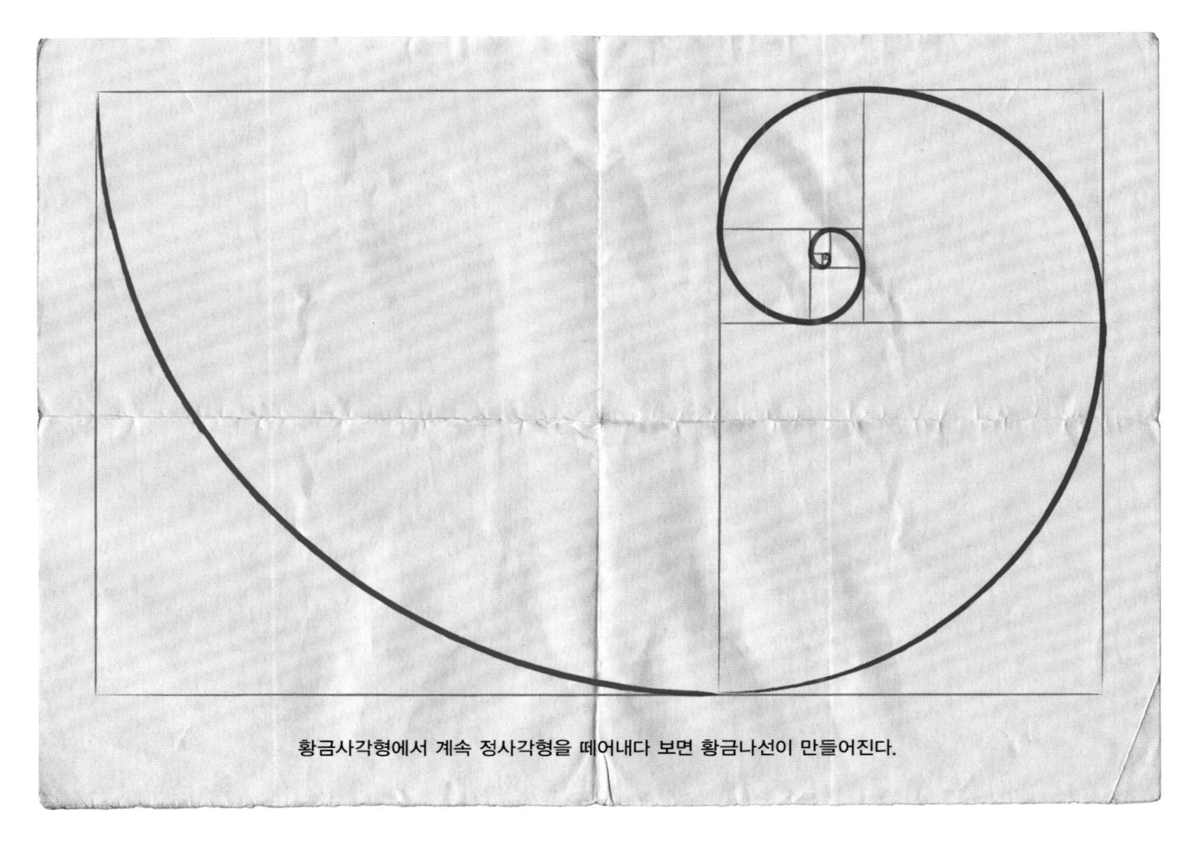
황금사각형에서 계속 정사각형을 떼어내다 보면 황금나선이 만들어진다.

더 자세하게 알아보자

피보나치 수를 계속 써 내려가보자. 그리고 이 연속적인 배열에서 n번째 숫자를 F_n이라 표기하자. 피보나치 수를 만들어가려면 앞선 숫자 2개를 더하기만 하면 된다. 일단 시작할 숫자가 필요하니 $F_1=1$, $F_2=1$이라 하자. 이 두 숫자로부터 $F_3=1+1=2$가 된다. 이런 식으로 계속하면, 다음과 같은 숫자들이 나열된다.

1, 1, 2, 3, 5, 8, 13, 21, 34, 55, 89, 144, 233, 377, 610, ⋯

여러분이 지치지만 않는다면, 이런 식으로 영원히 숫자를 덧붙일 수 있을 것이다.

위의 예를 보면 피보나치 수열에서 숫자가 점점 커지는 것은 확실하지만 그 안에 어떤 패턴이 있는지 알아내기란 조금 까다롭다. 사실 그 안에는 많은 패턴이 숨어 있다.

중요한 예를 하나 들어보자. 위의 피보나치 수를 바로 전 수로 나누어 분수를 만들어간다면 어떤 일이 생길까?

1/1, 2/1, 3/2, 5/3, 8/5, 13/8, 21/13, 34/21, 55/34, 89/55, ⋯

신기하게도 이 분수들을 계산기에 하나씩 넣어보면 점점 비슷한 값이 나온다. 마치 어떤 특정한 값에 가까워지듯이 말이다. 실제로 이 분수들은 다음과 같은 극한값에 도달한다는 사실이 알려져 있다(18쪽, '제논의 이분법' 참고).

$$\lim_{n\to\infty}\frac{F_n}{F_{n-1}}=\frac{1+\sqrt{5}}{2}$$

이 극한값은 φ(그리스어 알파벳 '파이')라는 기호로 표기되곤 한다. 이 값은 황금비율이라 불리며, 정확

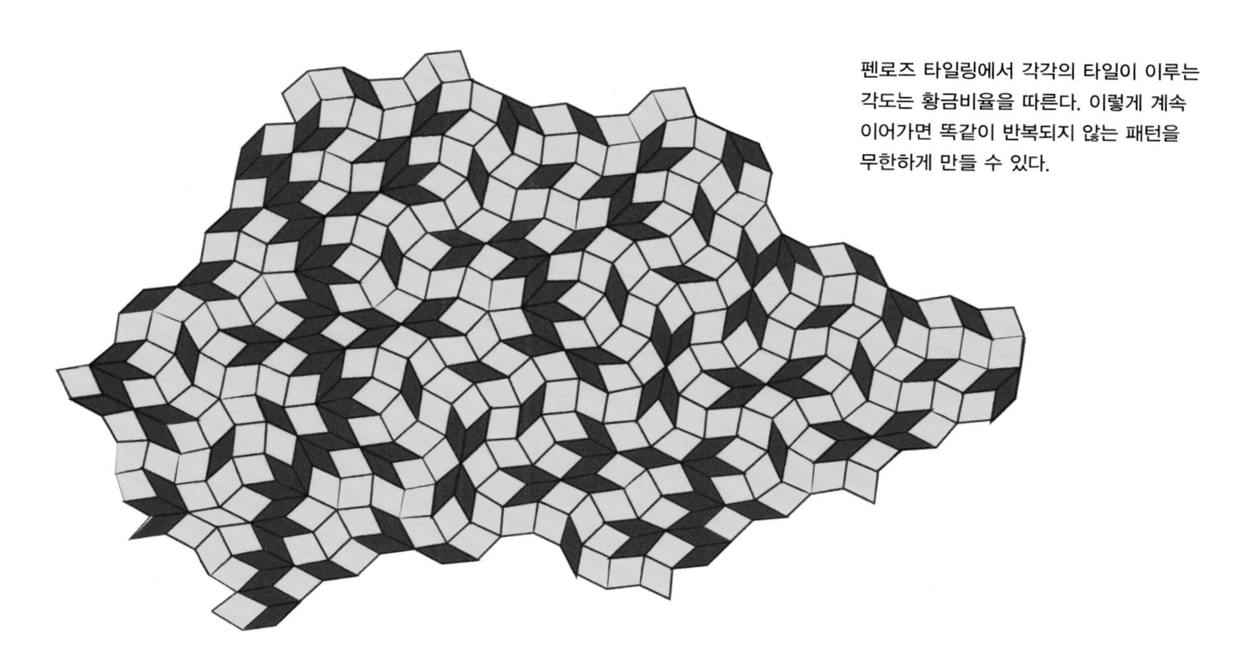

펜로즈 타일링에서 각각의 타일이 이루는 각도는 황금비율을 따른다. 이렇게 계속 이어가면 똑같이 반복되지 않는 패턴을 무한하게 만들 수 있다.

한 수치는 아니지만 약 1.618이다. 이 수는 여러분이 자와 컴퍼스만으로 정오각형을 그리려 할 때도 필요하다. 이것은 고대 그리스의 화가나 장인들에게 중요한 실용적인 기술이었다.

오늘날까지도 황금비율에 마법의 힘이 깃들었다고 믿는 사람들이 있다. 황금비율은 여러 자연 현상을 지배하며 그 자체로 기분 좋은 비율이기 때문에 그동안 건축가와 예술가들이 사용했다는 것이다. 이런 주장 가운데 상당수는 거짓으로 드러났다. 그래도 황금비율은 '준결정'이라 불리는 자연 구조물 속에 나타나며 화학자들은 여전히 이것을 활발하게 연구 중이다.

이른바 황금사각형을 가지고 다소 엉뚱하고 극단적인 주장을 펴는 사람들도 있다. 황금사각형이라 불리는 직사각형에서 정사각형을 떼어내고 나면 남은 도형은 가로와 세로의 비율이 원래 직사각형과 정확하게 일치한다. 다시 말해 남은 도형에서 다시 정사각형을 떼어내도 같은 일이 벌어진다. 여러분이 질리지 않는다면 이런 작업은 영원히 반복할 수 있다. 이렇게 황금사각형을 계속 잘라내며 정사각형들을 연결해나가면 원을 4분의 1로 자른 듯한 황금나선 만들어진다. 원래 직사각형에서 긴 변이 짧은 변의 φ배일 때만 이런 작업이 가능하다. 처음 직사각형에서 각 변의 길이가 1과 r이고, 여기서 1×1의 정사각형을 떼어낸다고 해보자. 그러면 남아 있는 직사각형의 짧은 변은 길이가 $r-1$이고 긴 변은 1일 것이다. 따라서 다음과 같은 방정식이 성립한다.

$$\frac{1}{r} = \frac{r-1}{1}$$

위의 식을 조금 정리하면 $r^2 - r - 1 = 0$이라는 방정식이 된다. 고등학교 수준의 대수학으로 이 식의 해를 구하면 2개의 해 가운데 하나는 φ라는 사실을 알 수 있다(나머지 하나의 해도 잘 작동한다. 다만 옆으로 뒤집어진 직사각형을 얻게 될 것이다).

자연 과정이 대개 그렇듯이, 점화식은 역시 반복에 의해 복잡한 결과를 만들어낸다. 장기적으로 보았을 때 점화식은 무척 놀라운 행동을 보이곤 한다.

미적분학의 기본 정리

미적분학은 보편적으로 널리 쓰이는 수학 도구다. 다음 방정식이 그 원리를 보여준다.

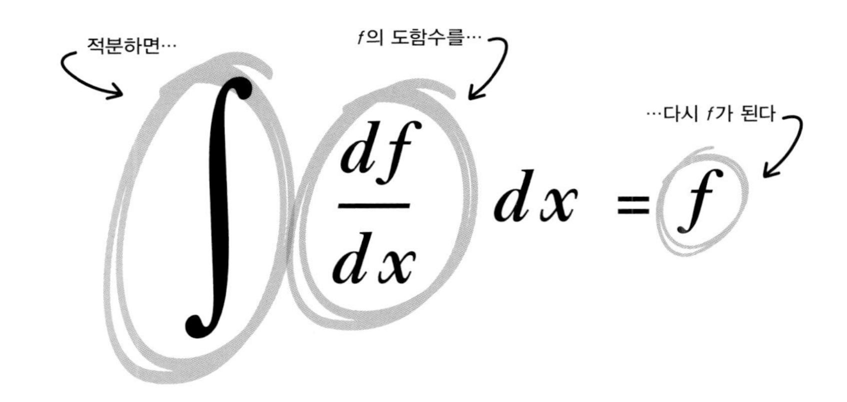

$$\int \frac{df}{dx}\, dx = f$$

어떤 내용일까?

'미적분(calculus)'이라는 단어는 조그만 돌을 뜻하는 라틴어에서 유래했다. 돌멩이 같은 조그만 물건은 간단한 산수를 하는 데 종종 활용된다. 오늘날에도 게임을 할 때 점수를 기록하기 위해 패를 사용하며, 여러 나라에서는 어린 학생들이 여전히 주판을 쓴다. 시간이 지나면서 'calculus'라는 단어는 편리한 기술이든, 간단한 장치든 상관없이 수학에 도움이 되는 무언가를 뜻했지만, 1700년대 이후로 이 단어는 '미적분'만 가리키게 되었다. 이 시기에, 뉴턴과 라이프니츠가 고안한 미적분은 계속 발전해왔다. 미적분이라는 도구, 또는 도구들의 모음은 수학의 모든 영역과 수학을 활용하는 거의 모든 학문 분야에 영향을 끼쳤다. 고대 로마인들은 마술사들을 'calcularii'라 불렀는데, 이들 역시 돌멩이를 사용했기 때문이다. 어쩌면 수학의 도구인 미적분 역시 마술처럼 보일지도 모른다. 잘 모르는 사람들에게는 거의 알 수 없는 암호 같을 테니 말이다.

미적분은 두 종류로 나뉘는데, 바로 미분과 적분이다. 미분은 무언가의 움직임에서 변화율을 나타내는 데 활용된다. 예를 들어 여러분이 시간이 갈수록 자동차의 위치가 어떻게 바뀌는지 안다면, 그 지식을 활용해 자동차가 특정 순간에 얼마나 빨리 움직이는지 알아낼 수 있다. 한편 적분은 무언가를 더해 쌓아가는 새로운 방식이다. 다른 방법으로는 구하기 어렵거나 불가능한 부피나 면적을 적분으로 계산할 수 있다. 미분과 적분은 둘 다 극한이라는 개념을 활용하며(18쪽, '제논의 이분법' 참고), 미적분학의 기본 정리에 따르면 두 가지는 겉으로 무척 달라 보여도 밀접하게 연결되어 있다. 미분과 적분은 서로를 원래 상태로 되돌리는 관계다. 나눗셈과 곱셈의 관계와 비슷하다.

이 방정식은 왜 중요할까?

미분이 중요한 이유는 간단하다. 미분은 공간에서 어떤 물체의 움직임을 속도로 바꿀 수 있다. 또 속도가 변한다면 가속도를 얻을 수도 있다. 여기서는 그 계산 과정을 자세하게 언급하지 않겠지만 그래도 구체적인 예를 하나 들어보자. 여러분이 미적분을 배운 적이 없다면, 몇몇 중간 단계는 일단 그러려니 하고 따라오기 바란다.

200m 높이의 탑에서 공 하나를 떨어뜨린다고 가정해보자. 떨어지는 과정을 비디오카메라로 녹화한다. 이 비디오를 보면 t초 뒤에 공이 지면에서 얼마의 높이(h)에 있는지 분석이 가능하다. 다음 방정식으로 h의 값을 대략 계산할 수 있다.

$$h = 200 - 4.9t^2$$

이 방정식을 한 번 미분하면 순간순간 공이 갖는 위치의 변화율을 구하는 식을 얻게 되는데, 우리는 이것을 속도라고 부른다.

$$\frac{dh}{dt} = -9.8t$$

몇 가지 단순한 규칙을 사용해 이 답을 얻을 수 있다. 가장 중요한 사실은 분수처럼 생긴 dh/dt라는 기호가 대략 '시간이 아주 조금 변했을 때 변화하는 높이의 정도'를 나타낸다는 점이다. 조금 더 익숙한 표현으로 바꾸면 '어떤 순간에 공이 얼마나 빠르게 떨어지는지'를 나타낸다. 이 빠르기가 시간 t에 따라 달라진다는 사실을 알아두자. 왜냐하면 공이 떨어지면서 속도가 빨라지기 때문이다. 또 방향이 아래를 향하기 때문에 속도 값은 음수이고, 따라서 시간이 지나면 높이는 감소한다.

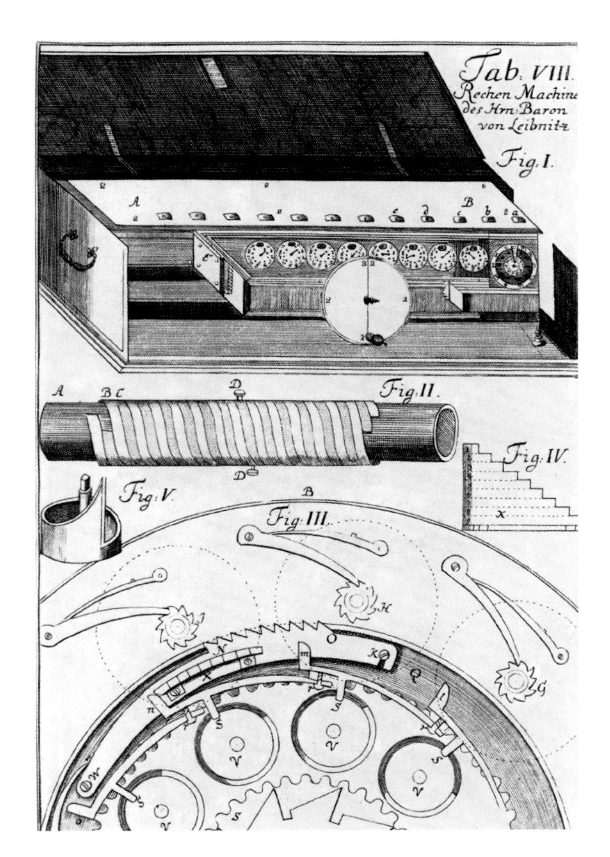

라이프니츠의 계산기는 덧셈, 뺄셈, 곱셈, 나눗셈, 이 네 가지의 기본적인 연산을 전부 할 수 있었다.

이제 위의 결과물에 같은 처리를 다시 반복해보자. 그러면 다음과 같이 '위치의 변화율이 갖는 변화율'을 얻을 수 있다. 보다 간략하게 표현하면 바로 '가속도'다.

$$\frac{d^2h}{dt^2} = -9.8$$

왼쪽 변의 기호가 조금 별나게 보일 것이다. 하지만 이 기호는 그저 '2차 미분'을 하고 있다는 뜻이다. 그리고 오른쪽 변에 t가 없으니 더 이상 이 값은 시간에 따라 달라지지 않는다. 다시 말해 공의 가속도는 일정하다. 공이 가속도를 갖는 이유는 중력 때문인데, 공이 떨어지는 동안 작용하는 힘은 이 중력뿐이다(60쪽, '만유인력'과 56쪽 '뉴턴의 제2법칙' 참고). 중력은 변하지 않는다. 갈릴레오의 전설적인 실험 역시 이 사실을 입증한다. 피사의 사탑 위에 올라가 무게가 다른 공 2개를 떨어뜨려도, 무거운 공과 가벼운 공이 동시에 땅에 닿았던 것이다(28쪽 그림 참고). 중력은 두 공에 정확히 똑같은 방식으로 작용하며 공의 무게는 상관이 없다.

이렇게 물리적으로 단순한 식에 다시 3차 미분을 할 수도 있다. 일반적으로 가속도의 변화율을 '저크(jerk)'라고 부르는데 경험했을 때 그렇게 기분 좋은 대상은 아니다. 떨어지는 공은 지면에 닿기 전까지 저크가 0이다. 가속도가 일정하게 바뀌지 않는다고 했으니(시간 변수인 t에 의존하지 않는다), 그 변화율은 당연히 0이다!

이 정도로도 충분히 만족스럽지만 종종 우리는 거꾸로 된 문제와 마주한다. 예컨대 어떤 대상의 가속도를 아는 상황에서 그 대상이 어떻게 움직일지 알려고 하는 것이다(대상이 어디로 향하며 속도가 얼마인지). 여기서 우리는 미적분학의 기본 정리를 적용해야 한다. 적분이라는 기술을 활용하면 변화율에서 변화하는 대상을 향해 '거슬러 올라갈' 수 있다. 사실은 조금 더 복잡한 이야기이지만 기본 개념은 그렇다.

더 자세하게 알아보자

미적분이 등장하는 데는 오랜 시간이 필요했다. 물론 미적분의 기초 아이디어가 수천 년 동안 여기저기 존재하기는 했지만 그것들을 한데 묶어 정리한 사람들은 17세기의 과학자들이었다. 이런 작업이 가능했던 이유 가운데 하나는 아랍 세계에서 대수학이 전해졌기 때문이다. 여기에 데카르트를 비롯한 동시대 학자들의 기하학이 더해졌다(10쪽, '피타고라스 정리' 참고). 다루기 힘든 도구 주머니였던 미적분이 질서를 갖춰 거대하고 통일된 체계로 바뀌는 데는 수백 년이 더 걸렸다. 이 체계는 인류 문화가 낳은 상상력 넘치는 위대한 업적이라 할 만하다.

미적분학이 풀고자 했던 문제가 어려운 이유는 연속변이를 포함하고 있었기 때문이다. 결국 미적분학이 성공을 거둘 수 있었던 것은 계속해서 가다듬으며 정답에 가까이 갔고, 가다듬는 과정에서 우리가 얻으려는 정답인 극한값에 다다를 수 있어서였다(18쪽, '제논의 이분법' 참고). 몇 가지 간단한 규칙을 활용하면 이 정답을 바로 계산할 수 있다.

예를 들어 바로 전에 나왔던 떨어지는 공으로 돌아가보자. 지금은 시간 t에 떨어지는 공의 속도가 다음과 같이 알려져 있다.

$$v = -9.8t$$

이제 공이 200m 위에서 떨어지기 시작했다는 사실을 아는 상황에서 우리는 공이 땅에 닿을 때까지 시간이 얼마나 걸릴지 알고자 한다. 예컨대 200m에서 시작해 10분의 1초마다 한 번씩 속도를 계산할 수 있을 것이다. 그리고 다음 계산을 하기 전까지 이 10분의 1초 동안에는 같은 속도를 유지한다고 가정하자. 그다음에는 새로운 위치를 계산해내고, 이 과정을 되풀이한다. $t = 0$, $v = 0$일 때는 아무 일도 벌어지지 않는다(공을 떨어뜨리기 직전 공중에 잠깐 머무르는 순간이다). 이제 $t = 0.1$이면 $v = -0.98\text{ms}^{-1}$이다(1초에 0.98미터 아래쪽으로 이동한다는 뜻이다). 그러니 이 0.1초 동

갈릴레오의 실험 결과에 따르면, 낙하하는 물체들이 지닌 속도의 변화율은 물체의 무게와 상관없었다. 이것은 아리스토텔레스의 주장과는 정반대였다.

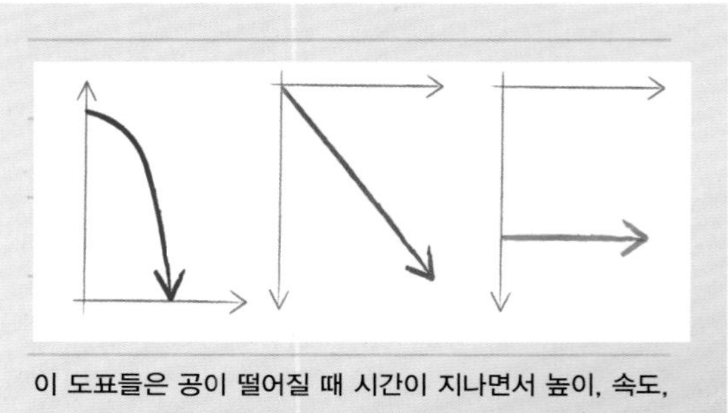

이 도표들은 공이 떨어질 때 시간이 지나면서 높이, 속도, 가속도가 어떻게 바뀌는지 보여준다.

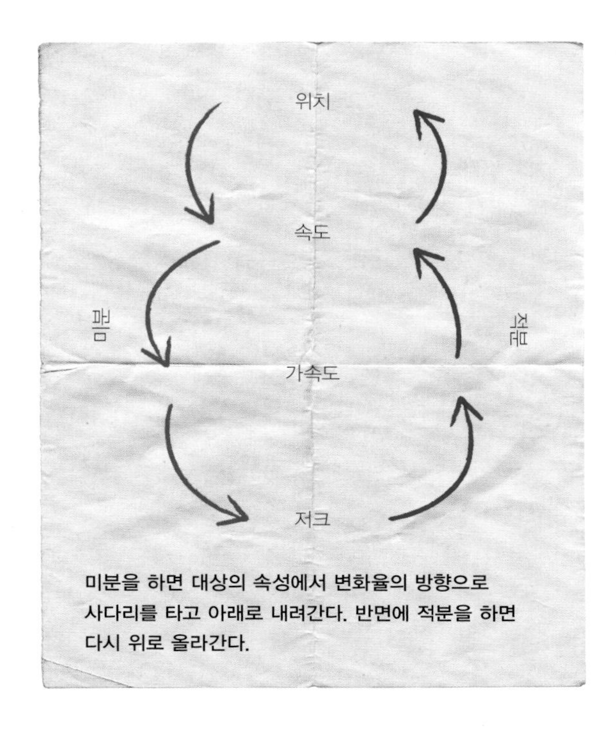

미분을 하면 대상의 속성에서 변화율의 방향으로 사다리를 타고 아래로 내려간다. 반면에 적분을 하면 다시 위로 올라간다.

안 공은 아래쪽으로 0.098m 내려간 셈이고 지면에서 199.902m 위에 있다. 이런 식으로 높이가 0이 되어 지면에 다다를 때까지 계산을 반복할 수 있다. 그 계산을 64번 해야 하기 때문에, 공이 땅에 떨어지는 데는 약 6.4초가 걸린다(여러분이 원한다면 스프레드시트 프로그램을 사용해 하나하나 계산해봐도 좋다).

우리는 다음과 같이 '거의 같음'을 뜻하는 구불구불한 등호를 사용해 이 계산을 수식으로 적을 수 있다.

$$h \approx 200 + \sum_{i=1}^{64} -0.98i$$

이제 이런 식으로 다시 생각해보자. 우리는 공이 낙하하는 전체 시간을 64개의 구간으로 나누고 각 구간 안에서는 속도가 일정하다고 가정했다. 실제로는 그렇지 않다는 사실을 알고 있다. 그러니 이 구간을 좀 더 잘게 쪼개면 전체 추정값이 더 정확해질 것이다. 예컨대 10분의 1초가 아니라 100분의 1초 단위로 쪼개면 다음과 같은 식을 얻는다.

$$h \approx 200 + \sum_{i=0}^{640} -0.098i$$

적분의 기본 아이디어는 이것이 정확한 값에 대한 추정치이며, 시간을 더 잘게 쪼갤수록 정확한 값에 점점 가까이 다가간다는 것이다. 이 과정에서 무한대를 받아들였을 때의 극한값이 정확한 값일 것이다. 이때 시그마 기호는 길게 늘인 알파벳 S가 된다(그래도 여전히 '합'이라는 의미다). 우리는 다음과 같은 적분 식을 얻는다.

$$h(t) = 200 + \int_0^t -9.8t\,dt$$

이 식은 지정된 시간 t일 때의 높이를 알려준다. 이제 몇 가지 간단한 규칙에 따라 이 식을 다음과 같이 바꿀 수 있다.

$$h(t) = 200 - 4.9t^2$$

이것은 우리가 처음 출발했던 식이다. 이렇듯 미적분학의 기본 정리는 변화율에서 다시 대상으로 옮겨가는 힘을 준다. 하지만 넓게 바라보면 이 정리는 훨씬 더 많은 의미를 가진다. 미적분학의 근본적인 무언가를 제대로 포착하기 때문이다. 이 정리를 좀 더 현대적인 형태로 바꾼 것이 스토크스 정리다. 이 정리는 적어도 수학 모형에 등장하는 형태라면 시간과 공간 자체의 속성에 대해 근본적인 무언가를 이야기해준다.

**미분은 사물이 어떻게 변화하는지 정확하게 말해준다.
적분은 아주 작은 양들을 쌓아 올린다. 이렇듯 달라 보이는 두 가지가
같은 동전의 양면이라는 사실은 정말 기적처럼 놀라운 일이다.**

현대 물리학의 중심에는 미분기하학이 놓여 있다. 이 미분기하학에서 처음으로 등장한 데다 가장 유익한 개념이 바로 곡률이다.

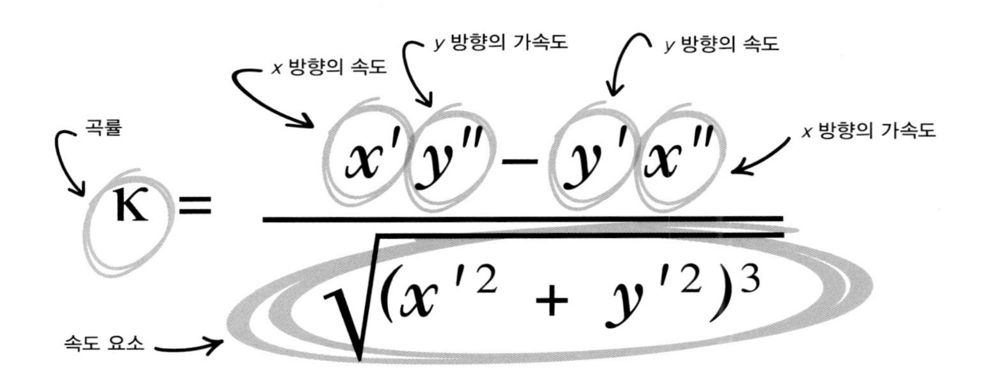

$$\kappa = \frac{x'y'' - y'x''}{\sqrt{(x'^2 + y'^2)^3}}$$

어떤 내용일까?

어떤 곡선을 상상하는 한 가지 방법은 몇몇 방정식을 만족하는 고정된 점들의 집합이라고 보는 것이다(16쪽, '원뿔곡선' 참고). 다른 방법은 더 동적이다. 여러분이 곡선을 따라 빛의 속도로 쌩쌩 날아다니는 작은 입자라고 하면 곡선은 어떤 모습일까? 보통의 직선과는 다를까? 물론 그럴 것이다. 사막의 쭉 뻗은 고속도로를 달리는 것은 구불구불한 시골길을 달리는 것과 다르다. 곡률이 주는 효과 때문이다. 곡률은 도로가 각 지점에서 얼마나 구불거리는지 정확하게 알려주는 수단이다. 구부러진 길을 따라 가는 것은 직선을 따라 움직이는 것과는 사뭇 다른 무언가가 필요하다.

이 방정식은 왜 중요할까?

곡선을 따라 움직일 때 여러분은 방향을 계속 바꾼다. 그 말은 계속 가속되고 있다는 뜻이고, 다시 말해 여러분에게 힘이 가해진다는 뜻이다(56쪽, '뉴턴의 제2법칙' 참고). 쭉 뻗은 길 위로 달릴 때는 여러분이 움직인다는 사실조차 잊어버릴 테지만, 구불구불한 길이라면 몸이 양옆으로 심하게 흔들린다. 위의 곡률 방정식은 속도와 가속도가 섬세한 균형을 갖추고 섞여 있어서 이러한 굴곡을 정확하게 포착한다.

길게 쭉 뻗은 길을 운전하는 것은 편안하지만 조금 지루하다. 롤러코스터로 치면 끔찍한 수준일 것이다. 놀이공원의 탈것을 만드는 사람들은 여러분이 궤도를 따라 이동할 때 신나지만 안전한 가속도를 내도록 곡률을 계산한다. 특히 원을 그리며 빙글빙글 도는 구간에서는 이 계산이 중요하다. 초기의 탈것 설계자들은 단순히 직선 궤도 위에 원을 가져다 붙였는데, 이러면 곡률이 0인 직선 궤도에서 갑자기 원 궤도로 이동한다는 것을 의미한다. 그러면 '저크'가 생기기 때문에 승객들은 속이 거북해질 수 있다. 특히 롤러코스터를 타기 직전에 핫도그를 게걸스럽게 삼키고 솜사탕까지 많이 먹은 상태라면 말이다. 여러분은 오래된 철도를 타다가도 가끔 이런 경험을 할 수 있다. 방향을 바꾸기 위해 원 모양 궤도를 사용한 구간에서 그렇다(물론 편평한 땅에 놓인 궤도다). 원 궤도에 닿을 때 갑자기 덜컥거리고 삐걱대는 느낌이 든다.

오늘날 이런 문제들은 충분히 연구되었고 미분기하학이 발전해서 이렇게 급작스레 부딪치며 삐걱대지는 않는다. 기차와 롤러코스터는 빠른 속도를 유지하되 곡률이 완만하게 변하는 특별한 곡선 궤도를 이용한다.

그런 곡선의 사례가 클로소이드다. 우주선이나 비행기가 항로를 찾을 때도 비슷한 원리가 적용된다. 위험한 외부 힘을 받지 않고 가능한 한 효율적으로 길을 찾기 위해서다. 특히 제트 전투기는 고속으로 경로를 바꾸면 조종사와 기계에 무리를 줄 수 있기 때문에 이런 원리를 잘 고려해야 한다.

곡률은 구부러진 거울과 렌즈의 초점을 계산하는 데 활용된다. 앞뒤로 일정한 곡률을 가진(곡률이 똑같을 필요는 없다) 두툼한 두 렌즈에는 다음과 같은 '렌즈 제작자의 공식'이 적용된다.

$$P = (n-1)\left(\kappa_1 - \kappa_2 + \frac{(n-1)\,d\kappa_1\kappa_2}{n}\right)$$

이 식에서 P는 렌즈의 성능이고 n은 재질의 굴절률이며 d는 렌즈의 두께를 나타낸다. 이때 2개의 곡면은 빛이 나오는 광원에서 가장 먼 표면과 가장 가까운 표면을 각각 가리킨다. 이 공식을 통해 렌즈의 성능이 렌즈의 재질과 두께, 곡률에만 좌우된다는 사실을 알 수 있다.

더 자세하게 알아보자

편평한 표면 위에서 어떤 점의 위치는 좌표라 불리는 한 쌍의 수로 표현된다(10쪽, '피타고라스 정리' 참고). 그런데 만약 이 점이 움직이고 있다면, x 좌표와 y 좌표

직선 궤도가 원형 궤도와 만나는 경우처럼 곡률이 급작스레 바뀌면 저크가 일어난다. 오늘날의 롤러코스터는 이런 경우에 클로소이드라는 곡선을 활용해서 부드럽게 곡률을 변화시킨다.

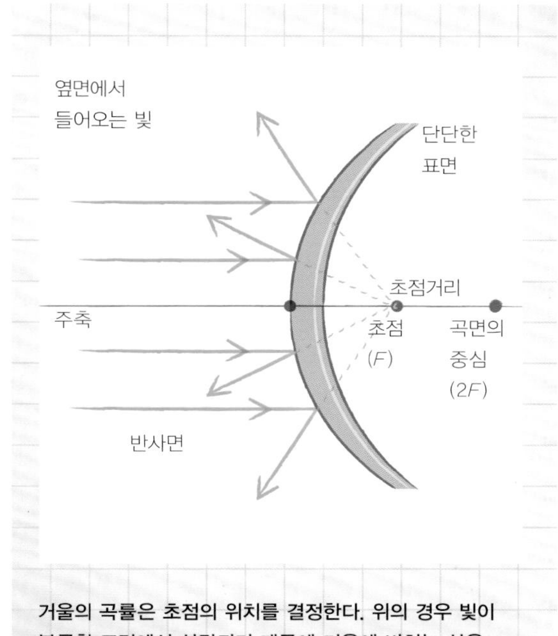

거울의 곡률은 초점의 위치를 결정한다. 위의 경우 빛이 볼록한 표면에서 산란되기 때문에 거울에 비치는 상을 왜곡시킨다.

역시 시간이 지나면서 바뀐다. 그래서 x 방향과 y 방향의 변화율을 구할 수 있는 것이다. 이때 미적분학의 언어를 활용하면(26쪽, '미적분학의 기본 정리' 참고) 이 변화율은 다음 식으로 간략히 정리할 수 있다.

$$x' = \frac{dx}{dt}$$

그리고

$$y' = \frac{dy}{dt}$$

여기서 문자 위쪽 어깨에 붙은 프라임 기호는 이것이 시간에 대한 1차 미분이라는 사실을 뜻한다. 다시 말해 그 방향의 속도를 말한다. 그리고 이 기호가 2개 붙으면 2차 미분인 가속도를 나타낸다. 따라서 x''는 x 방향의 가속도를 의미한다. 우리는 어떤 주어진 순간의 x와 y(어떤 입자의 위치), x'와 y'(입자가 x 방향, y 방향으로 얼마나 빨리 움직이는지), x''와 y''(가속도를 나타내는 두 요소)를 계산할 수 있다. 이 정보를 활용하면 해당 순간에 입자가 나아가는 경로를 구할 수 있다.

30쪽에 실린 방정식에서 분수의 분자는 다음과 같이 풀어 쓸 수 있다. 'x 방향의 속도를 y 방향의 가속도와 곱한 다음, 반대로도 계산을 하고 두 결과 값 사이의 차를 구한다.' 그러면 곡률의 값과 거의 가까워진다. 그리고 분수의 분모는 방정식을 정돈하고 조정하기 위해 들어간 부분이기 때문에 입자가 빨리 움직이든 느리게 움직이든 상관없이 같은 값이다. 결국 도로가 얼마나 구불구불한지는 여러분이 운전하는 속도와 상관이 없다. 비록 곡선 도로를 지날 때는 기분상 속도가 달라지는 것처럼 느껴지지만 말이다. 그러니 분수의 분모는 차이를 만들어내지 못하며 곡률을 구체적으로 측정하는 것은 우리의 몫이다.

우리는 무척 단순한 방식으로 곡률을 눈에 보이게 드러낼 수 있다. 도로 위의 점에 각각 서로 다른 원들이 곡선 안에 완벽하게 맞닿아 있다. 이 원을 점 각각의 '접촉원'이라 부른다. 우리는 이런 원을 쉽게 찾을 수 있다. 길이가 $1/\kappa$인 곡선의 일부에 직선을 곧장 바깥쪽으로 뻗으면 접촉원의 반지름이 된다. 이때 곡선 경로의 구불거리는 정도가 심할수록 접촉원은 작아진다. 여러분도 머릿속으로 상상할 수 있을 것이다. 자동차가 급격히 커브를 돌 때 자동차가 회전하면서 그리는 원은 그 곡선의 접촉원과 크기가 거의 비슷해진다.

그리고 조금만 더 계산하면 우리는 2차원 표면에 나타나는 다양한 곡률을 측정할 수 있다. 가장 쉽게 구할 수 있는 것은 '평균 곡률'이다. 여러분이 언덕이 많은 평지에 서 있다고 상상해보자. 언덕을 한 바퀴

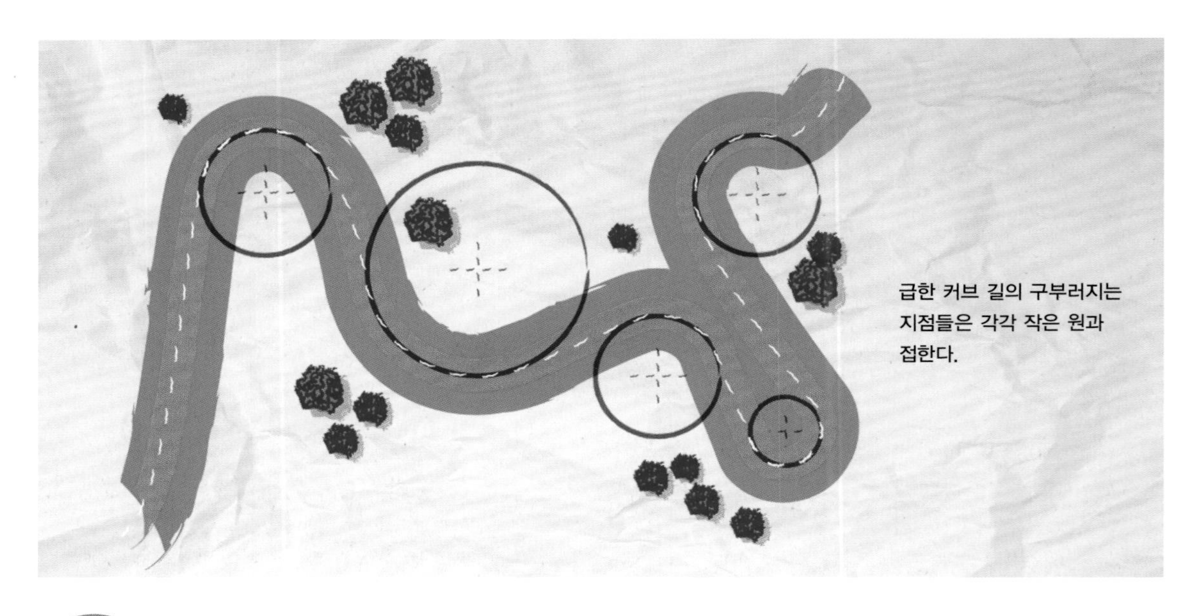
급한 커브 길의 구부러지는 지점들은 각각 작은 원과 접한다.

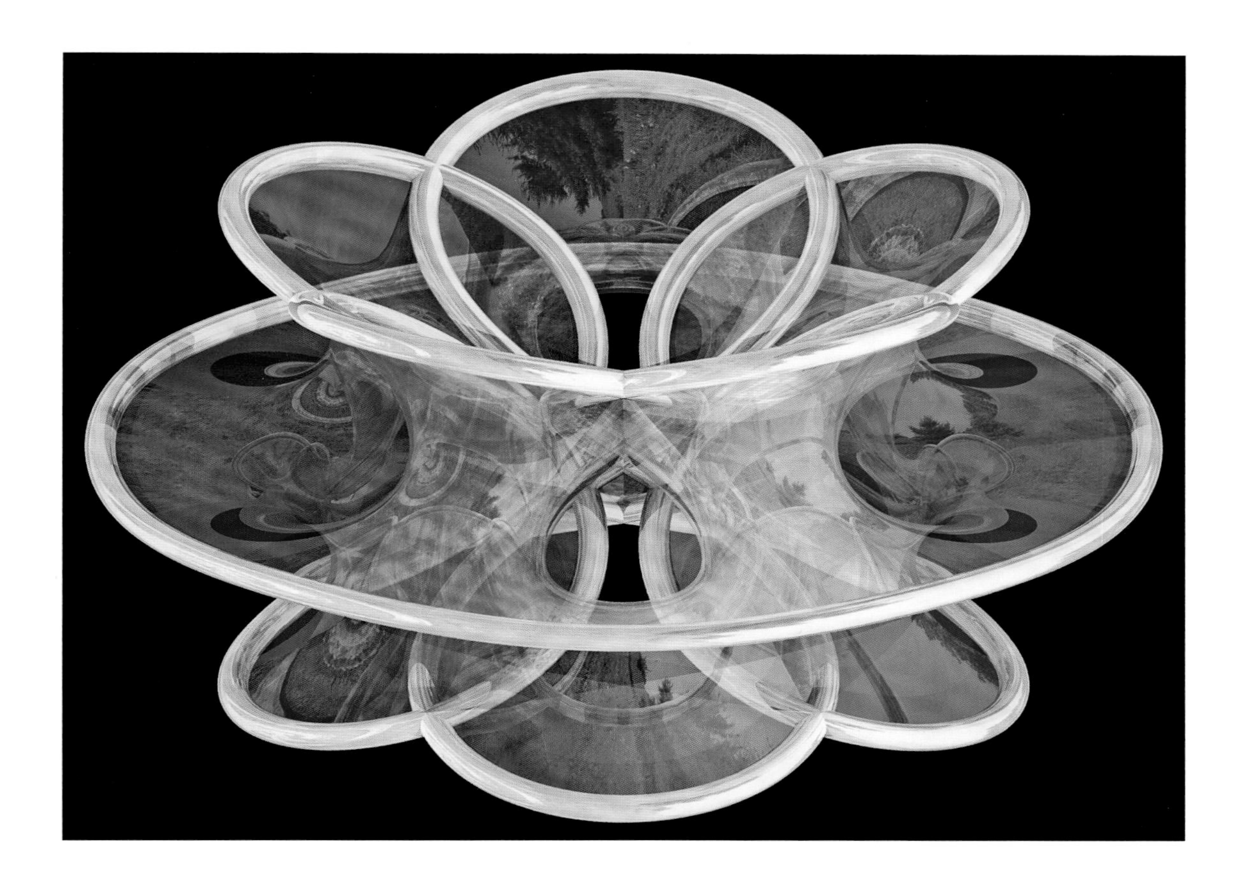

비눗물 막에서 표면장력이 생기는 이유는 막이 자신의 표면적을 최소화하려는 경향 때문이다. 이런 현상 때문에 전체 평균 곡률이 사라진다.

빙 돌아보면 바라보는 위치에 따라 언덕의 기울기가 다양하다는 사실을 알게 된다. 예컨대 아래쪽으로 경사가 진 곳도 있고 위로 올라가는 곳도 있다. 이와 비슷하게 여러분이 언덕을 돌 때 발 앞으로 직선을 그린다고 상상해보자. 그러면 이 직선으로 곡률을 계산할 수 있고, 이 곡률은 언덕의 각 부분마다 다양할 것이다. 평균 곡률이란 이렇게 얻은 곡률의 최댓값과 최솟값의 평균값이다.

그런데 자연에는 평균 곡률이 0인 표면, 즉 '극소곡면'을 이루는 현상들이 있다. 우리에게 가장 익숙한 사례는 비누 거품과 비눗물 막이다. 극소곡면이 나타나는 이유는 막 안의 표면장력 때문이다. 이 효과는 표면에 텐트 같은 모양을 이루는데, 조각가나 건축가, 상업 디자이너들이 이 모양을 흉내 내는 경우가 있다.

극소곡면을 설명하는 수학은 18세기 후반 미적분학이 성숙하면서 시작되었다. 오늘날에도 극소곡면은 과학의 여러 분야에서 활발하게 연구되는 주제다.

미적분학과 힘을 합치면 기하학은 훨씬 많은 것을 표현할 수 있다. 예컨대 예전에는 모호하며 까다롭다고 알려졌던 곡률 같은 현상도 정확하고 쓸모 있는 방식으로 설명할 수 있다.

프레네-세레의 공식

파리가 날아가는 곡선 경로는 우주 탐사선의 궤적을 계산하는 데 도움을 준다.

$$\frac{dT}{ds} = \kappa N$$

(접벡터가 변하는 모습 → $\frac{dT}{ds}$, 곡률 → κ, 법벡터 → N)

$$\frac{dN}{ds} = \tau B - \kappa T$$

(법벡터가 변하는 모습 → $\frac{dN}{ds}$, 비틀림 → τ, 이중법벡터 → B, 접벡터 → T)

$$\frac{dB}{ds} = -\tau N$$

(이중법벡터가 변하는 모습 → $\frac{dB}{ds}$)

어떤 내용일까?

여러분이 방 안을 윙윙대며 날아다니는 파리라고 생각해보자. 여러분의 머리는 이동 방향을 가리키며, 오른쪽 다리는 오른쪽이라 생각하는 방향으로 뻗고 있다. 또한 여러분은 위쪽이라 생각하는 방향을 가리키는 원뿔 모양의 모자를 쓰고 있다. 비록 케이크가 담긴 접시로 돌진하는 중이기는 하지만 말이다.

이렇듯 공간 속 세 가지 '방향'은 여러분에게는 일정한 것처럼 느껴지겠지만 바깥의 관찰자가 보기에는 여러분이 날아다니는 동안 계속해서 바뀐다. 여러분은 서로 직각인 3개 화살표의 방향이 눈에 띄게 잘 보인다고 생각할 것이다. 전문 용어로 말하면 앞쪽으로 향하는 화살표는 '접벡터(T)', 위쪽 화살표는 '법벡터(N)', 오른쪽 화살표는 '이중법벡터(B)'다. 이 화살표들은 여러분이 움직이는 과정에서 같이 움직이고 여러분 주변의 공간을 이해하게 해주는 '기준틀'을 이룬다.

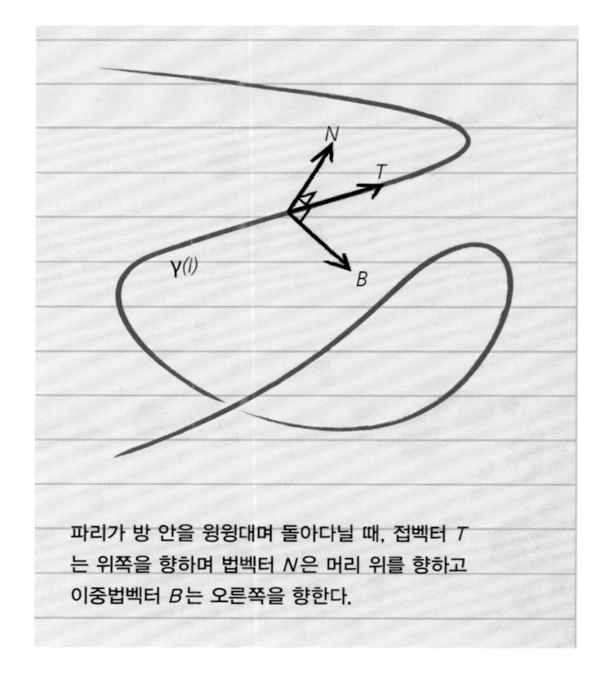

파리가 방 안을 윙윙대며 돌아다닐 때, 접벡터 T는 위쪽을 향하며 법벡터 N은 머리 위를 향하고 이중법벡터 B는 오른쪽을 향한다.

비행기 구름을 보면 비행기가 곡선을 그리며 날았다는 사실을 알 수 있다. 우리는 프레네-세레의 틀에 따라 비행기 조종사의 관점에서 이 곡선을 바라볼 수 있다.

어떤 주어진 시간에 3개 벡터를 계산하려면 경로의 곡률 κ(30쪽, '곡률' 참고)와 τ가 필요하다. τ는 비틀림을 뜻하는데, 3차원 공간 안에서 곡선 경로의 비틀린 정도를 측정하는 수치다. 이 공식에 따르면 해당 순간에 나타나는 움직임은 이 두 가지에만 의존한다. 경로의 기하학을 나타내는 단순한 수치들만으로 파리의 움직임에 대해 여러분이 알고자 하는 거의 모든 것을 알 수 있다.

더 자세하게 알아보자

지구는 1시간에 1600km 이상의 속도로 자전하며, 태양 주위를 도는 속도는 이보다 훨씬 빠르다. 우주에 움직이지 않는 장소는 없다. 이런 상황에서 우리에게 필요한 것은 가속도가 없는 '기준틀'이다. 그리고 내 틀을 여러분의 틀로 번역하고, 만약 여러분의 틀이 다르다면 다시 돌아올 수 있는 수학적 언어도 필요하다. 기준틀(움직이는 틀을 포함해)은 적어도 갈릴레오 시대로 거슬러 올라가며 거의 현대 물리학의 역사만큼 오래 되었다. 얼마나 편리한 틀을 고르느냐에 따라 쉬운 문제와 까다로운 문제로 갈린다.

프레네-세레의 틀이 특별한 이유는 곡선의 기하학을 기술하는 방법, 예컨대 롤러코스터처럼 움직이는 물체 안에서 바라본 곡선 궤도라든지 그 안에 탔을 때 틀이 어떻게 기술되는지 등을 제공해주기 때문이다. 그 결과 계산은 더 간단해진다. 마치 '여러분이 움직이는 가운데 특정 지점에 있고 다음 지점으로 이동하려고 한다면, 이 방법으로 여러분 자신의 위치를 알 수 있다'라고 말하는 듯하다.

우리는 대부분 공간을 3차원이라 생각하며, 그 속에서 시간이 지남에 따라 어떤 점이 곡선 궤도를 따라 움직인다고 생각한다. 하지만 그 점이 4차원인 민코프스키 시공간 안에서 움직인다고 생각할 수도 있다. 이런 경우에 프레네-세레 틀은 훨씬 복잡해지고, 차원 1개당 벡터 하나씩 4개의 벡터가 필요하다(88쪽, '$E = mc^2$' 참고).

**우리가 어떤 공간에서 움직이면 그에 따라 우리의 위치가 바뀐다.
우리의 움직임을 '움직이는 기준틀'이라는 용어로 설명하면 직관적으로 '옳게' 느껴질뿐더러,
방정식을 더욱 풀기 쉽게 만들어주는 경우가 많다.**

로그

**로그는 바다를 항해하는 데 쓰려고 17세기에 발명되었다.
오늘날 이 수학 도구는 엄청나게 많은 분야에 응용된다.**

$$\log_b (a) = \{c \mid b^c = a\}$$

로그의 진수

등식을 성립시키는 숫자 c

로그의 밑

어떤 내용일까?

위에는 깔때기, 아래에는 미끄럼틀이 달린 기계를 상상해보자. 깔대기에 숫자 하나를 집어넣으면 미끄럼틀로 다른 숫자가 나오는 것이다. 기계의 내부에서는 안으로 들어온 숫자를 세 번 곱한다(구체적인 방식에 대해서는 신경 쓰지 마라). 즉 5를 집어넣었다면 $5 \times 5 \times 5 = 125$를 기계 아래쪽으로 내보낸다.

그러면 미끄럼틀로 64라는 숫자가 나왔다고 해보자. 처음에 들어갔던 수는 무엇일까? 답을 찾으려면 세제곱근을 구하는 기계 속에 64를 떨어뜨리면 된다. 그러면 $\sqrt[3]{64} = 4$이니, 4가 나올 것이다. 바꿔 말하면, $4^3 = 64$라는 뜻이다. 수학 용어로 바꾸면 세제곱근을 만드는 기계는 세제곱을 만드는 기계의 '역함수'다.

이제 앞서 나온 두 기계와 다른 세 번째 기계를 상상해보자. 숫자를 넣으면 그 숫자만큼 3을 거듭제곱하는 기계다. 예컨대 5를 집어넣으면 이 기계는 3의 5제곱, 즉 $3 \times 3 \times 3 \times 3 \times 3 = 243$이 나온다. 그렇다면 이 기계에서 19,683이라는 숫자가 나왔다면 처음에 들어간 숫자는 무엇일까? 바꿔 말해 $3^x = 19{,}683$을 성립시키는 x는 무엇일까? 이것은 로그함수의 답을 찾는 문제다. 3^x의 역함수는 $\log_3(x)$이기 때문이다.

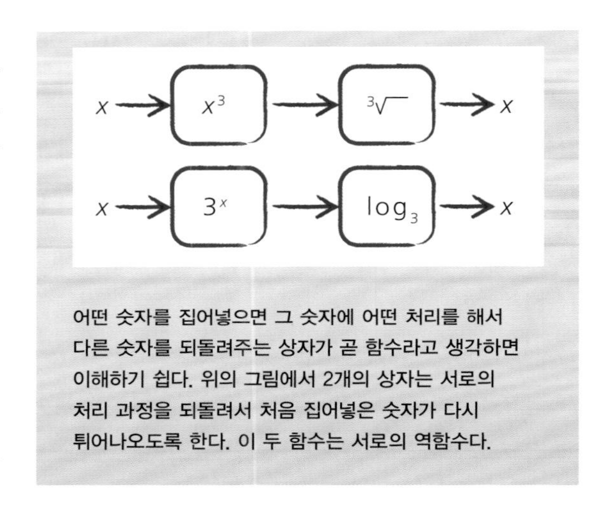

어떤 숫자를 집어넣으면 그 숫자에 어떤 처리를 해서 다른 숫자를 되돌려주는 상자가 곧 함수라고 생각하면 이해하기 쉽다. 위의 그림에서 2개의 상자는 서로의 처리 과정을 되돌려서 처음 집어넣은 숫자가 다시 튀어나오도록 한다. 이 두 함수는 서로의 역함수다.

이 방정식은 왜 중요할까?

로그는 1600년대 초반에 큰 수의 곱셈이나 나눗셈을 간편하게 하기 위해 발명되었다. 계산 실수를 하면 항로를 벗어날 위험이 있는 선원들에게 로그는 특히 쓸모가 많았다. 로그는 곱셈 문제를 덧셈 문제로 바꿔준다. 곱셈을 할 때 거듭제곱 수가 갖는 성질 덕분이다. 다음 수식을 보자.

그림에서 세 번째 기계는 베티가 집어넣은 숫자만큼 3을 거듭제곱한다. 어떤 숫자를 집어넣어 19,683이라는 결과물이 나왔다면, 베티는 그 숫자를 $\log_3$ 기계에 넣은 셈이다.

$$
\begin{aligned}
&59{,}049 \times 2{,}187 \\
&\quad = 3^{10} \times 3^{7} \\
&\quad = 3^{(10+7)} \\
&\quad = 3^{17} = 129{,}140{,}163
\end{aligned}
$$

선원들은 로그표를 활용해 위의 계산을 10 + 7이라는 덧셈 문제로 단순화한 다음 그 결과를 원래 문제의 답으로 바꾸었다. 이 도구는 우리가 앞서 상상해본 깔때기와 미끄럼틀 달린 기계처럼 작동한다.

하지만 위의 수식은 곱하는 숫자를 일부러 3의 제곱수로 맞추었기 때문에 계산이 간단해졌다. 하지만 어떤 2개의 숫자든 똑같은 기술을 적용해 계산할 수 있다. 또 3 말고 다른 숫자를 로그의 '밑'으로 사용해도 같은 결과를 얻게 된다. 예컨대 밑을 5로 하면 다음과 같이 계산된다.

$$
\begin{aligned}
&\log_5(59{,}049 \times 2{,}187) \\
&\quad = \log_5(59{,}049) + \log_5(2{,}187) \\
&\quad \approx 11.6043
\end{aligned}
$$

$$5^{11.6043} \approx 129{,}140{,}163$$

물결 표시는 결과가 근삿값이라는 뜻이다. 근삿값이기는 해도 계산의 목적을 달성하는 데는 진짜 값에 충분히 가깝다.

밑을 다르게 하면 여러 용도에 편리하게 사용할 수 있다. 예컨대 밑이 10인 로그는 10진법으로 표기된 숫자가 몇 자리인지 알게 해준다. 어떤 수에 대해 밑이 10인 로그를 계산해 1을 더한 뒤 소수점 아래를 버리면 자릿수를 알 수 있다. 예를 들어, 10^4인 10,000은 $\log_{10}(10{,}000) = 4$이므로, 10,000은 자릿수가 $4 + 1 = 5$이다. 더 일반적인 예를 들면 $\log_{10}(37{,}652) = 4.5757881\ldots$인데 이 값에서 소수점 아래를 버리고 1을 더하면 37,652의 자릿수인 5가 나온다. 몇몇 경우에는 측정값 자체보다 자릿수를 살피는 것이 더 도움이 된다.

지진의 강도가 바로 그런 사례다. 리히터 규모는 $\log_{10}$으로 표현되는데, 규모 3인 지진은 규모 2보다 위력이 10배 더 강하다. $\log_{10}$을 사용하는 다른 유명한 예는 소리의 세기를 나타내는 데시벨과 산도를 나타내는 pH다. 이런 모든 사례에서 수치 자체만 보면 비교하기가 힘들어지는데, 척도의 양 극단이 무척 큰 수와 무척 작은 수로 나뉘기 때문이다. 이런 경우에 $\log_{10}$ 함수를 사용하면 로그를 전혀 모르는 사람이라도 이해하기가 쉬워진다.

이 밖에도 자주 사용되는 로그는 밑이 2인 로그함수로, 2가 몇 번 곱해졌는지를 나타낸다. 사람들은 잘 모르지만 음악의 옥타브에는 $\log_2$가 숨어 있다. 1옥타브 높은 음은 진동수가 2배이기 때문이다.

역사적인 이유로 A4라 불리는 음(피아노 건반의 중간쯤에 자리한)은 진동수 440Hz로 맞춰진다. 그러면 진동수가 110Hz인 음은 어디에 있을까? 다음 수식을 보자.

$$\log_2(440) - \log_2(110) = 2$$

즉 이 음은 440Hz인 음보다 2옥타브 아래에 있다. 110에 2를 두 번 곱하면 440이 되기 때문이다.

밑이 2인 로그는 방사능 물질의 반감기를 계산하는 데도 활용된다. 방사능 물질의 양이 변화하는 정도는(이 경우에는 붕괴하는) 2배씩 차이가 난다.

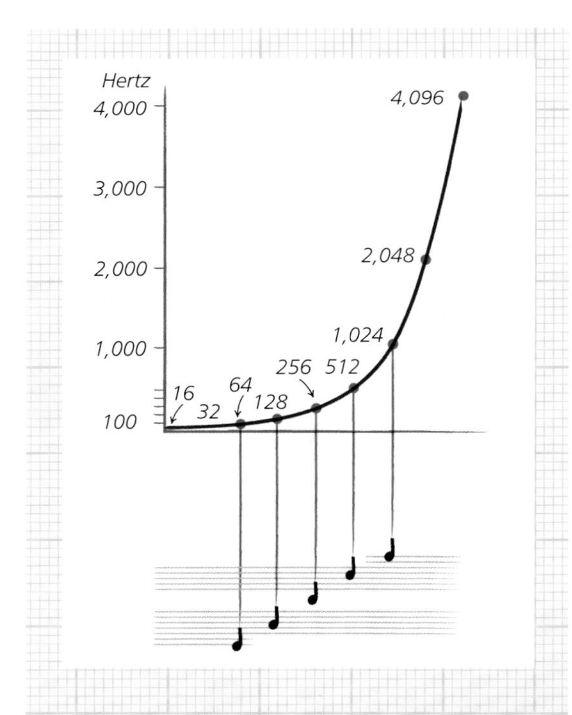

한 옥타브 떨어진 음표는 진동수가 2배만큼 차이가 난다. 여러 음이 몇 옥타브만큼 떨어져 있는지 계산하는 데 로그함수를 활용할 수 있다.

심리학 분야에서는 우리가 무언가를 지각하는 강도가 그 자극이 갖는 세기의 자연로그에 따라 달라진다는 '페히너의 법칙'이 존재한다. 이 법칙은 다소 일반적이고 개략적인 주장이지만, 사실 다양한 자극에 잘 적용된다. 그래서 우리는 감각을 통해 경험하는 많은 것들을 로그함수로 나타내는 것을 선호하는 편이다.

더 자세하게 알아보자

'자연로그의 밑'인 e를 사용하는 경우도 꽤 흔하다. e는 2나 10처럼 자연수가 아니라, 소수점 아래로 반복되지 않는 숫자가 무한히 늘어서는 무리수다. 간단히 말해, 무리수는 자연계의 여러 곳에서 볼 수 있는 연속 증가 패턴을 연구하는 과정에서 생겼다.

이 수가 나타나는 흔한 사례는 복리다. 예컨대 여러분이 통장에 1,000원을 넣었는데 연이율이 5%라고 해보자. 그러면 3년 뒤에는 잔고가 얼마로 불었을까? 다음 수식에 따라 계산하면 된다.

$$1{,}000 \times (1 + 0.05)^3 \approx 1{,}157.625$$

즉 원래 가졌던 돈에 이율을 적용해 연속으로 3번 곱하면 된다. 그렇다면 이율이 1년에 한 번 적용되는 셈인데, 이율을 반으로 낮추는 대신 1년에 두 번 적용하면 돈을 불리는 데 더 유리하지 않을까? 다음 식을 보면 정말로 그렇다!

$$1{,}000 \times (1 + 0.025)^6 \approx 1{,}159.69$$

위의 식에서 이율은 절반이지만(2.5%, 즉 0.025) 이것을 세 번이 아닌 여섯 번 적용했다. 이 방식이 돈을 조금이나마 더 많이 불릴 수 있다. 그러면 이런 계산을 계속 반복하면 돈이 더 많아지지 않을까? 그렇지는 않다. 이율이 극한값에 도달하기 때문이다.

하지만 '자연은 비약하지 않는다'는 고대의 격언도 알 수 있듯이 자연은 갑자기 증가하지 않는다. 비록 겉보기에 그런 사례가 있어도, 자세히 들여다보면 갑자기 변하기보다는, 빠르지만 매끄럽게 바뀐다는 사실을 알 수 있다. 이것은 뉴턴 과학의 기본 가정 가운데 하나였다. 로그 덕분에 우리는 자연이 급작스럽게 불연속적으로 변한다는 단순한 사고방식에서 벗어나 유기체의 진정한 변화 과정에 다가갈 수 있다.

구체적으로 어떤 방식으로 변하는지 보려면, 1년에 이자가 적용되는 횟수가 증가할수록 이자 지급액이 어떻게 바뀌는지 생각해보자. 이자를 지급하는 기간이 짧아질수록 이율은 점점 작아진다. 처음에는 1주일 단위였다가 1일, 1시간, 1초 단위로 이자를 받는 횟수가 빈번해질수록 지급액은 매번 줄어든다.

이런 현상을 다음과 같이 극한값에 적용할 수 있다(18쪽, '제논의 이분법' 참고).

$$\lim_{n \to \infty} (1 + \frac{1}{n})^n$$

1년에 이자를 지급하는 횟수가 무한대에 도달하면 매번 지급하는 이자는 0에 가까워진다. 이때의 극한값을 우리는 e라고 부른다. e는 자연계에서 볼 수 있는 연속 증가를 나타내며 그 값은 약 2.718이다. e는 분수나 소수로 딱 떨어지게 표시할 수가 없다. 우리는 e를 로그함수의 밑으로 활용해 연속 증가를 표현할 수 있다.

간단한 예를 들어보자. 7일 전에 키가 40cm인 식물이 지금 다시 키를 재보니 45cm였다. 이 식물의 성장 속도는 얼마일까? 일단 이 식물이 연속적으로 자란다고 가정하자. 그러면 7일 동안의 성장률은 $\log_e(^{45}/_{40}) = 0.1178$, 약 11.78%이다.

만약 7일의 끝 무렵에 5cm가 한꺼번에 자랐다고 가정하면 성장률은 12.5%다. 하지만 식물은 그런 식으로 자라지 않는다. 그다음 주에도 11.78%의 속도로 계속 자란다면 이 식물의 키는 다음과 같을 것이다.

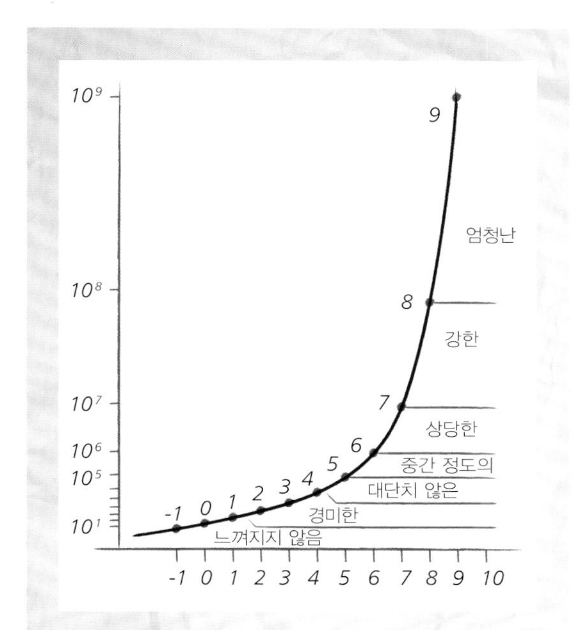

리히터 규모는 로그함수를 따른다. 로그함수는 선형함수에 비해 우리가 경험하는 지진의 강도를 더 효과적으로 드러낸다.

$$45\text{cm} \times e^{0.1178} \approx 50.625\text{cm}$$

이런 식으로 하면 연속 증가나 성장, 물질의 붕괴 과정을 정확하게 예측할 수 있다. 그렇기 때문에 우리는 자연로그라는 별난 함수를 잘 익혀둘 필요가 있는 것이다.

로그는 어떤 거듭제곱을 원래대로 되돌리는 작용을 한다. 이것만으로도 쓸모가 있지만 사실 로그는 훨씬 더 유용하다. 연속 증가뿐만 아니라 기하급수적으로 증가하는 어떤 현상을 더 깔끔하게 표현할 수 있기 때문이다.

오일러 항등식

다섯 가지 기본적인 수는 서로 밀접하게 연결되어 있다. 이런 관계를 보여주는 다음 식은 수학에서 가장 아름다운 방정식이라 불린다.

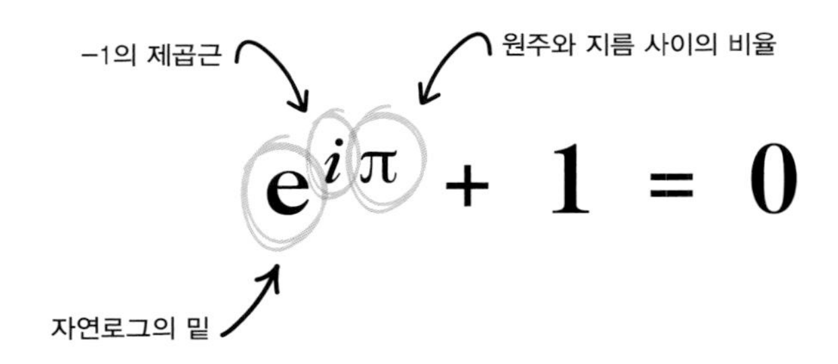

어떤 내용일까?

이 방정식은 서로 전혀 상관없는 것처럼 보이는 5개의 기본적인 수 사이에 단순하면서도 놀라운 관계가 성립한다는 사실을 보여준다. 자연로그의 밑인 e(36쪽, '로그' 참고), −1의 제곱근인 허수 i(아래 설명 참고), 원주와 지름의 비율인 π, 그리고 어떤 숫자와 곱하거나 더해도 그 숫자를 변화시키지 않는 1과 0, 이 다섯 가지다. 이 기본 수들은 서로 전혀 상관없을 것처럼 보이지만 놀랍게도 우연히 하나의 방정식 안에 모인다! 물론 우연은 아니지만, 이 놀라운 방정식이 보여주는 우아함 덕분에 전 세계에서 가장 유명한 방정식이 되었다.

이 방정식은 왜 중요할까?

오일러 항등식은 '복소수'라 불리는 수에 대한 방정식이다. 복소수란 우리가 학교에 다닐 때 배웠던 익숙한 숫자 체계를 넘어선다. 복소수는 묘하게 행동하기 때문에 익숙해지려면 시간이 걸린다. 한동안 복소수는 단순히 호기심거리, 또는 수학적 상상력으로 만들어낸 통제 불가능한 수일 뿐이라고 간주되었다.

하지만 나중에 밝혀진 바에 따르면 복소수는 물리학과 공학의 상당한 부분을 차지하는 구성 요소였다. 이렇게 말할 만한 이유가 있다. 특정 조건에서, 언제나 방정식을 풀 수 있기 때문이다. 우리는 실수인 해가 존재하지 않는다 해도 복소수 해가 존재할 것이라 기대할 수 있다. 이런 식으로 상당히 복잡한 여러 문제를 단순하게 만들 수 있고, 그에 따라 더욱 우아한 이론들이 생겨났다.

복소수를 활용하면 일상적인 보통 수를 사용할 때보다 실용적인 여러 문제(오일러 항등식을 포함해)를 훨씬 쉽게 해결할 수 있다. 예컨대 유체역학(96쪽, '나비에-스토크스 방정식' 참고), 전자공학(92쪽, '맥스웰 방정식' 참고), 디지털 처리 과정(138쪽, '푸리에 변환' 참고) 같은 여러 분야를 훨씬 매끄럽게 처리할 수 있다. 양자역학의 기본 방정식에서도 복소수를 볼 수 있다(104쪽, '슈뢰딩거의 파동 방정식' 참고). 이런 여러 적용 사례의 기원은 미분 방정식(56쪽, '뉴턴의 제2법칙' 참고)에서 찾을 수 있는데, 복소수를 사용하면 오늘날 과학과 공학의 전 분야에서 찾아볼 수 있는 미분방정식을 훨씬 쉽게 다룰 수 있다.

더 자세하게 알아보자

어떤 숫자를 자기 자신과 곱하면 답은 언제나 양수다. 음수를 서로 곱해도 마찬가지다. 즉 -2×-2는 -4가 아니라 4다. 가끔 이런 사실이 잘 믿기지 않는 사람들이 있다. 만약 여러분이 그런 사람들 가운데 하나라면, 1700년대의 수학자들과 비슷한 생각을 하는 셈이다. 이들은 음수를 서로 곱하는 문제를 두고 갑론을박을 펼쳤고, 몇몇 수학자는 음수가 아예 무의미한 수라고 여겼다.

하지만 결국 사람들은 음수끼리 곱하면 양수가 된다는 규칙을 받아들여야 다른 모든 사실이 맞아떨어진다는 데 동의하기에 이르렀다. 그리고 그 결과 음수의 제곱근은 존재할 수 없게 되었다. 자기 자신끼리 곱해서 음수가 되는 수는 없기 때문이다(10쪽, '피타고라스 정리' 참고). 하지만 수학의 역사를 들춰보지 않더라도 우리의 머릿속에는 다음과 같은 질문이 떠오른다. 음수의 제곱근, 예컨대 $\sqrt{(-4)}$가 존재할 수도 있지 않을까? 사람들은 이 문제를 두고 골치를 앓았지만 간단히 해결할 수는 없었다.

그러다가 $\sqrt{(-1)}$의 약칭으로 i를 쓰게 되었고, 아래와 같은 대수학의 연산 규칙에 따라 i를 사용해 다른 음수 제곱근도 표시할 수 있었다.

$$\begin{aligned}\sqrt{(-64)} &= \sqrt{(64 \times -1)} \\ &= \sqrt{64} \times \sqrt{(-1)} = 8i\end{aligned}$$

i는 '상상의(imaginary)'라는 단어에서 첫 글자를 따온 기호다. 이 수가 제대로 된 수라고 볼 수 없었기 때문이다. 적어도 처음 등장했을 때는 그렇게 여겨졌다. 하지만 시간이 지나면서 이 허수들을 사용한 '복소수'라는 수 체계가 만들어졌고, 실제 상황뿐만 아니라 순수 수학에서도 무척 유용하다는 사실이 드러나면서 더 많은 사람들이 허수를 받아들였다. 앞으로 이 책에서도 여러 번 허수가 등장할 테지만 그때마다 자세히 설명하지는 않을 것이다. 허수가 어떻게 성립하고 작동하는지 여기서 잘 알아두자.

오일러 항등식은 이 허수의 기하학적인 배치를 기본적인 사실로 드러낸다. 숫자 1을 반 바퀴 회전시키면 −1이 되는데, 그 원리는 쉽게 설명되지 않는다. 일단 여러분은 복소수를 $a + bi$의 형태로 표시할 수 있다. 여기서 a와 b는 음수나 분수 등을 포함한 보통의 수다. 이 수들을 '복소수'라 부르는 이유도 이런 형식 때문이다. 복잡하다는 뜻이 아니라, '하나 이상의 부분으로 구성'되어 있어서 복합적이라는 뜻이다. 여기서 a를 그 수의 '실수 부분'이라 하고 bi를 '허수 부분'이라 부른다.

어떤 정수를 이 체계에 따라 표기하려면 b를 0으로 맞추면 된다. 그러면 허수 부분이 사라진다. 그리고 a에 해당 정수를 집어넣으면 끝이다. 이 수들은 0을 한

무척 달라 보이는 다섯 가지의 수들이 한데 어울리는 모습은 꽤 신기하다.

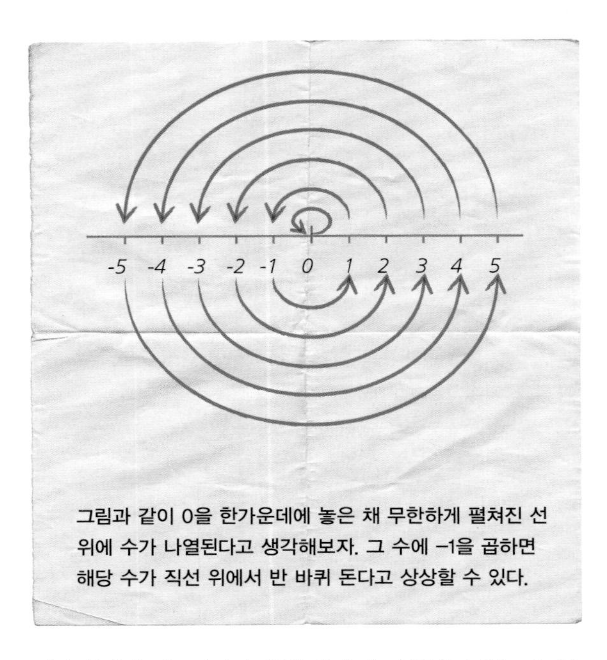

그림과 같이 0을 한가운데에 놓은 채 무한하게 펼쳐진 선 위에 수가 나열된다고 생각해보자. 그 수에 −1을 곱하면 해당 수가 직선 위에서 반 바퀴 돈다고 상상할 수 있다.

가운데에 놓은 길이가 무한대인 수직선(數直線) 자 위에 놓인다. 양수는 0을 기준으로 오른쪽에, 음수는 왼쪽에 쭉 배열된다.

허수 부분을 가진 복소수는 이 수직선 자 위에 놓이지 못하지만, 대신에 '아르강 도표'라 불리는 2차원 평면 위에 배치된다. 이 표면 위의 모든 점은 x 좌표와 y 좌표를 가지는데(10쪽, '피타고라스 정리' 참고), 각각의 좌표를 복소수의 실수와 허수 부분이라고 생각할 수 있다. 이 도표는 x축을 따라 나열된 실수들 말고도 훨씬 많은 수를 표시한다.

오일러 항등식을 이해하려면 아르강 도표를 조금 다른 식으로 바라봐야 한다. 모든 복소수가 이 평면에서 하나의 점에 해당한다면, 원점(두 축이 만나는 점)에서 그 점까지 연결한 직선을 각각 그릴 수 있다. 여러분이 원점에서 출발해 어떤 점까지 곧장 걸어갈 때 택하게 될 경로이기도 하다. 여러분이 원점에 선 상태에서 x축을 양의 방향으로 바라본다고 상상해보자. 그러면 여러분이 선 지점에서 얼마의 각도만큼 돌아야 하는지, 그리고 그 상태에서 얼마큼 직선으로 걸어가야 하는지를 평면 위의 어떤 점으로 표현할 수 있다. 이 두 수를 각각 '편각'과 '절댓값'이라 한다.

이 정보들과 함께 e라는 특별한 수를 활용하면 복소수를 더욱 간단하게 나타낼 수 있다. 쉽게 믿기지 않겠지만, 편각 a와 절댓값 m을 가진 복소수는 다음과 같이 표현된다.

$$me^{ia}$$

이제 m값을 고정한 채 a를 증가시킨다고 상상해보자. 그러면 해당 복소수를 나타내는 직선이 시곗바늘처럼 돌아가면서 반지름 m인 원의 궤적을 그린다. 이렇듯 복소수는 원운동과 밀접한 관련이 있기 때문에 다양한 상황에 응용될 수 있다(14쪽, '삼각법' 참고).

이제 한 가지만 더 알아두면 오일러 항등식을 이해할 수 있다. 우리는 각도를 잴 때 360도를 한 바퀴로 하는 도 단위를 사용한다. 하지만 가만히 생각해보면 좀 이해가 가지 않는 구석이 있다. 왜 하필 360인가? 고대 바빌로니아인들이 처음 그렇게 만들었다고 알려져 있지만, 그래도 정확한 설명은 아니다. 도 단위는 그렇게 편리하지도 않고 뭔가를 이해하는 데 큰 도움이 되지도 않는다. 그래서 수학에서는 도 대신 라디안이라는 단위를 사용한다. 라디안 체계에서는 한 바퀴가 라디안의 정수 배가 아니라 2π배다. 처음에는 이상한 것

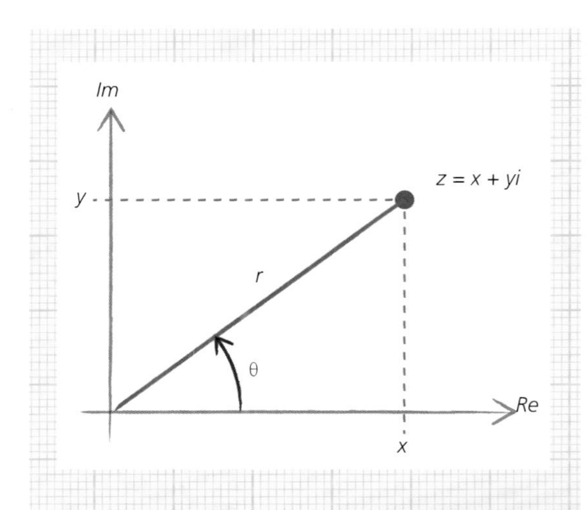

복소수를 2차원 공간의 한 점으로 생각할 수 있다. 각도(θ)와 거리(r)를 사용하면 원점에서 복소수에 해당하는 점까지 갈 수 있는 방법이 표시된다.

아르강 도표나 오일러 항등식을 활용하면 대부분의 프랙털 영상들을 무척 간단히 계산할 수 있다.

같지만 라디안은 원과 각도를 밀접하게 연결시키기 때문에 활용도가 높다.

그렇다면 이 체계로 어떤 수들을 나타낼 수 있을까? 다음을 보자.

$$e^{i\pi}$$

맨 앞에 숫자가 붙지 않았기 때문에 절댓값은 1이라고 짐작할 수 있다. 또 원 한 바퀴가 2π이므로 π라디안은 반 바퀴일 것이다. 즉 이 복소수는 길이가 1단위이고 원점에서 반 바퀴를 돈 지점에 자리한다. 그리고 그 수는 −1이다. 즉 다음 방정식이 성립한다.

$$e^{i\pi} = -1$$

여기서 다음과 같은 식을 끌어낼 수 있다.

$$e^{i\pi} + 1 = 0$$

이 방정식이 오일러 항등식이다. 복소수의 세계에서 원운동이 얼마나 핵심적인 역할을 하는지 알려주는 방정식이기도 하다.

오일러 항등식은 이 책에 실린 다른 방정식보다 특별히 쓸모가 많지는 않지만, 삼각법, 복소수, 로그 같은 여러 주제를 아우르는 힘이 있다. 또한 복소수를 계산하는 데도 편리하다.

오일러 표수

4색 정리는 누구나 이해할 만큼 간단하다. 하지만 모든 시대를 통틀어 증명하기 가장 힘든 수학 문제로 손꼽힌다.

오일러 표수 / 꼭짓점의 개수 / 모서리의 개수 / 면의 개수

$$\chi = V - E + F$$

어떤 내용일까?

여러분은 아마 유명한 '공공 서비스 문제'에 대해 들어봤을지도 모른다. 3채의 집에 세 가지 공공 서비스(수도, 가스, 전기)를 설치할 때 공급선이 서로 겹치지 않게 배열하는 문제다. 아이들에게 흔히 주어지는 퍼즐이지만 사실은 풀리지 않는 문제다. 문제가 생기는 원인은 이 퍼즐이 주어지는 평면에서는 오일러 표수라는 양이 2이기 때문이다. 문제를 풀려면 오일러 표수가 다른, 도넛 모양의 표면('토러스'라 불리는)이 주어져야 한다.

어쩌면 여러분은 이제 얘기할 또 다른 문제에 대해서도 들어봤을지 모른다. 평면 위에 놓인 어떤 지도(상상의 지도를 포함해)를 여러 나라로 나눌 때 국경을 맞대는 나라끼리 같은 색으로 칠하지 않으려면 최소한 몇 개의 색을 사용해야 할까? 이것은 이른바 '지도 색칠하기 문제'인데, 역시 오일러 표수와 밀접한 관계가 있다.

더 자세하게 알아보자

공공 서비스 문제는 수학자들이 '그래프'라 부르는 대상과 관련된다. 그래프는 '모서리'라 불리는 선들이 모여 '꼭짓점'이라 불리는 점들을 이루는 체계다. 그래프는 무척 쓸모가 많아서 경로, 케이블, 관 등을 연결하는

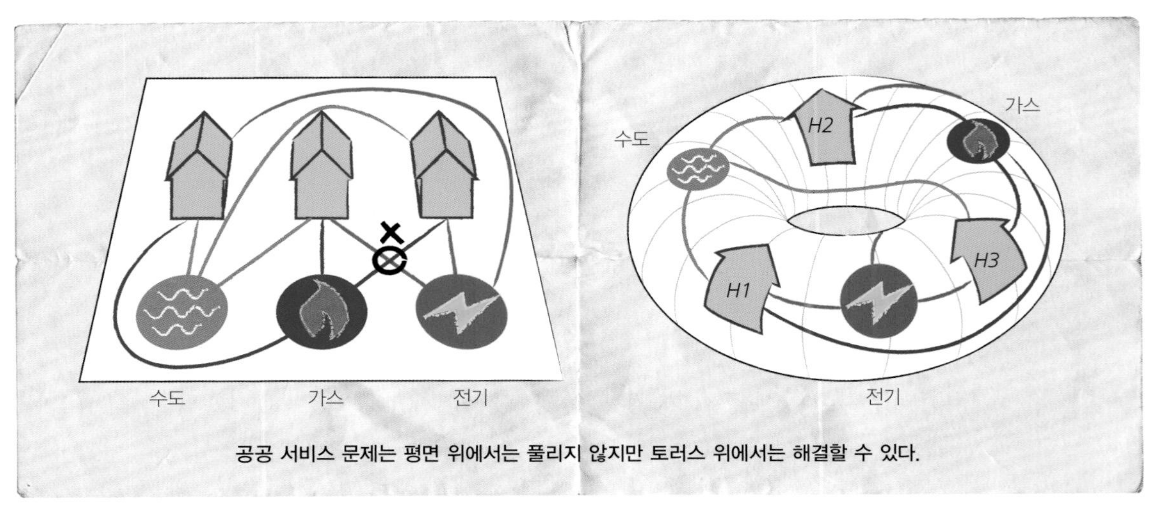

공공 서비스 문제는 평면 위에서는 풀리지 않지만 토러스 위에서는 해결할 수 있다.

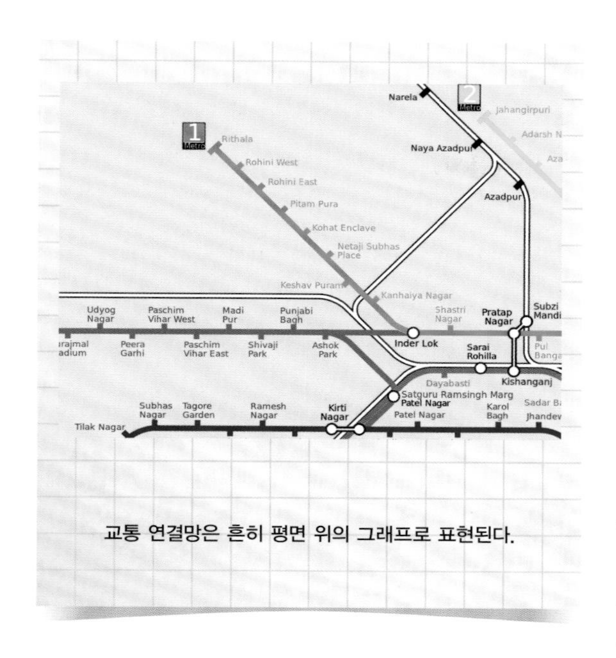

교통 연결망은 흔히 평면 위의 그래프로 표현된다.

조그만 꼭짓점들의 연결망을 표현하는 데 어디든 사용할 수 있다.

대중교통 지도는 기본적으로 그래프이며 컴퓨터 네트워크, 산업 공정, 회로판 등을 나타내는 도표 역시 그렇다. 즉 그래프 문제는 여러 분야에 실용적으로 이용될 수 있다. 이 영역에서 이뤄지는 큰 발견은 우리 생활의 여러 영역에 중대한 영향을 끼칠 수 있다.

종이 한 장(수학의 평면과 마찬가지로 편평한)에 그릴 수 있으면 그것을 평면 그래프라고 부른다. 이때 평면 그래프의 모서리는 서로 겹치지 않는다. 그래프는 페이지를 여러 영역으로 나누는데 모서리로 둘러싸인 영역 각각을 '면'이라 부른다. 평면 그래프가 가진 꼭짓점과 모서리, 면의 개수 사이에 어떤 관계가 있다는 사실은 확실해 보인다. 여러분도 직접 그려보면서 확인해보자. 공공 서비스 문제가 풀리지 않는 이유는, 여러분이 퍼즐을 풀려면 평면이 아닌 그래프를 그려야 하기 때문이다. 편평한 종이 위에서는 결코 풀 수 없는 문제다.

우리는 모서리가 서로 교차하지 않는 평면 위에 그래프를 그려 어떤 평면의 오일러 표수를 계산할 수 있다. 예컨대 삼각형은 꼭짓점이 3개, 모서리가 3개이며, 평면(안쪽과 바깥쪽)이 2개이다. 앞에서 본 식에 대입하면 다음과 같다.

$$\chi = 3 - 3 + 2 = 2$$

즉 이 평면에서 오일러 표수는 2다. 여러분은 이 삼각형에 뭔가 특별한 게 있다고 생각할지 모르지만 그렇지 않다. 다른 그래프들을 가지고 똑같이 계산해도 똑같은 답을 얻을 텐데, 그 과정에서 어쩌면 여러분은 왜 그렇게 되는지 깨달음을 얻을지도 모른다.

여러분에게 색칠을 해야 할 복잡한 지도 한 장이 주어졌다고 해보자. 색은 몇 가지나 필요할까? 이 문제는 무엇을 묻는지 이해하기 쉽고, 문제를 그래프로 옮겨놓기도 그렇게 어렵지 않다. 각 나라 안에 꼭짓점을 찍고, 나라가 서로 국경을 마주하고 있다면 두 꼭짓점을 연결하면 된다. 1890년에 영국의 수학자 퍼시 히우드(Percy Heawood)는 이 문제에서 색칠을 하는 데 색이 5개 이상 필요하지 않다는 사실을 증명했다. 하지만 4개의 색으로도 가능한지 여부는 계속 논란거리였다. 마침내 1976년이 되어서야 일리노이 대학교의 케네스 아펠(Kenneth Appel)과 볼프강 하켄(Wolfgang Haken)이 컴퓨터로 엄청난 양의 수를 처리해가며 이 문제를 증명했다. 하지만 이들이 사용한 방식은 아직까지도 논쟁의 대상이다. 사람의 힘으로는 그 과정이 맞는지 틀린지 확인할 수 없기 때문이다.

위상기하학은 공간의 성질을 연구한다. 공간이 어떻게 연결되어 있는지부터 공간에 있는 구멍의 종류까지 다루는 것이다. 오일러 표수는 단순한 도형 그리기 문제를 방정식으로 바꾸어놓는다.

털투성이 공의 정리

위상 다양체 위의 벡터장에 대한 난해한 사실들을 참고하면, 지구 위에 어째서 바람이 불지 않는 장소가 항상 존재하는지 설명할 수 있다.

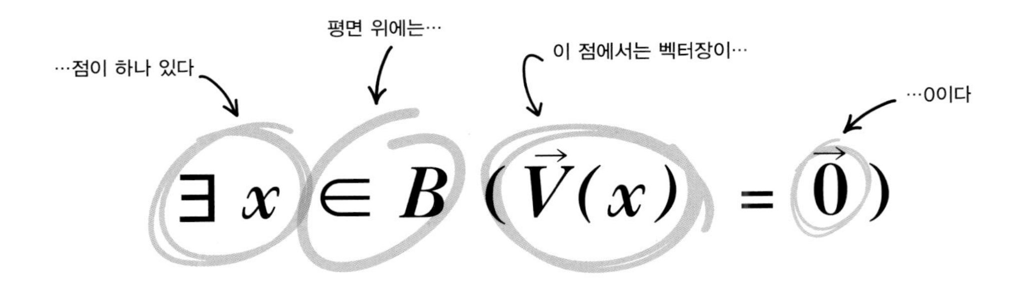

어떤 내용일까?

털투성이 공의 정리에 따르면 지표면에는 바람이 불지 않는 장소가 언제나 존재한다. 우리는 지도 위의 어떤 지점에 작은 화살표를 붙여 바람의 속도와 방향을 표시할 수 있다. 화살표의 길이가 바람의 속도를 나타낸다. 우리는 지구의 좁은 지역만 들여다본다(110쪽, '메르카토르 도법' 참고). 하지만 털투성이 공의 정리에 따르면, 이런 방식으로 지구 전체에 바람을 표시하다 보면 늘 화살표가 사라지는 곳이 존재한다. 이곳은 바람이 불지 않는 지역이다.

여러분은 바람이 불지 않는 지역이 존재한다는 사실을 받아들이기 힘들 것이다. 아무리 그런 지역에 바람을 일으킨다 해도 이렇듯 바람이 불지 않는 지역은 지구 어딘가에 나타난다. 이런 현상은 기후 체계의 움직임과는 상관이 없으며 기본적인 기하학적 사실에서 비롯한다.

여러분이 아무리 빗질을 해도 동그랗고 완전히 털에 둘러싸인 고양이의 몸 어딘가에는 털이 무더기로 뭉치는 부분이 나타난다. 사실 이것은 학술적으로 의미가 있는 현상이다.

이 방정식은 왜 중요할까?

온몸이 완전히 털에 뒤덮인 둥그런 모양의 고양이를 상상해보자. 털투성이 공의 정리에 따르면 아무리 고양이에게 빗질을 해줘도 어딘가에는 털이 뭉친 부분이 반드시 생길 것이다. 이런 사실이 당장은 쓸모 있게 들리지 않을 것이다. 게다가 이 정리는 위상기하학의 한 분야

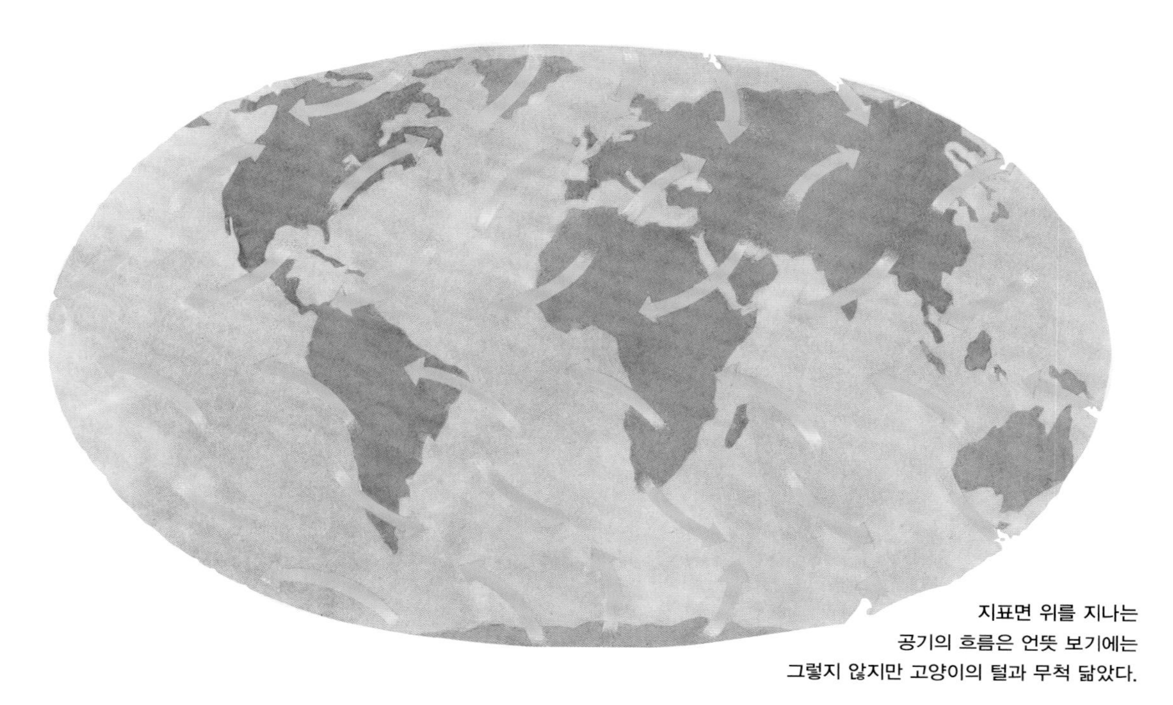

지표면 위를 지나는
공기의 흐름은 언뜻 보기에는
그렇지 않지만 고양이의 털과 무척 닮았다.

이기 때문에, 오랫동안 '순수 수학'처럼 고고한 분야라고 간주되었다. 실용적인 것이 있더라도 간접적인 응용에 지나지 않을 것이라고 말이다.

하지만 털투성이 공의 정리는 꽤 여러 분야에 적용된다. 이 정리는 공기(또는 물 같은 다른 유체)가 어떤 표면 위를 계속해서 흐르는 방식을 무한정하게 늘리는 대신 한계를 지운다. 또한 여러분이 공을 아주 복잡하게 빙글빙글 돌린다 해도 맨 처음에 어디서 움직이기 시작했는지 정확하게 알 수 있다.

물리학에서 털투성이 공의 정리는 빛이나 소리 같은 구면파나 전자기장 연구에서 중요한 역할을 한다. 예를 들어 2007년에 MIT의 공학자 그레천 드브리스(Gretchen DeVries)와 동료들은 털투성이 공의 정리를 활용해 금 나노입자를 결합시켜 결정이나 중합체 같은 더 큰 나노구조를 만들었다. 또 2010년에는 마크 레이버(Mark Laver)와 에드워드 포건(Edward Forgan)은 학술지 「네이처 커뮤니케이션스(*Nature Communications*)」에 털투성이 공의 정리가 초전도체의 움직임에 영향을 미친다는 연구 결과를 발표했다. 두 연구 모두 추상적이라 여겼던 수학 방정식이 얼마나 선구적인 기술로 발전할 수 있는지 잘 보여준다.

더 자세하게 알아보자

네덜란드의 수학자이자 철학자인 L. E. J. 브라우버르(L. E. J. Brouwer)가 1912년에 처음 털투성이 공의 정리를 증명했다. 브라우버르에 앞서 프랑스의 앙리 푸앵카레(Henri Poincaré)가 이미 짧게 증명한 적이 있다는 주장도 있다. 당시는 위상수학이 엄청나게 발전하던 시대였다. 위상수학은 꽤 별나 보이는 새로운 수학의 한 분야였는데 이 분야의 탄생 과정에서 푸앵카레는 중요한 역할을 담당했다. 푸앵카레의 연구는 물리학의 여러 문제와 상당히 관련이 깊었다. 네덜란드의 물리학자 헨드릭 로런츠(Hendrik Lorentz)와 푸앵카레의 공동 연구는 특수상대성이론의 개발에 큰 역할을 했다. 이에 비하면 브라우버르는 철학자로서나 수학자로서 그렇게 실용적인 업적을 내지는 못했고 심지어 신비주의자 같은 면모도 보였다. 수학 분야에서는 큰 영향을 미쳤지만 말이다.

그러면 동그란 고양이는 그렇다 치고 털투성이 공의 정리 자체는 어떤 내용일까? 이 정리는 위상 2-구면 위의 연속적인 접벡터장에서 적용된다. 그러면 이 전문 용어의 뜻을 알아보고 서로 어떻게 잘 맞아떨어지는지 살펴보자.

벡터는 조그만 화살표로 표시할 수 있다. 벡터의 주요 특징은 화살표의 길이와 화살표가 가리키는 방향이다. 영벡터는 '길이가 0인 화살표'를 말한다. 그런 개념을 상상하기가 쉽지 않겠지만 어떤 화살표가 계속해서 짧아지다 보면 마침내 완전히 사라지는 순간이 올 것이다. 털투성이 공의 정리에 따르면 특정 조건에서 어딘가에 항상 영벡터가 적어도 하나는 생긴다. 이런 조건에서는 이 전문 용어를 잘 알아둬야 한다.

어떤 평면 위의 벡터장은 모든 점에 이런 화살표가 붙어 있다. 이 화살표들은 틈도 없이 빽빽하게 붙어 있다. 물리학자들은 전자기장이나 중력장뿐만 아니라 공기나 물 같은 유체의 흐름 등 여러 현상을 모형화할 때 벡터장을 활용한다. 이때 벡터장을 활용하면 날씨 지도에서 바람의 방향이나 속도를 표시할 수 있다는 장점이 있다. 화살표가 벡터장의 일부가 아니라 모든 점에 존재한다고 상상하게 되기까지는 그렇게 오래 되지 않았다.

접벡터는 벡터의 방향이 위쪽을 향해 서 있거나 아래를 향하는 대신 지면과 평행을 이루고 있다. 조그만 로봇이 지구의 표면을 이리저리 헤매고 다니는 모습을 상상해보자. 로봇이 서 있는 지점의 벡터는 로봇의 팔이 뻗은 방향을 가리킨다. 로봇이 이리저리 움직이면 로봇이 서 있는 지점의 화살표들은 새로운 방향을 가리킬 테고 로봇의 바퀴가 움직이면서 화살표도 빙글빙글 돌 것이다.

벡터장의 화살표들이 갑자기 뛰어올라도 방향이나 크기가 바뀌지 않는다면 그 벡터장은 연속적이다. 방향이나 크기가 바뀐다 해도 가까이 확대해서 보면 빠르지만 매끄러운 변화가 진행된다. 대부분의 물리적인 상황에서 우리는 '자연은 도약하지 않는다'라고 가정하려 한다. 빠르게 변하는 것은 문제가 없다. 우리가 자연계에서 그런 즉각적인 변화를 자주 보지 못할 뿐이다. 털투성이 공의 정리는 여러분이 공의 표면을 따라 움직이면서 벡터장이 연속적으로 변할 때만 적용된다.

접벡터장에 대해서는 많이 설명했으니, 위상 2-구면을 알아보자. 여러분은 머릿속에 풍선 비슷한 모양을 떠올리면 된다. 그 풍선은 신축성이 좋은 고무 재질로 만들어져 늘렸다, 쭈그러뜨렸다, 비틀었다 하는 식으로 마음껏 모양을 바꿀 수 있다. 이 풍선이 터지지 않는 한, 원래 모양이었던 둥그런 구형과는 멀어졌다 해도 같은 위상 구면이다. 위상수학 연구 결과에 따르면, 우리가 아무리 더 심한 변형을 가해도 모양의 속성은 변하지 않는다. 표면이 다른 종류로 바뀌면, 예컨대 털투성이 도넛을 편평하게 만들면 털투성이 공의 정리는 성립하지 않는다. 그런 행동을 할 의도는 딱히 없겠지만 말이다.

'2-구면'에서 숫자 2는 지구의 표면과 마찬가지로

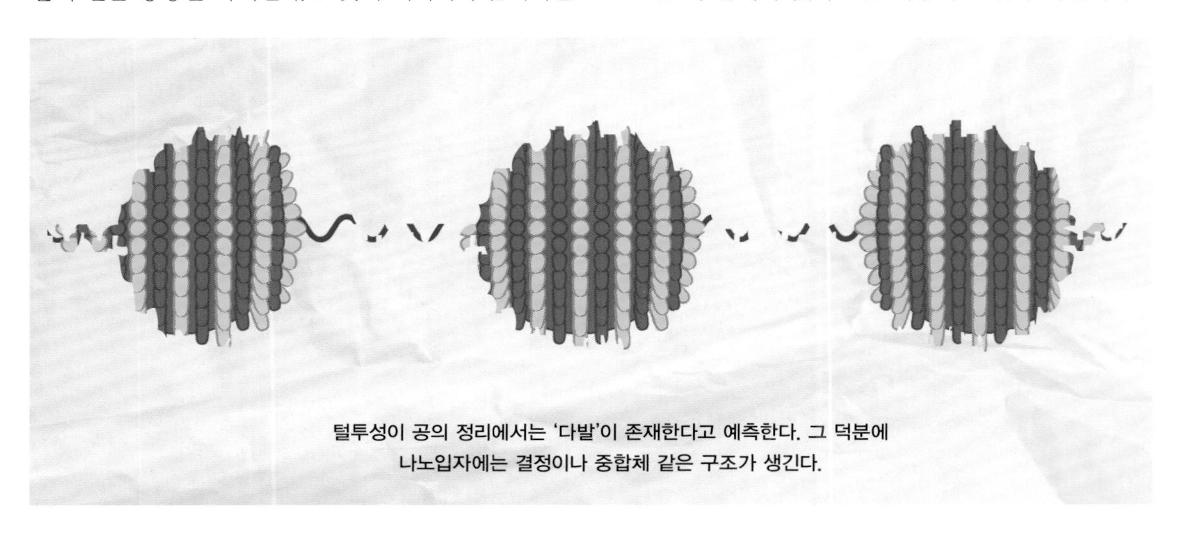
털투성이 공의 정리에서는 '다발'이 존재한다고 예측한다. 그 덕분에 나노입자에는 결정이나 중합체 같은 구조가 생긴다.

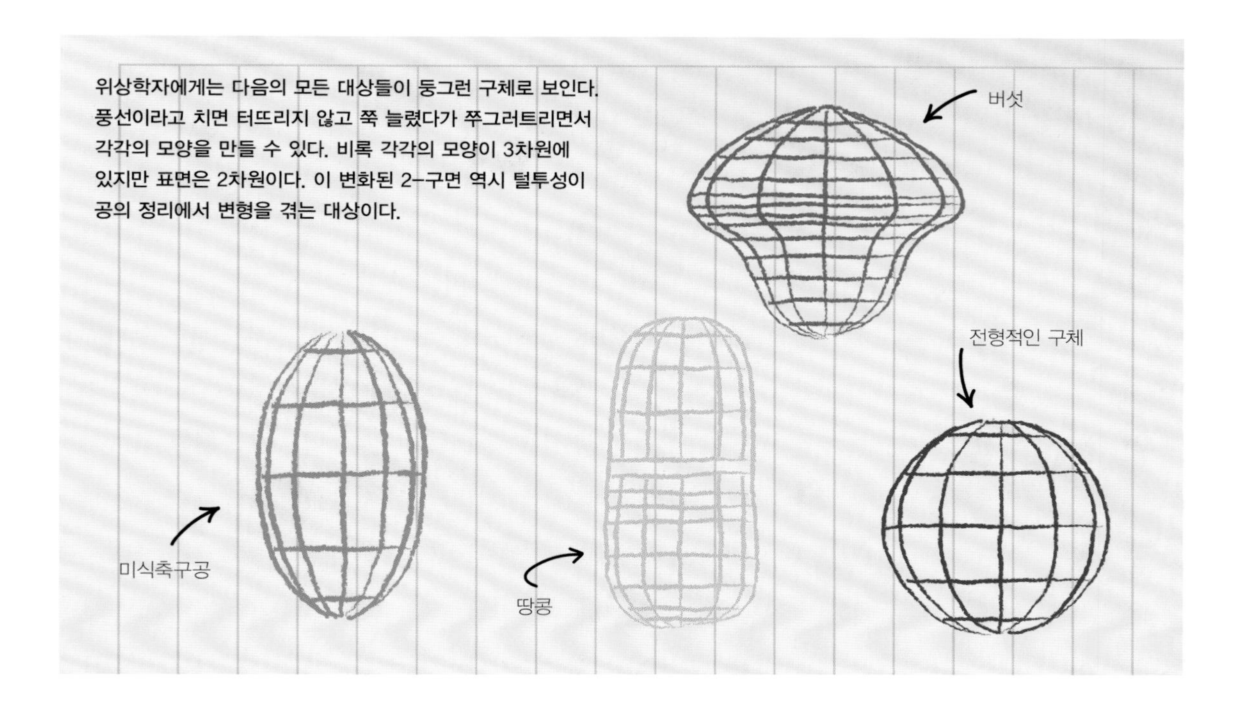

2차원 공간이라는 뜻이다. 여러분은 지구가 3차원이라고 생각할지 모르지만 그 표면은 그렇지 않다. 우리는 위도와 경도로 2차원 위에서 길을 찾을 수 있다. 대략적으로 말하면 '차원' 자체가 그런 성질을 가진다. 어떤 공간 위의 점을 찾아가는 데 좌표가 많이 필요할수록 그 공간은 더 높은 차원이다(10쪽, '피타고라스 정리' 참고). 털투성이 공의 정리는 2차원인 평면 위에서 성립하는 진술이며, 1차원인 선이나 3차원인 부피에 대한 정리가 아니다.

위상학자들은 '구면'이라는 단어를 어떤 유한한 수의 차원도 허용하게끔 특별한 의미로 사용한다. 털투성이 공의 정리는 차원의 수가 바뀌면 언제나 참이 아니다. 예를 들어 '위상 1-구면'은 평범한 원이며, 영벡터를 갖지 않는 이 원에서 벡터장을 찾는 것은 쉬운 일이다. 원 위의 모든 점의 접벡터에 작은 화살표를 그리면 된다.

한편 푸앵카레-호프 지수 정리에 따르면 짝수 차원의 모든 구면에서는 털투성이 공 정리의 변형이 참이다. 다음으로 우리가 알아볼 대상은 4차원 '구면'이겠지만 머릿속에서 그리기에는 꽤 까다롭다. 또 원을 포함한 홀수 차원의 구면들은, 어디서든 0으로 사라지지 않는 벡터장을 가진다는 사실이 밝혀졌다. 여러분은 이런 고차원의 위상수학이 마치 상아탑에만 속한 것처럼 들릴 것이다. 하지만 최근에는 이 분야가 엄청난 양의 데이터를 해석하는 데 활용되고 있다. 앞으로 과학과 상업 분야의 긴급한 문제들을 해결하는 데 점점 더 도움이 될 것이다.

벡터장은 현대 물리학에서 단골손님처럼 많이 등장한다.
벡터장이 속한 공간의 위상수학은 어떤 장이 존재할 수 있고 어떤 장이 존재할 수 없는지에 대한 근본 문제들을 결정짓는다.

자연을 거울로 비추기

과학

케플러의 제1법칙

행성은 어째서 원이 아니라 타원 궤도를 그리며 움직일까?

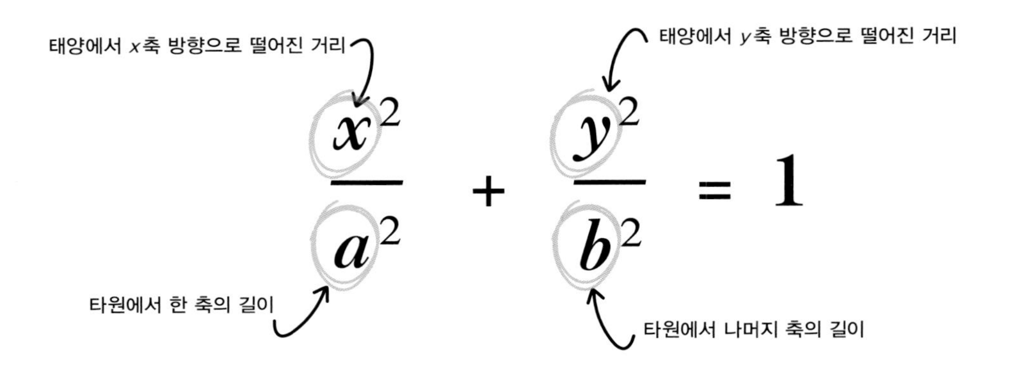

어떤 내용일까?

타원은 원을 옆으로 죽 늘인 모양이다. 1605년에 요하네스 케플러(Johannes Kepler)가 자신의 법칙을 발표하기 몇 세기 전부터 예술가들은 이미 타원을 활용해서 원근법에 맞춰 원을 그렸다. 여러분은 원을 그리는 방법과 비슷하게 타원을 그릴 수 있다. 핀 2개를 양옆에 나란히 꽂고 실을 양쪽에 모두 걸쳐서 연필에 묶어야 한다. 이 2개의 핀을 타원의 '초점'이라고 한다. 실을 팽팽하게 유지하기가 까다롭지만 말이다.

케플러 덕분에 오늘날 우리는 행성들이 태양을 원 궤도가 아닌 타원 궤도를 돈다는 사실을 알고 있다. 태양은 그 궤도의 초점에 자리한다. 이 법칙 덕분에 고대의 원뿔곡선 기하학(16쪽 참고)이 망원경 신기술과 합쳐져 역사적으로 가장 정확한 태양계 모형을

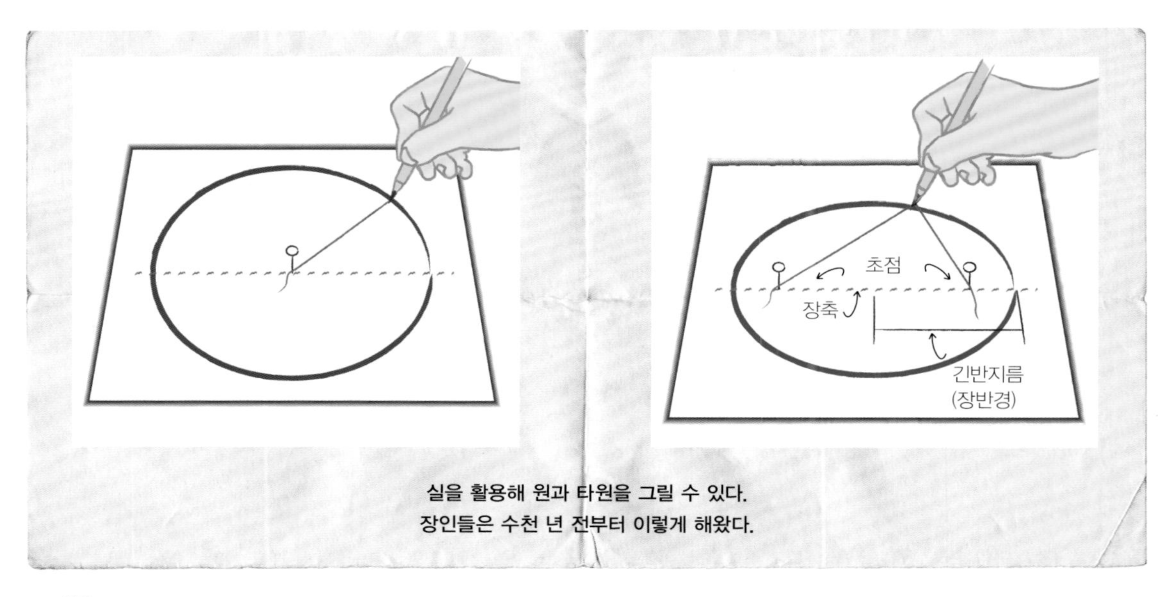

실을 활용해 원과 타원을 그릴 수 있다.
장인들은 수천 년 전부터 이렇게 해왔다.

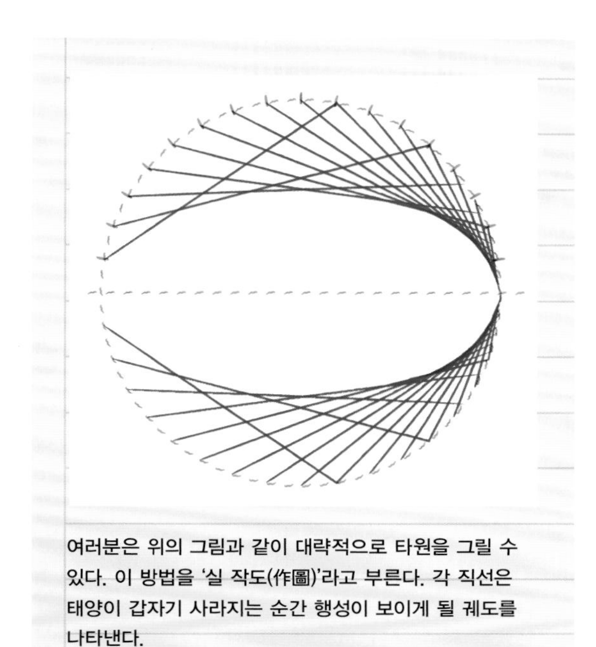

여러분은 위의 그림과 같이 대략적으로 타원을 그릴 수 있다. 이 방법을 '실 작도(作圖)'라고 부른다. 각 직선은 태양이 갑자기 사라지는 순간 행성이 보이게 될 궤도를 나타낸다.

만들어냈다.

이 방정식은 왜 중요할까?

천문학자들은 기원후 1세기 프톨레마이오스 시절부터 우주를 수학 모형으로 만들어왔다. 프톨레마이오스 모형에서 달과 태양, 행성, 항성이 모두 겹쳐진 구형 껍질 위에서 지구를 중심으로 돌고 있다. 이 모형에 따르면 천체들이 완벽한 원형 궤도를 돌고 있는 셈이다. 하지만 이 모형에 의한 예측은 하늘에서 관찰되는 현상과 일치하지 않았다. 시간이 갈수록 모형을 더 정확하게 만들기 위해 점점 더 복잡하게 수정을 해나갔다.

비록 몇몇 사람이 대안을 제시하기도 했지만 이런 방식이 대세였다. 그러다가 1540년대에 코페르니쿠스는 태양이 우주의 중심에 자리하고 나머지 행성들이 그 주위를 도는 모형을 제안했다. 이 모형에서 달은 지구의 주위를 돌고 지구는 자전했다. 이런 체계를 제안하기 이전의 여러 아이디어를 한데 모았기 때문에, 복잡한 조정과 확인을 덧붙였던 프톨레마이오스 모형보다 훨씬 단순해졌다. 새로운 모형의 예측은 오래된 체계와 크게 다르지 않았지만 활용하기가 훨씬 간편했다.

코페르니쿠스 모형은 급진적인 변화였지만 프톨레마이오스 모형의 요소가 많이 남아 있었다. 그중 하나는 천체의 움직임이 전부 원형의 경로를 그린다는 것이다. 이후 50년이 더 흘러서야 케플러는 자신의 관찰 결과를 설명하기 위해 행성들이 사실은 타원으로 움직인다고 제안했다. 증거나 설명은 없었지만, 원형 궤도보다 타원 궤도가 관찰 결과를 잘 나타냈기 때문이다.

코페르니쿠스 체계가 꽤 잘 들어맞았던 이유는 해당 천체들의 궤도가 거의 원에 가까웠기 때문이다. 설명하지 못했던 현상이 있다면 바로 혜성이었다. 혜성은 주기적으로 나타나는 것 같았고 지구 곁을 무척 빠른 속도로 빛을 내며 지나가서는 오랫동안 다시 모습을 드러내지 않았다. 이런 움직임은 원운동과는 거리가 멀어 보였다.

태양계에서나마 드러난 사실에 따르면, 혜성은 행성에 비해 훨씬 더 타원에 가까운 궤도로 움직였다. 그렇기 때문에 천문학자들은 케플러의 새로운 모형을 활용해 혜성의 궤도와 '주기'를 계산했고, 혜성이 언제 다시 나타날지 예측하는 오래된 숙제를 풀 수 있었다. 1705년, 영국의 천문학자 에드먼드 핼리(Edmund Halley)는 뉴턴의 기술을 이용해 어떤 혜성이 76년마다 한 번씩 나타난다는 사실을 처음으로 발견했다. 이 혜성은 핼리 혜성이라 불리게 되었으며, 핼리는 이 혜성이 언제 나타날지 정확히 예측해 새로운 천문학의 위력을 인상적으로 입증했다.

물리학의 법칙이 대부분 그렇듯이 케플러의 법칙 또한 근삿값일 뿐이다. 사실, 태양계의 행성들은 완벽한 타원 궤도를 따르지 않는다. 하지만 그 궤도를 타원으로 추정하면 실제 궤도와 아주 비슷해진다. 더구나 중력장 안에서 궤도 운동을 하는 물체들은 이 법칙을 따르기 때문에 인공위성이나 우주 탐사선에도 달이나 행성처럼 케플러의 법칙을 적용할 수 있다.

예컨대 궤도 위에 오른 인공위성을 생각해보자. 인공위성의 움직임에 영향을 주고 제멋대로 우주 공간으로 날아가지 못하게 막는 유일한 힘은 지구의 중력장이다. 다시 말해, 인공위성은 일종의 자유낙하를 하는 셈이다. 다만 절대로 땅에 부딪치지 않는다는 점, 혜성이나 행성처럼 타원 궤도를 따라 움직이지만 이번에는 지구가 초점이라는 점이 다를 뿐이다.

타원 궤도가 얼마나 길쭉한지는 인공위성의 종류에 따라 다르다. 몇몇 인공위성은 거의 원 궤도를 지나지만 다른 것들은 길쭉한 고타원 궤도를 지난다. 태양 주변을 도는 혜성과 마찬가지로 이런 인공위성들은 지구 가까이 다가와 한동안 주변에 머무르다가 나머지 여정을 향해 쌩 하고 날아간다. 인공위성의 이런 성질은 특수 측정을 하는 데 적합하다. 예컨대 유럽우주기구의 클러스터 II 계획에서는 4개의 탐사선을 고타원 궤도에 띄운다. 이곳에서 탐사선은 지구 자기권의 정밀 지도를 작성하고 태양풍의 효과를 연구한다.

더 자세하게 알아보자

52쪽의 방정식은 다음과 같은 원뿔곡선 식의 한 변형이다(16쪽, '원뿔곡선' 참고).

$$Ax^2 + Bxy + Cy^2 + Dx + Ey + F = 0$$

여기서 $A = {}^1/_{a^2}$, $C = {}^1/_{b^2}$, $F = -1$이고, 다른 대문자가 0이면 다음과 같이 해당 항들이 사라진다.

$$\frac{1}{a^2}x^2 + 0xy + \frac{1}{b^2}y^2 + 0x + 0y + (-1) = 0$$

케플러가 살던 시대에는 원뿔곡선이라는 개념이 서양 수학에 도입된 지 비교적 얼마 되지 않았고, 케플러는 과학적인 이유 못지않게 신비주의적인 이유에서 이 원뿔곡선에 이끌렸을 가능성이 크다. 케플러는 합리적인 질서를 가진 우주가 '천체들이 내는 음악'에 의해 지배된다는 생각에 집착했다. 타원이 어째서 좋은 선택인지 그럴 듯한 설명이 덧붙여진 것은 그로부터 거의 100년이나 지나 뉴턴이 등장하면서부터였다.

행성들의 궤도를 다룬 케플러의 마지막 설명은 3가지 법칙으로 요약된다. 그중에서 두 번째 법칙은 행성들이 타원 궤도를 도는 속도가 행성의 위치에 따라 달라진다는 내용이다. 타원의 뾰족한 부분에 가까워질수록 행성은 타원의 완만한 부분보다 더 빠르게 궤도를 쓸고 지나간다는 것이다(62쪽, '각운동량 보존의 법칙' 참고). 세 번째 법칙은 궤도가 클수록 행성이 그 궤도를 도는 데 걸리는 시간이 늘어난다는 내용이다. 따라서 화성의 1년은 지구의 1년보다 길다(화성의 1년은 지구 날짜로 약 687일이다).

물론 이것은 대략적인 설명이며, 수학적으로 더욱 정확하게 표현할 수도 있다. 그리고 수식으로 표현한 3가지 법칙은 모두 뉴턴의 물리학적 체계에서 이끌어낼 수 있다(56쪽, '뉴턴의 제2법칙', 60쪽, '만유인력' 참고). 케플러는 사물의 작동 원리에 관한 직관과 관

케플러는 원 궤도를 늘려 타원 궤도를 만들었다.

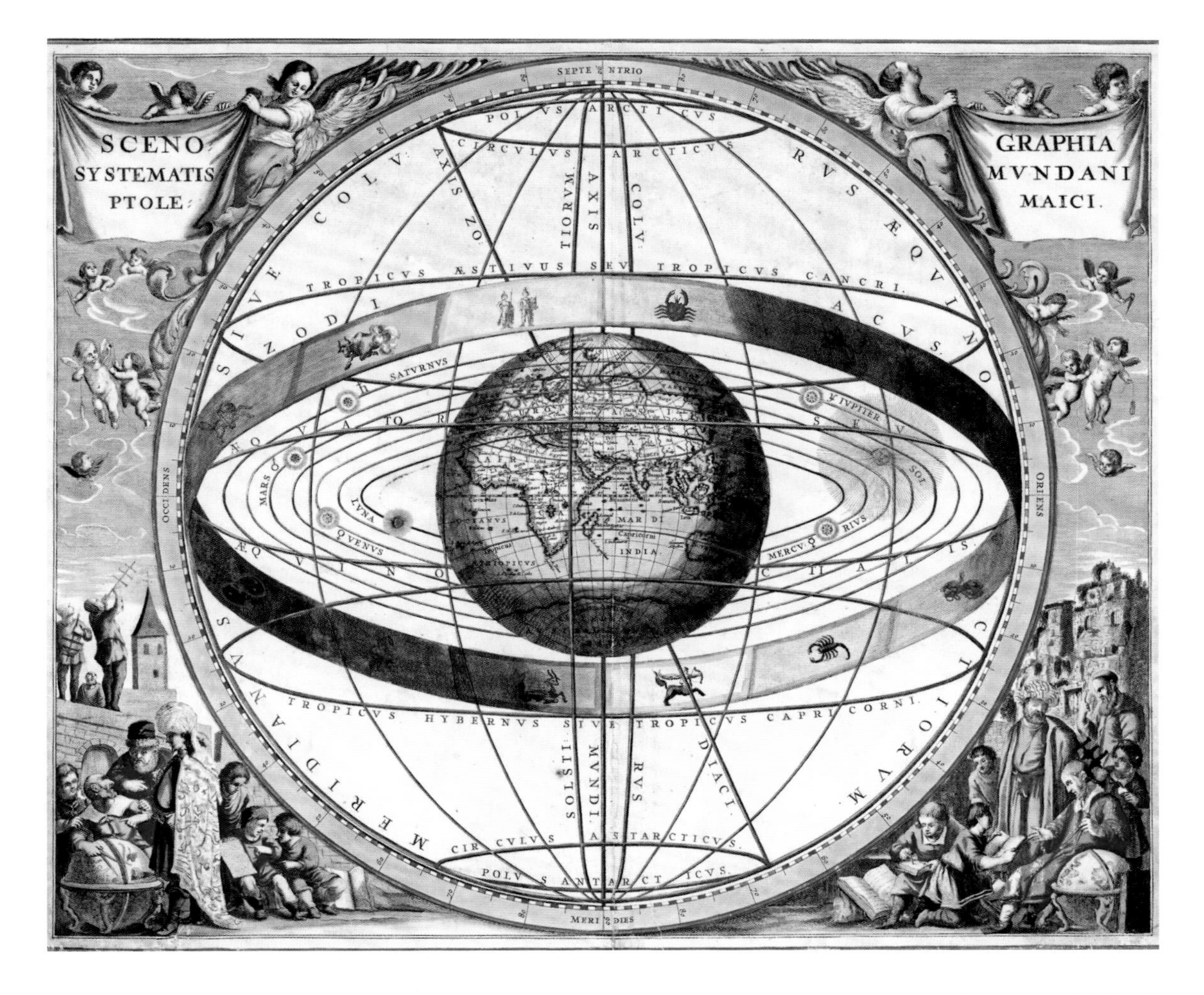

프톨레마이오스의 태양계 모형

찰을 통해 뉴턴보다 먼저 법칙을 찾아냈다. 뉴턴은 이보다 훨씬 나중에야 이 법칙을 증명할 수 있었다. 다만 오늘날에는 주로 뉴턴 역학에서 케플러의 법칙을 유도하는 경우가 많다. 그렇기 때문에 뉴턴이 처음 생각해낸 벡터해석이라는 전문적인 용어로 표현되며 유도 과정은 꽤 까다롭다. 하지만 뉴턴 이전에도 케플러의 법칙은 존재했다. 케플러가 이런 복잡한 수학 없이 상상력을 이용해 이 법칙을 만들어냈다는 점은 참으로 놀라운 일이다.

원뿔곡선은 그저 수학적인 호기심의 대상이 아니다.
코페르니쿠스 시대 이후로 오래지 않아 케플러는 원뿔곡선을 활용해서
행성이 태양을 도는 아름다운 모형을 고안해냈다.

뉴턴의 제2법칙

뉴턴의 제2법칙은 물리학의 여러 공식 가운데 가장 유명하다

$$F = ma$$

힘 질량 가속도

어떤 내용일까?

바람이 없는 날 공을 허공에 훽 던지면 어떻게 될까? 아치 모양의 곡선을 그릴 것이다. 즉 위로 올라갔다가 제일 높은 지점에 다다른 이후에 떨어지기 시작해 저 멀리 어딘가 지면에 닿는다. 만약 누군가 공을 던지는 모습을 여러 번 본다면, 여러분은 공이 완전히 똑같은 경로를 지나는 대신 비슷한 종류의 운동을 한다는 사실을 깨닫고 신기하게 여길 것이다. 이런 현상을 만들어내는 신비한 자연 법칙은 과연 무엇일까? 공을 던질 때 각도와 힘이 서로 다른데도 비슷한 운동을 하게 만드는 힘 말이다.

뉴턴의 제2법칙은 힘과 질량, 가속도 사이의 단순한 관계를 나타낸다. 오늘날까지도 과학자와 공학자들은 매일 이 법칙을 활용해 운동을 예측한다.

뉴턴의 운동 이론 가운데 상당수는 이미 세상에 존재했다. 뉴턴이 한 일은 다만 그 이론들을 정리해 하나로 만든 것이었다.

이 방정식은 왜 중요할까?

뉴턴의 물리학은 과학의 역사에서 영향력 있는 발견(또는 발명)으로는 첫 손가락에 꼽힌다. 뉴턴의 물리학은 이전 세기의 관찰과 수학 아이디어들을 일관성 있는

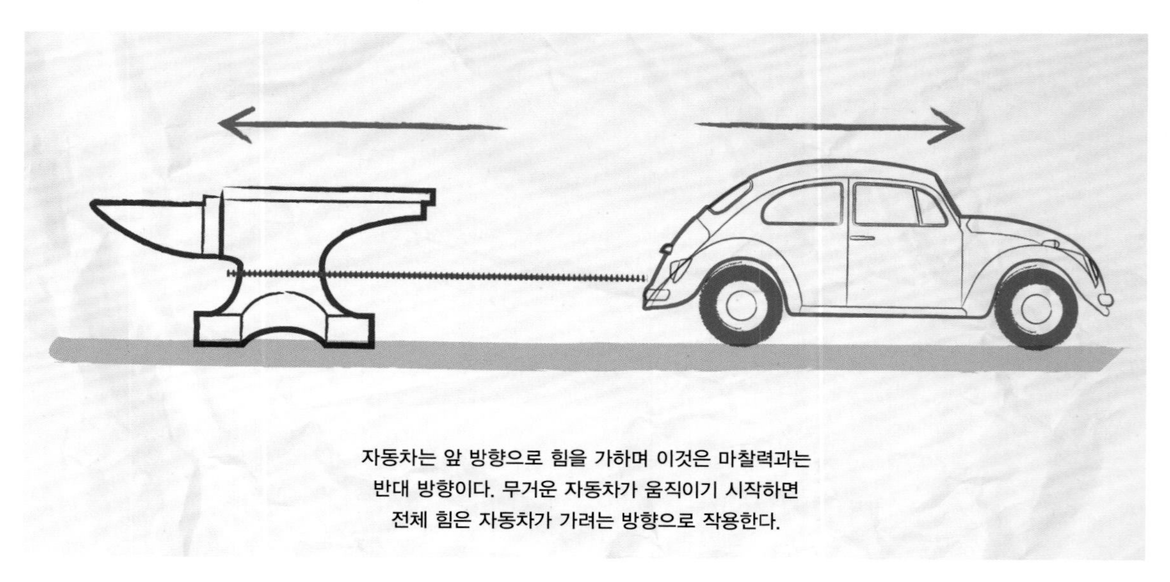

자동차는 앞 방향으로 힘을 가하며 이것은 마찰력과는 반대 방향이다. 무거운 자동차가 움직이기 시작하면 전체 힘은 자동차가 가려는 방향으로 작용한다.

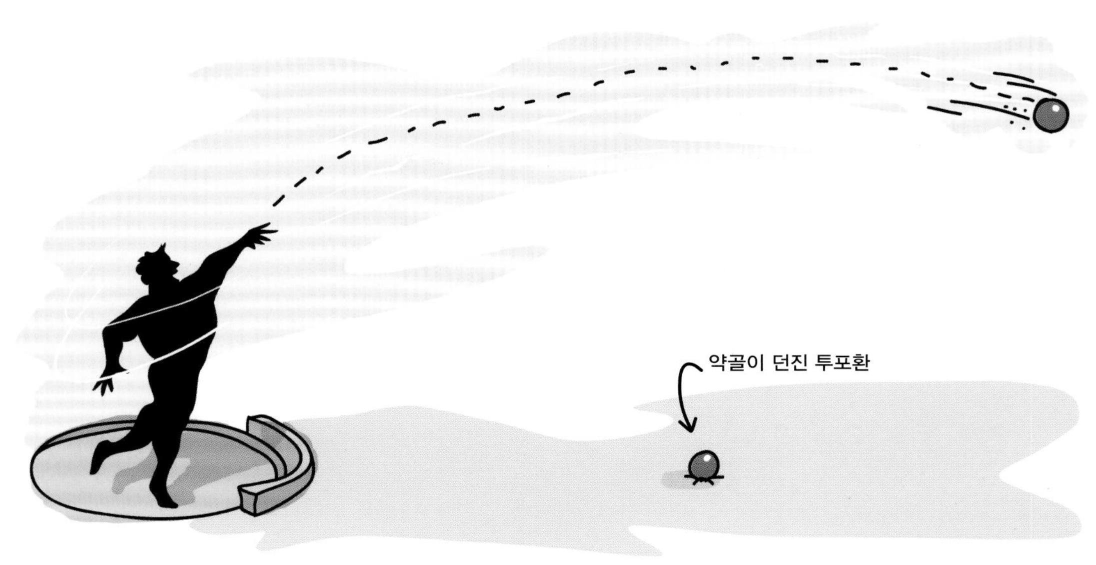

힘이 셀수록 던지는 방향으로 더 많은 힘이 작용한다.

하나의 체계로 통합해 폭넓은 범위의 문제를 해결하는 데 쓰였다. 비록 뉴턴은 연금술이나 점성술에 흥미가 있었다는 사실로도 유명하지만, 그렇다고 해서 뉴턴의 물리학이 신비하다거나 모호하지는 않다. 정확하고 명확하며 현대적이다. 이런 측면 덕분에 뉴턴의 물리학은 엄청난 영향력을 끼쳤다. 마치 신선한 공기를 호흡하는 듯한 과학 이론이었다.

뉴턴의 체계는 종종 3가지 법칙으로 요약된다. 제1법칙은 어떤 물체가 일정한 속도로 움직인다면 그 물체에 아무 일도 벌어지지 않는다는 내용이다. 그래서 그 물체는 직선 상에서 변함없는 속도로 움직일 것이다. 다시 말해 여러분이 진공 상태에서 공을 던지면 그 공은 직선 운동을 영원히 반복하며 결코 속도가 빨라지거나 줄어들지 않을 것이다. 중력 같은 다른 힘이 작용하지 않는다면 말이다.

뉴턴의 제3법칙은 다음과 같은 유명한 문구로 잘 알려져 있다. '모든 작용에는 크기가 같고 방향이 반대인 반작용이 존재한다.' 예컨대 탁자 위에 커피 잔을 올려놓으면 중력은 커피 잔을 바닥 쪽으로 끌어당긴다. 그러면 단순하게 생각했을 때, 이 상태에서 컵이 바닥에 떨어지지 않게 받드는 힘은 탁자에서 컵으로 향하는 크기가 같고 방향이 반대인 반작용일 것이다. 하지만 조금 묘한 기분이 들기도 한다. 탁자는 어떻게 알고 컵이 바닥으로 떨어지지 않을 정도의 힘을 가하는 걸까?

여러분이 롤러스케이트를 탄 채 자동차를 밀어 시동을 거는 걸 도우려 한다고 상상해보자. 처음 차를 밀면 차가 여러분을 뒤쪽으로 밀어내는 것처럼 느껴진다. 자동차는 우리를 어떻게 밀어낼까? 우리들 대부분은 자동차가 여러분을 미는 것이 아니라 여러분 자신이 스스로를 민다고 생각한다. 여러분이 앞으로 미는 작용이 뒤로 다시 밀쳐내는 작용을 이끌지는 않을 것이라 여기기 때문이다. 하지만 뉴턴의 제3법칙에 따르면 실제로 그런 작용이 일어난다. 우리가 매일 겪는 경험이 그 증거다.

더 자세하게 알아보자

뉴턴의 제2법칙을 알아보려면 직접 계산을 해보는 게 제일 낫다. 1kg짜리 공 하나를 머리 위로 곧장 던진다고 생각해보자. 이때 우리는 높이라는 한 가지 양만 신경 쓰면 된다. 그리고 공이 아래로 떨어지면 손으로 받는다. 나는 공이 손을 떠나는 순간 스톱워치의 버튼을 눌렀고, 공이 움직이는 영상을 나중에 확인한 결과 공이 위쪽으로 움직이는 순간의 속도가 $20ms^{-1}$이라는 사실을 알아냈다(이 단위는 1초에 몇 m를 움직였는지 나타내는 속도의 단위다. 하지만 예전에도 그랬듯이 단위는 그다지 상관없다. 1파운드짜리 공이 초당 20피트로 날아갔다 해도 이 법칙은 성립한다).

공이 일단 공중으로 날아가면 공에 작용하는 힘은 오직 한 가지, 중력뿐이다. 우리는 이전에 했던 실험으로 지구의 표면 가까운 곳에서는 중력이 모든 사물을 $-9.8ms^{-2}$로 가속시킨다는 사실을 알고 있다. 이 값을 뉴턴의 법칙에 대입하면 다음과 같다.

$$F = 1 \times (-9.8) = -9.8kgms^{-2}$$

이 측정 단위 역시 '뉴턴'이라고 한다. 이제 이 방정식을 미적분 기호를 사용해 다시 써보자.

$$-9.8 = 1 \times \frac{d^2h}{dt^2}$$

여기서 나는 어떤 시간 t에 공의 높이를 알려주는 h에 대한 함수를 도입했다. 결국 가속도란 속도의 변화율인데, 속도란 위치의 변화율이다. 따라서 가속도는 위치의 2차 도함수다. 그렇다면 $F = ma$라는 식을 '미분 방정식'이라는 더 멋진 표기법으로 표현할 수 있다. 미분 방정식이란 그 안에 도함수를 가지고 있는 방정식이다(26쪽, '미적분학의 기본 정리' 참고). 미분 방정식은 물리학 언어에서 거의 대부분 등장한다. 이것은 상당 부분 $F = ma$라는 식 덕분이다.

이제 위 방정식의 양변을 적분해보자. 이 과정을 한 번 거치면 다음과 같은 방정식을 얻을 수 있다(이해가 다 안 가도 일단 그렇다고 치고 넘어가자).

$$-9.8t \times v = \frac{dh}{dt}$$

여기서 v는 모르는 값이다. 하지만 사실, 앞의 예에서 우리는 v를 알아낼 수 있다. 스톱워치를 눌렀을 때, 즉 t가 0일 때 속도는 $20ms^{-1}$이었다. 이때 $^{dh}/_{dt}$도 그 값과 같을 것이다. 그러면 $v = 20$이다.

$$-9.8t + 20 = \frac{dh}{dt}$$

이제 우리는 어떤 시간에도 공의 속도를 재빨리 계산해낼 간단한 도구를 갖췄다. 우리는 공이 내 손을 떠난 뒤에 2초 정도 지나면 공이 멈출 것이라는 사실을 알고 있다. 상식적으로 생각해보면 이때 공은 최고 높이에 다다라 순간적으로 멈춘 상태일 것이다. 그리고 그 이후 다시 지면으로 내려오기 시작한다. 이때 공은 얼마나 높은 곳까지 올라갈까? 다시 적분을 해보면 된다.

$$-4.9t^2 + 20t + s = h$$

여기서 s는 우리가 모르는 값이다. 이번에도 이 값을 알아낼 방법이 있다. 스톱워치를 눌렀을 때 $t = 0$인데, 이때 높이 h는 내가 공을 처음 던질 때의 높이다. 그 높이를 2m라고 해보자. 그러면 다음 방정식을 얻을 수 있다.

$$-4.9t^2 + 20t + 2 = h$$

그러면 공은 얼마나 높이 올라갈까? 우리는 공이 최대 높이에 도달하는 시간이 약 $t = 2$초라는 사실을 알고 있으니 그대로 위의 방정식에 대입하면 다음과 같

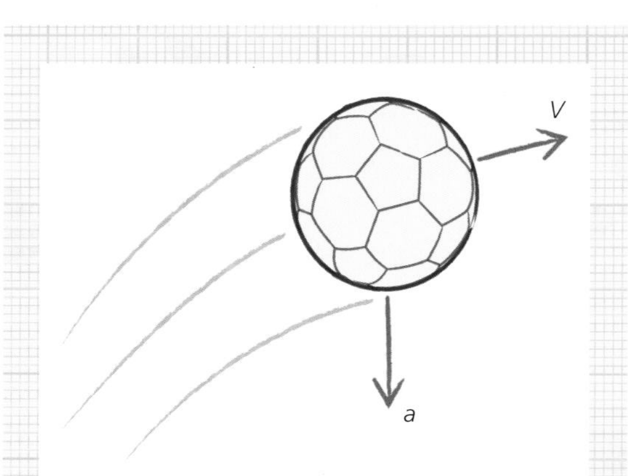

공의 속도 벡터는 공이 운동하는 방향을 가리킨다. 중력 때문에 생기는 가속도는 공을 아래쪽으로 끌어당긴다.

레슬링 선수들이 취하는 여러 자세는 내 움직임은 가속되지 않은 채 상대방의 움직임만 가속되도록 힘을 적용한다.

이 최대 높이 값이 나온다.

$$-4.9 \times 2^2 + 20 \times 2 + 2 = 22.4\text{m}$$

약간의 대수학적 계산을 해보면 공을 다시 손에 받게 되는 시간은 공이 처음 손을 떠난 뒤 약 4초 뒤다. 우리는 공의 움직임에 대해 무척 제한된 정보만 있었지만 이제는 많은 사실을 알게 되었다.

더구나 내가 공을 세게 던지든, 살살 던지든, 지구 위에 있든, 중력이 다른 달 위에 있든 $F = ma$라는 방정식은 일반적으로 적용된다. 다만 방정식에 들어가는 숫자만 달라질 뿐이다. 특히 위로 던진 공의 높이를 시간과 비교해 나타낸 방정식은 언제나 $-At^2 + Bt + C$라는 형태인데, 이것은 포물선에 해당한다(16쪽, '원뿔곡선' 참고). 포탄이나 인공위성에도 똑같은 원리를 적용할 수 있다.

하지만 공에 대한 수학 모형이 완벽하지 않다는 사실을 알아두자. 예컨대 이 방정식은 공기의 저항이라든지 공의 회전을 고려하지 않았다. 그리고 공이 바닥에 있을 때와 공중에 올라가 최고 높이에 있을 때 중력의 효과가 정확히 같지는 않다는 사실도 반영하지 않았다. 뉴턴 체계가 훌륭한 이유 가운데 하나는 여러 가지에 잘 적용된다는 점이다. 즉 앞의 모형은 우리가 필요한 만큼의 정확도를 갖도록 식을 수정하고 변경할 수 있다. 그러면 어디에든 활용 가능하다. 적어도 상대론이나 양자역학이 필요하지 않은 속도와 크기 안에서 그렇다(88쪽, '$E = mc^2$' 참고).

힘, 질량, 가속도 가운데 두 값만 알아도 우리는 나머지 하나를 찾아낼 수 있다. 가속도에서 속도나 위치를 계산할 수도 있다. 이것은 뉴턴 물리학의 주춧돌이다.

만유인력

이 이론은 중력을 다루는 최초의 현대적인 이론으로, 아인슈타인의 연구가 나온 다음에야 대체되었다. 하지만 여전히 널리 사용되고 있다.

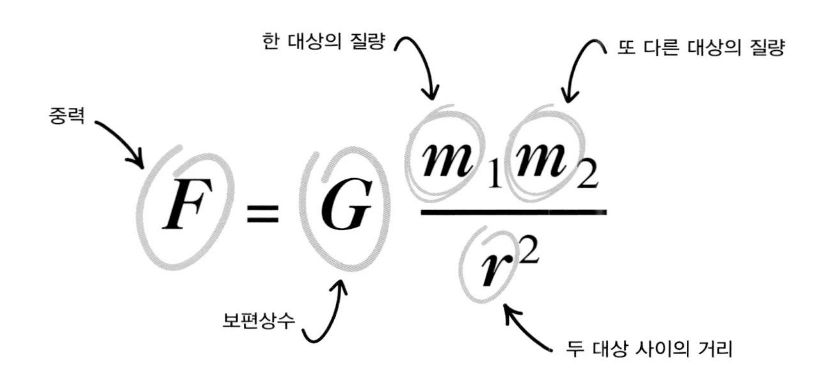

달은 지구보다 중력이 약하다. 그 결과 1971년에 찍힌 위 사진에서 우주비행사 앨런 셰퍼드(Alan Shepard)가 보여준 것처럼 골프공이 빨리 땅에 떨어지는 대신 멀리 날아간다.

어떤 내용일까?

16세기와 17세기에 우주론이 대단히 발전했지만, 17세기 후반 아이작 뉴턴의 시대에는 그 주제 전체가 엉망진창처럼 보였다. 물론 새롭게 진보된 아이디어도 많이 등장했지만, 대다수가 옛 체계가 지녔던 조화와 논리가 사라졌다고 느꼈다. 스스로 '자연철학자'라고 부르던 사람들은 이제 천체에 대해 더 나은 예측을 할 수 있었지만 그 예측의 기반은 무엇이었을까? 자연법칙은 그 안에 일종의 단순성을 담고 있어야 한다고 여겨졌다.

뉴턴이 저술한 『자연철학의 수학적 원리』(1687)가 중요한 이유 가운데 하나는, 뉴턴이 하나의 핵심적인 힘의 원리로 물리학을 쌓아 올려야 한다고 주장했기 때문이다. 즉 우주가 작동하는 중심에 중력이라 불리는 힘이 있었다.

이전에도 중력을 다룬 이론은 존재했지만 뉴턴이 제안한 이론은 다른 모든 것의 초석이 되었다. 자연에 다시 한 번 질서를 부여할 단 하나의 원리인 셈이었다. 사실, 뉴턴을 포함한 그 누구도 이 힘의 정체가 무엇인지, 그리고 마치 마법처럼 이 힘이 멀리 떨어진 곳에서도 작용하는 원리가 무엇인지 몰랐다.

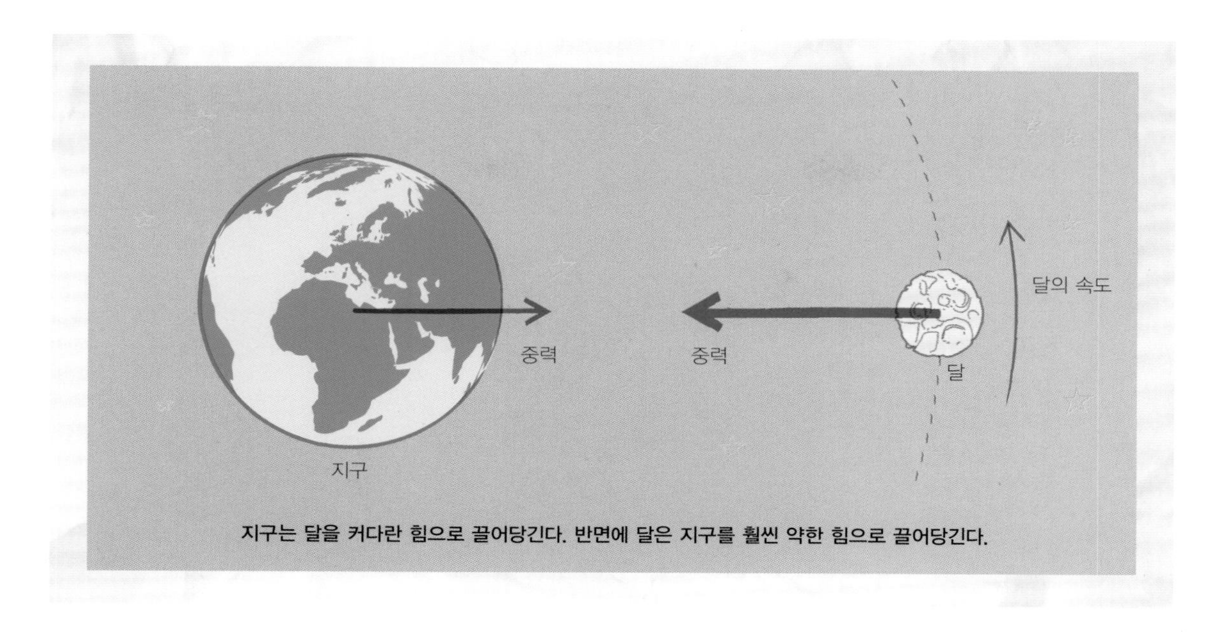

지구는 달을 커다란 힘으로 끌어당긴다. 반면에 달은 지구를 훨씬 약한 힘으로 끌어당긴다.

더 자세하게 알아보자

중력은 서로 끌어당기는 두 물체 사이에 존재하는 힘이다. 사실, 뉴턴은 중력이 어떻게 해서 작용하는지, 심지어 중력이 정말 존재하는지 알지 못했다. 하지만 이 신비로운 힘을 인정하고 추가해야 자신의 모형이 단순해지고 강력한 힘을 갖춘다는 사실을 알았다. 뉴턴의 유명한 방정식은 두 물체의 질량과 서로 떨어진 거리로 이 힘을 나타낸다. 여기서 중력은 그 물체들이 무엇으로 만들어졌고, 어디 있으며, 지금 움직이고 있는지 아니면 정지하고 있는지와는 상관없다. 그 결과 방정식은 간단하고 깔끔해졌으며, 지구에서 관찰되는 여러 현상이나 밤하늘에서 보이는 현상들을 잘 설명했다.

이 방정식과 관련해 특히 3가지 사실을 알아둘 필요가 있다. 첫째, 두 물체의 질량을 서로 곱한다는 점이다. 이 말은 한 물체의 질량이 조금만 늘어나도 전체 힘의 크기는 상대적으로 크게 늘어난다는 뜻이다. 둘째, 이 힘이 두 물체 사이 거리의 제곱으로 나눠진다는 점이다. 즉 이 방정식은 물리학자들이 '역제곱 법칙'이라 부르는 사례다. 두 물체가 서로 멀리 떨어질수록 중력의 효과는 엄청나게 줄어든다는 뜻이다.

셋째, 이 방정식에 G라는 상수 값이 존재한다는 점이다. 이 값은 물체가 얼마나 큰지, 서로의 위치가 어디인지와 상관없다. 사실, G는 어디에도 의존하지 않는 값이다. 오늘날 알려진 바에 따르면 이 '보편상수'는 우주의 어떤 물리적 환경에서도 동일한 값을 유지한다.

오늘날 중력은 우주에 존재하는 4가지 기본 힘 가운데 하나로 꼽힌다. 다른 모든 힘들은 이론적으로 이 4가지 힘으로 표현될 수 있다. 기본 힘 중 하나인 전자기력은 19세기에 이르러서야 밝혀지기 시작했고(92쪽, '맥스웰 방정식' 참고), 나머지 두 힘은 원자 안의 짧은 거리에서만 작용한다. 그래서 우리가 일상적으로 체험할 수 있는 힘과는 거리가 멀다.

중력은 물리학에서 가장 근본적인 힘 가운데 하나다. 만유인력 방정식은 이 힘이 서로 끌어당기는 물체들의 질량과 거리에 의존한다는 사실을 보여준다.

각운동량 보존의 법칙

이 방정식은 피겨 스케이트 선수, 줄타기 곡예사, 속도를 조절하는 바퀴 플라이휠, 중성자 등 빙글빙글 도는 수많은 물체들의 행동을 지배하는 기본 법칙이다.

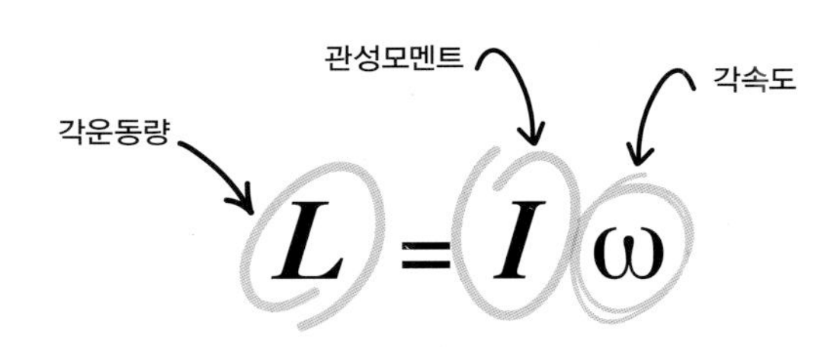

$$L = I\omega$$

17세기 네덜란드의 과학자 크리스티안 하위헌스가 자신의 가장 유명한 발명품 진자시계를 보여주고 있다.

어떤 내용일까?

회전의자가 있다면 이 방정식을 이해하는 데 큰 도움이 될 간단한 물리 실험을 할 수 있다. 의자에 앉아 빙글빙글 돌아보자. 베어링에 기름이 잘 쳐진 상태라면 회전의자는 몇 초 동안 돌다가 마찰력 때문에 속도가 줄어든다. 이번에는 두 손에 책 같은 무게가 나가는 물건을 들고 1~2초 동안 양 팔을 뻗은 채 의자를 돌려보자. 의자의 회전 속도가 갑자기 줄어들 것이다. 그러면 이제 손을 가슴께로 모은 채 의자를 돌려보자. 이번에는 속도가 빨라진다. 팔을 뻗거나 안쪽으로 모으는 행동으로 회전의자가 돌아가는 속도를 효과적으로 조절할 수 있는 것이다.

이 실험에서 여러분이 들고 있던 책의 각운동량은 보존된다. 팔을 뻗은 상태에서는 같은 방향으로 더 긴 거리를 이동하기 때문에 반대로 속도는 줄어든다. 손을 모은 상태에서는 이동하는 거리가 줄어들기 때문에 더 빠르게 움직일 수 있다. 실제로 실험을 해보면 여러분이 팔을 뻗고 있는지 모으고 있는지 회전의자가 마치 알고 있기라도 하듯 속도가 빨라지거나 느려져 마치 마술처럼 신기할 것이다. 의자는 전혀 건드리지도 않았는데 말이다!

이 방정식은 왜 중요할까?

각운동량은 회전하는 물체가 갖는 기본 성질이다. 회전운동은 직선 운동 다음으로 우주에서 가장 흔한 움직임이다.

각운동량의 기본 아이디어는 1600년대 후반에 대두되었다. 네덜란드의 과학자 크리스티안 하위헌스(Christiaan Huygens)와 동료들이 시계와 진자를 연구하면서부터였다. 진자와 비슷한 운동은 시계 말고도 여러 기계 부품에 사용되었고, 각운동량에 대한 지식은 플라이휠과 제어장치에 활용되어 산업혁명을 가능하게 했다. 하지만 좌우로 흔들리는 진자운동은 지속적인 원운동과는 큰 관련이 없어 보일 수 있고, 실제로 보통의 진자는 매번 흔들려 끝에 도달할 때마다 잠깐 멈추기 때문에 각운동량이 보존되지 않는다. 하지만 진자와 원운동은 밀접한 관련이 있다(78쪽, '감쇠 조화 진동자' 참고).

빙글빙글 도는 동작을 많이 하는 사람이라면 이 법칙을 단박에 이해하고 활용할 수 있다. 체조 선수나 곡예사는 뒤로 공중제비를 넘을 때 공중에서 빠르게 회전하도록 항상 팔다리를 한데 모은다. 그래야 온전히 한 바퀴를 돌고 착지할 수 있다. 반쯤 돌다 땅에 떨어지면 엉망이 되기 때문이다. 피겨 스케이트 선수 역시 앞에서 언급한 회전의자의 원리를 이용해 빙글빙글 돌 때 속도를 조절하며, 다이빙 선수, 해머나 원반던지기 선수, 배트나 라켓을 휘두르는 선수들 역시 이 원리를 활용한다. 좀 더 색다른 사례로, 줄타기 묘기를 부리는 사람이 긴 장대를 들거나 로데오에서 황소 등에 탄 사람이 팔을 쭉 뻗어 균형을 잡는 이유도 이 원리 때문이다.

각운동량 보존의 법칙을 일상적으로 활용하는 것은 사람이나 기계만이 아니다. 꼬리가 달린 동물들 또한 각운동량을 이용해 균형을 잡거나 날쌔게 움직일 수 있다. 공중을 휙 돌아 멋지게 착지하는 고양이의 놀라운 능력 역시 이 원리 덕분이다. 하지만 이 원리를 실험하겠다고 근처 고양이들을 높은 곳에서 떨어뜨리면 안 된다. 가끔가다 실패하는 경우도 생기니 말이다.

우주의 여러 천체 또한 회전운동을 한다. 회전운동을 가장 잘 보여주는 천체는 '펄서'라고 불리는 별들

아이스 스케이팅 선수가 팔을 끌어당기면 관성모멘트가 줄어든다. 그러면 각운동량을 보존하기 위해 속도가 저절로 늘어난다.

이다. 밀도가 엄청나게 높아서 무척 빠르게 회전하는 천체다. 태양처럼 덩치가 크고 상대적으로 느리게 회전하는 별들도 결국 작은 조각으로 부서져 중성자별이 된다. 양손을 모으고 회전의자에서 빙빙 도는 것과 비슷한 상황이 천문학적으로 큰 규모로 진행되는 것이나 마찬가지다.

한편 모든 기본 입자는 '스핀'이라는 성질을 갖고 있는데, 스핀은 각운동량의 일종이다. 하지만 양자 세계에서는 문자 그대로의 의미보다는 비유에 가깝다. 입자-파동의 이중성 때문에 전자를 우주 속에서 회전하는 작은 공이라고 보기에는 힘든 점이 있기 때문이다(104쪽, '슈뢰딩거의 파동 방정식' 참고).

더 자세하게 알아보자

운동량이란 움직이는 어떤 물체를 멈추게 하기가 얼마나 힘든지를 나타낸다(56쪽, '뉴턴의 제2법칙' 참고). 선운동량(원을 그리며 회전하는 대신 선 위를 움직이는 운동량)은 질량과 속도를 곱한 값이다. 물체의 질량과 속도가 움직이는 물체를 멈추게 하는 요인이다. 예를 들어, 시속 30km으로 달리는 자동차에 치였을 때

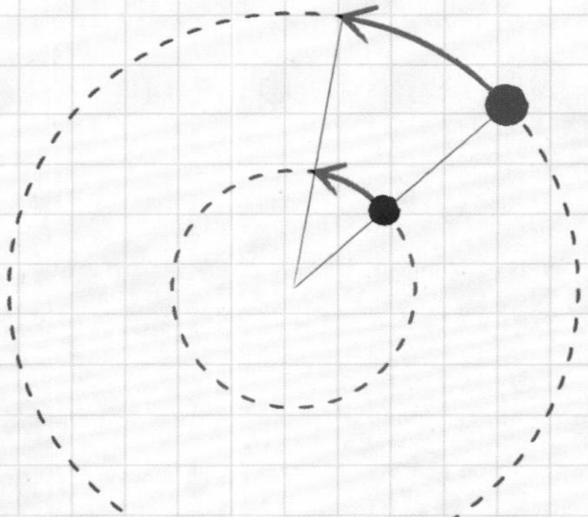

녹색과 파란색 물체들은 같은 시간 안에 원을 완전히 한 바퀴 돈다. 그러려면 녹색 물체가 더 많은 거리를 이동해야 하기 때문에 속도가 더 빠를 것이다.

같은 속도로 날아오는 종이비행기에 부딪쳤을 때보다 상처를 많이 입을 것이다. 이보다 속도가 더 빠른 자동차라면 상황은 더 심각해진다. 앞서 말했듯이, 질량과 속도라는 두 요소가 곱해지기 때문이다. 자동차의 질량이 종이비행기보다 훨씬 크기 때문에 속도가 2배인 종이비행기보다는 속도가 2배인 자동차에 치였을 때 훨씬 큰 충격을 받는다.

각운동량은 선운동량과 기본 아이디어가 비슷하지만 세부 내용은 다르다. 첫째, 각도로 속도를 측정해야 하므로 1초당 몇 미터 대신에 1초당 몇 도를 돈다는 식으로 속도를 표현해야 한다. 예컨대 1초에 60°를 도는 사람이 있다면 한 바퀴(360°)를 완전히 도는 데 6초가 걸릴 것이다. 각속도는 방정식에서 ω로 표시된다.

질량이라는 요소도 다루기가 까다롭다. 회전의자를 다시 생각해보자. 누군가 의자에 앉아 팔을 활짝 펼친 채 빙글빙글 돌고 있다. 그리고 이제 누군가 똑같이 각속도를 유지하며 빙글빙글 도는데 이번에는 긴 장대를 들었다고 상상해보자. 그렇다면 손에 맞았을 때와 장대 끝에 얻어맞았을 때 어느 쪽이 더 타격이 클까? 직관적으로 생각하면 장대 끝이 속도가 더 빠를 것이다. 장대 끝은 정해진 시간에 더 먼 거리를 가야 하기 때문이다. 그래서 멈추는 데 더 큰 힘이 필요하며, 장대에 얻어맞으면 더 크게 다친다.

이렇듯 '멈추기 힘든' 속성은 관성모멘트(I)로 측정되며, 여기에 역시 운동을 멈추기 힘들게 하는 속성인 각속도를 곱하면 각운동량을 구할 수 있다. 태양 주변을 도는 행성들의 움직임 역시 이 원리의 지배를 받는다. 행성은 완벽한 원이 아닌 타원 궤도를 돈다(52쪽, '케플러의 제1법칙' 참고). 이 말은 궤도의 일부를 지나는 동안 각속도가 평소보다 빠르다는 뜻이다. 마치 지구가 노끈의 끝에 달린 채 태양 주위를 돈다고 생각할 수 있다. 노끈을 잡아당겨 짧아지면 지구는 속도가 빨라질 것이다. 이 원리는 우주 어디든 어떤 것의 주위를 도는 물체에 전부 적용된다. 외부의 힘이 상당한 영향력을 미치지 않는 한 그렇다.

한편 '보존 법칙'이란 대개 고립되거나 닫힌계에만 적용된다. 물리적인 환경이 외부의 영향을 받지 않는다는 뜻이다. 예를 들어 앞에서 본 회전의자 실험에서

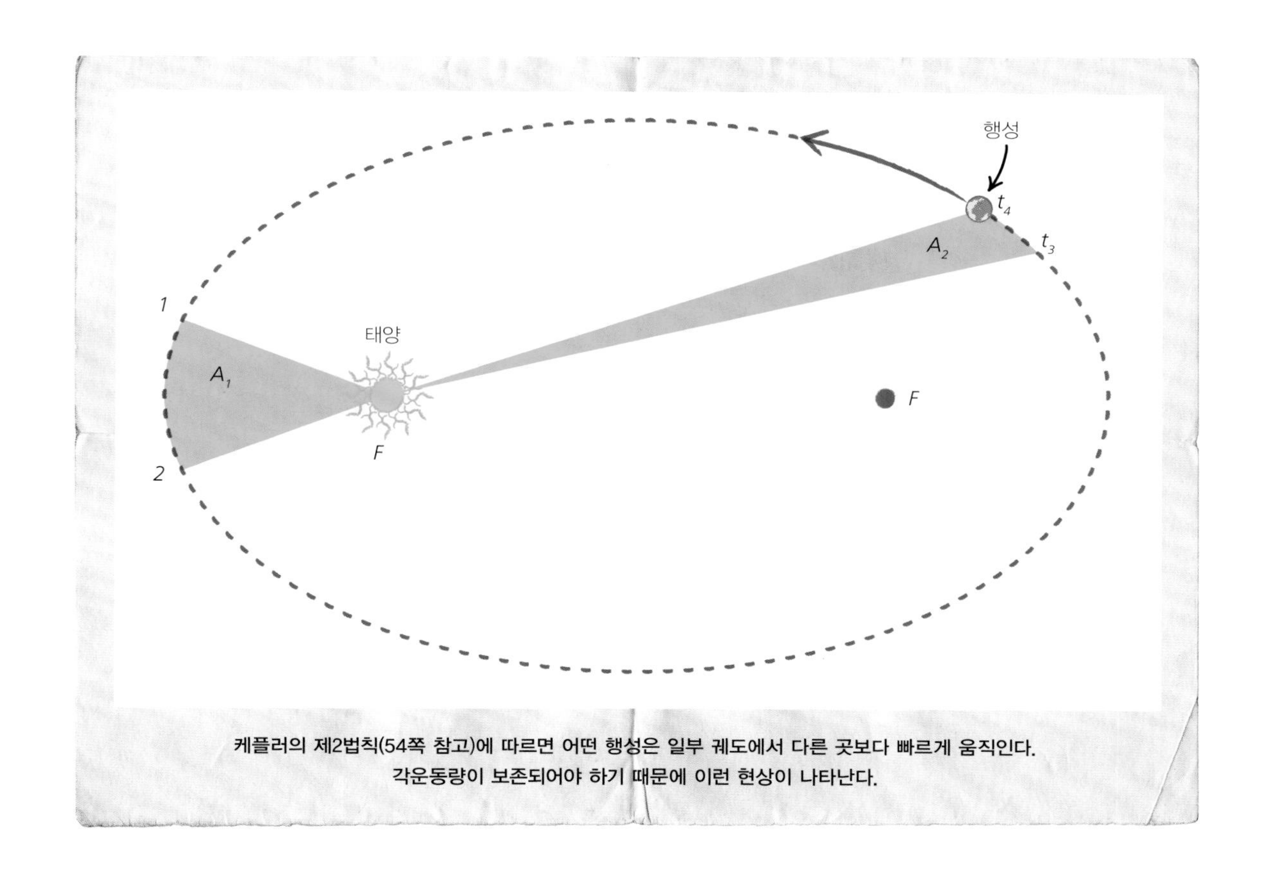

케플러의 제2법칙(54쪽 참고)에 따르면 어떤 행성은 일부 궤도에서 다른 곳보다 빠르게 움직인다. 각운동량이 보존되어야 하기 때문에 이런 현상이 나타난다.

누군가 의자를 마음대로 밀거나 속도를 늦추려 한다면 결과를 제대로 얻을 수 없다. 관찰하려고 했던 바가 전부 틀어질 것이다.

여러분은 물리학의 보존 법칙이 질량, 에너지, 선운동량 등에 대해 적용된다는 사실을 이미 알고 있을지도 모른다. 1915년에 독일의 수학자 에미 뇌터(Emmy Noether)는 이런 법칙이 생기는 이유가 물리계를 지배하는 방정식 내부에 일종의 대칭성이 존재하기 때문이라는 점을 증명했다. 무척 추상적이며 일반적인 결론처럼 들리지만 이 증명 덕분에 이후로 더 많은 보존 법칙이 발견되었다. 그중에는 입자물리학 분야의 게이지 대칭성도 포함된다. 이런 발견은 물리학에서 보존 법칙의 의미가 무엇인지 심오하게 헤아려보는 계기가 되었다. 한편 과학자들은 이와 같은 예상된 대칭성이 깨어지거나 존재하지 않는 현상을 보고 기본 입자인 힉스 입자의 존재를 추정하기도 했다. 그리고 약 50년 뒤에 스위스에 위치한 유럽입자물리연구소(CERN)에서 실험을 통해 힉스 입자를 실제로 발견했다.

물리학에서 많이 발견되는 보존 법칙은
지금 벌어지는 현상에 대해 심오한 무언가를 말해준다.
원운동 역시 보편적인 형태인 만큼 몹시 중요하다.

이상기체 법칙

온도, 압력, 부피, 질량을 한데 모으는 이 단순한 방정식은 압력솥 같은 일상생활의 여러 현상을 설명해준다.

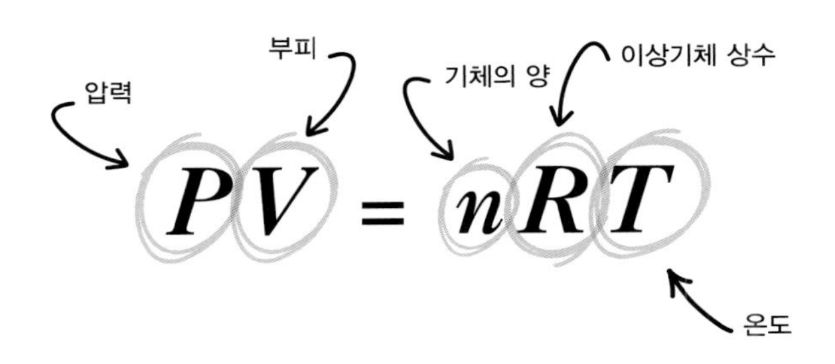

어떤 내용일까?

이상기체 법칙은 이 책에 실린 다른 방정식들보다 그렇게 특출나지 않다. 어쩌면 다른 방정식들보다는 재미없어 보일 수 있다. 그런데도 이 방정식이 여기 실린 이유는 두 가지다. 첫째, 단순하고 짧지만 그 안에 많은 정보를 담고 있기 때문이다. 둘째, 이 방정식이 다루는 기체가 정말로 어디든 존재하기 때문이다.

여러분도 알다시피 상식적인 차원에서 기체의 압력, 온도, 부피 사이에는 밀접한 관계가 있다. 예컨대 뜨거운 공기를 채운 풍선이 식으면 부피가 줄어드는데, 차가운 공기는 부피를 덜 차지하기 때문이다. 그리고 만약 풍선을 쭈그러트리면(부피가 줄어들면) 풍선 안의 압력이 높아지면서 풍선이 터질 수도 있다. 요리를 할 때도 비슷한 원리를 활용할 수 있다. 이 방정식은 압력솥에 잘 적용되는데, 예컨대 뚜껑을 덮어야 물이 더 빨리 끓는다. 그래야 압력이 높아져서 온도가 올라간다. 증기기관 같은 다른 여러 대상의 이면에도 이 원리가 놓여 있다. 증기기관이 얼마나 중요한 역할을 했는지는 여러분도 다들 알 것이다.

기체가 들어 있는 2개의 용기 가운데 하나는 다른 것보다 작다. 기체 입자들은 이 용기 안에서 이리저리 튀는 조그만 공으로 나타냈다. 용기가 작을수록 그 안의 작은 공들은 보다 빽빽하게 밀집된다.

더 자세하게 알아보자

기체와 관련된 기본 용어들은 무슨 뜻인지 조금 아리송한 경우가 많다. 특히 '온도'나 '압력'은 어떤 사람의 '지능'이나 '의지'가 그런 것처럼 수수께끼 같은 속성이 있다. 이 용어들을 확실히 정의할 수 있을까?

기체들을 조그맣고 무게가 없으며 이리저리 튀어 다니는 한 무리의 탁구공(원자들)이라고 상상하면 훨씬 이해하기가 쉽다. 예컨대 풍선을 생각해보자. 풍선 내부의 공기 온도는 원자들이 평균적으로 얼마나 빠르게

1783년 11월 21일, 장-프랑수아 필라트르 드 로지에는 파리에서 열기구를 타고 하늘로 날아올랐다.

제임스 와트가 증기기관으로 실험하는 모습을 담은 제임스 에크퍼드 라우더(James Eckford Lauder)의 그림.

지나다니느냐에 따라 달라진다. 압력은 원자들이 풍선의 늘어난 겉면에 얼마나 자주 부딪치는지에 따라 결정된다.

이제 이상기체 법칙의 실체가 거의 드러난 것 같다. 공기를 데우면 원자들이 더 빠르게 획획 지나다니기 때문에 풍선의 겉면과 더욱 자주 충돌할 것이다(그에 따라 압력도 높아진다). 물론 공기의 양을 똑같이 유지한 상태에서 풍선의 크기를 줄이면 원자들은 풍선의 겉면에 더욱 자주 충돌할 것이다(그러면 압력은 더 높아진다). 만약 원자들이 똑같은 속도로 지나다니게 하되(온도가 같다) 겉면에 충돌하는 횟수를 줄이려면(압력이 낮아지려면) 어떻게 하면 좋을까? 겉면이 서로 멀어지게 옮기면 된다(부피를 늘림).

한편 이상기체 법칙은 다음과 같이 고쳐 쓸 수도 있다.

$$\frac{PV}{nT} = R$$

여기서 R은 기체상수로 보편적인 물리상수다. 다시 말해 지금껏 밝혀진 바에 따르면 우주의 어디에 가더라도 R값은 동일하다. 이 값은 볼츠만상수와 밀접한 관련이 있다(74쪽, '엔트로피' 참고).

여러분은 이상기체 법칙처럼 언뜻 보기에 지구에서만 성립할 것 같은 방정식이 우주 전체에서 작동한다는 사실이 놀라울 것이다. 하지만 조그만 입자들의 통계적인 움직임을 단순하게 설명하는 것이라고 생각하면, 이 방정식이 보편적으로 쓰이는 이유를 이해하기가 쉽다.

기체의 기본 작동 원리는 다음과 같다. 기체는 압축되면 온도가 올라가며, 온도가 올라가면 부풀어오른다. 그리고 일부를 덜어내면 압력이 내려간다.

스넬의 법칙

이 법칙은 빛줄기의 방향을 조절하는 방법을 알려준다.

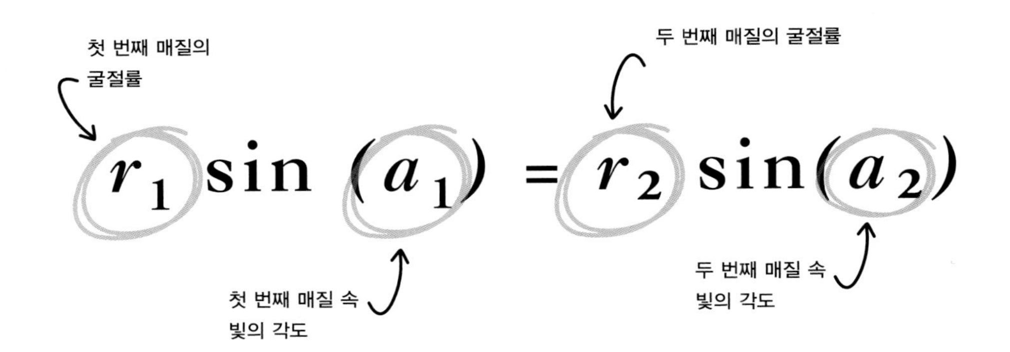

어떤 내용일까?

아마 여러분은 다음과 같은 마술을 본 적이 있을 것이다. 컵에 물을 따르고 연필을 컵에 반쯤 잠기게 넣는다. 그러면 보는 각도에 따라 연필은 물의 표면에서 구부러지거나 부러진 것처럼 보인다. 이런 현상이 일어나는 이유는 빛의 굴절 때문이다. 빛이 공기에서 물로 이동하면서 방향이 조금 바뀌는 것이다.

또 여러분은 같은 상황에서 다른 사실도 눈치 챘을 것이다. 어쩌면 너무 흔해서 그냥 넘어갔을지도 모른다. 물의 표면을 가만히 바라보면 빛이 희미하게 깜박이는 모습이 보인다. 물이 빛을 만들어내는 것이 아니라 위에서 내려오는 빛의 일부를 반사하는 것이다.

여기에는 서로 다르지만 확실히 관련되어 있는 2가지 현상이 있다. 하나는 빛이 구부러지거나 방향을 바꾸는 굴절, 나머지 하나는 빛이 완전히 다른 방향으로 튕겨 나가는 반사다. 스넬의 법칙은 양쪽 상황을 전부 설명해준다.

빛의 굴절 현상은 여러분이 쓴 안경 렌즈부터 CD나 DVD 플레이어 속의 레이저에 이르기까지 여러 광학 기술에 활용된다. 빛의 반사 원리는 자동차의 전조

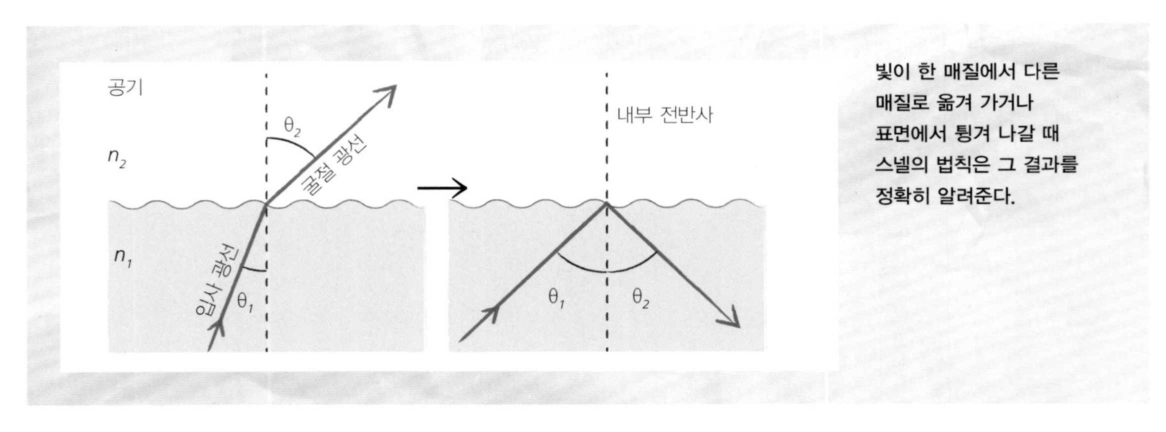

빛이 한 매질에서 다른 매질로 옮겨 가거나 표면에서 튕겨 나갈 때 스넬의 법칙은 그 결과를 정확히 알려준다.

스넬의 법칙은 물컵에 들어간 연필이 꺾여 보이는 이유가 빛의 굴절 때문이라는 사실을 알려준다.

등이나 허블 우주 망원경, 인터넷의 근간을 이루는 광섬유에 사용된다.

더구나 빛 말고도 여러 가지에 스넬의 법칙이 적용되는데, 그중에서 유용한 것을 꼽자면 음파와 전파가 있다. 여러분이 당구를 칠 줄 안다면 포켓볼이나 스누커에도 이 법칙을 적용할 수 있다. 이 책에 등장한 다른 여러 방정식과 마찬가지로, 이 정보는 물리적인 현상을 실제에 가깝게 시뮬레이션해서 비디오 게임이나 영화에 쓸 수 있을 뿐 아니라 연구와 훈련용 도구로도 훌륭하게 응용될 수 있다.

더 자세하게 알아보자

스넬의 법칙은 일종의 보존 법칙이다(62쪽, '각운동량 보존의 법칙' 참고). 즉 무언가가 바뀌어도 다른 무언가는 그대로 남는다. 여기서 변하는 것은 빛이 지나는 매질이다. 예컨대 공기와 물은 서로 다른 매질이고, 물리적 성질도 다르기 때문에 빛이 뚫고 지나가는 방식도 다르다.

이 법칙과 관련된 양적인 요소들은 단순하다. 빛이 새로운 매질을 지나기 전과 지난 후의 각도와, 각 매질의 굴절률이다. 각도를 잴 때는 두 매질과 직각을 이루는 수직선과 두 매질 사이로 들어가는 빛이 이루는 각도를 측정한다. 이때 각도가 한두 바퀴를 넘어서더라도 값은 360도보다 작은 각도와 같도록 사인 함수를 사용한다(14쪽, '삼각법' 참고).

굴절률은 매질을 이루고 있는 재질에 붙이는 수치다. 이것은 각도의 사인 값과 마찬가지로 수량보다는 비율을 나타낸다. 그리고 측정 단위와 상관없이 같은 수치를 구할 수 있다(118쪽, '교차비율' 참고). 굴절률은 진공을 지나는 빛의 속도(이것은 상수다)를 해당 매질을 지나는 빛의 속도로 나눈 값이다. 다시 말하면 굴절률은 어떤 매질을 지날 때 빛의 속도가 얼마나 줄어드는지 보여준다. 자동차를 타고 매끈한 포장도로를 달리다가 진흙탕 속으로 들어가면 속도가 얼마나 느려질는지 생각하면, 빛이 공기 중에서 물로 들어갈 때 어떤 기분일지 미루어 짐작할 수 있을 것이다. 스넬의 법칙에 따르면 비록 매질의 굴절률이라든지 빛줄기의 각도는 바뀔 수 있지만, 그 값들 사이의 비율은 일정하다.

빛의 굴절과 반사는 광학의 핵심이다.
이 현상들은 삼각비라는 우아한 관계의 지배를 받는다.

브라운 운동

조그만 입자들의 무작위 운동은 열의 흐름과 금융 시장에 놀라운 모형을 제공한다.

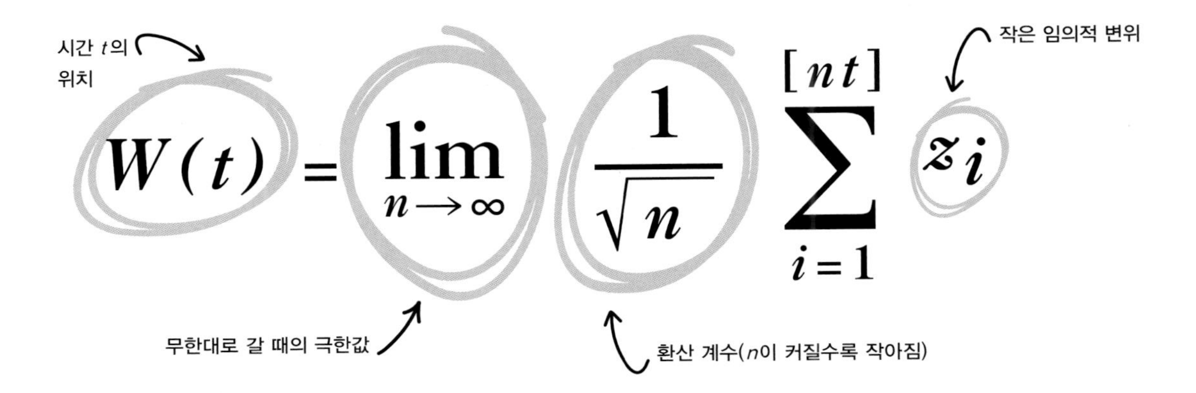

$$W(t) = \lim_{n \to \infty} \frac{1}{\sqrt{n}} \sum_{i=1}^{[nt]} z_i$$

어떤 내용일까?

1827년, 생물학자 로버트 브라운(Robert Brown)은 현미경으로 꽃가루를 관찰하다가 그 움직임에서 뭔가 이상한 점을 발견했다. 꽃가루가 물에 둥둥 떠다니고 있었지만 연못의 막대기처럼 얌전히 떠 있는 게 아니라 마치 무작위적으로 이리저리 움직이는 듯했다. 다른 사람들도 이 모습을 관찰했지만 아무도 그 이유를 설명하지 못했다. 1905년이 되어서야 아인슈타인이 해결책을 내놓았다. 이때는 물리학 분야에서 브라운이 예견하지 못했던 변화가 생긴 시점이었다.

브라운 운동을 이해하려면 먼저 콘서트장이나 운동 경기장에 사람들이 빼곡하게 모여 다들 머리 위로 손을 흔드는 장면을 상상해보자. 여러분이 그 사람들을 향해 비치볼을 던지면 사람들의 손이 비치볼을 이리저리 쳐낼 것이다. 공이 누군가의 손에 닿으면 그때마다 무작위적으로 방향이 바뀐다. 이때 비치볼은 이리저리 임의로 자리를 옮기는 '랜덤워크'를 하고 있다(오른쪽 그림을 보라). 수많은 사람의 손 위에서 움직이는 공의 움직임을 오랜 시간 지켜보면 브라운 운동과 무척 닮았다는 사실을 깨닫게 된다.

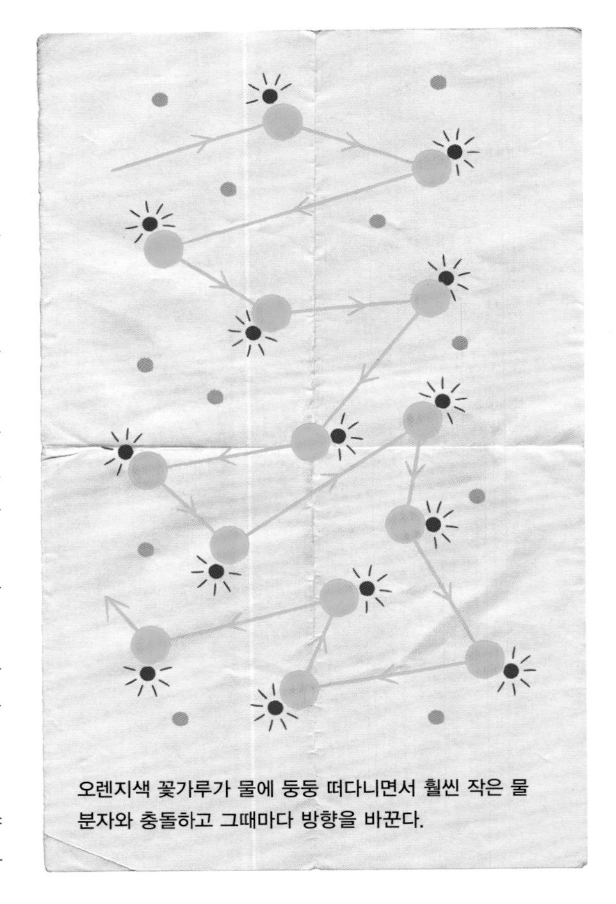

오렌지색 꽃가루가 물에 둥둥 떠다니면서 훨씬 작은 물분자와 충돌하고 그때마다 방향을 바꾼다.

하지만 이런 움직임은 꽤 이상하다. 끊임없이 방향을 홱홱 바꾸며 이리저리 나아가는 모습이 우리가 일상

로버트 브라운은 이리저리 덜컥대듯 방향을 바꾸는 꽃가루의 움직임을 현미경으로 관찰하고 혼란에 빠졌다.

생활에서 보는 움직임과는 사뭇 다르기 때문이다. 자연현상은 바람에 흩날리는 나뭇잎이 그리는 곡선처럼 매끄러운 경향이 있다. 하지만 꽃가루는 결코 어느 한 곳에 정착하지 않은 채 방향을 자꾸 바꾸며 각운동(회전운동)을 하는 것처럼 보였다.

이 현상을 설명하는 모형을 만들기 위해서는 별난 수학이 필요했다. 물리학에서 사용하는 평범한 미적분학으로는 입자가 이리저리 방향을 바꾸는 브라운 운동을 표현하기가 어려웠기 때문이었다. 사실, 이 현상을 다루려면 완전히 새로운 체계의 미적분을 고안해야 했다.

이 방정식은 왜 중요할까?

브라운 운동을 기술하는 수학적 모형이 개발되기까지 다소 시간이 걸렸지만, 그래도 완전히 새로운 종류의 대상을 표현할 수 있게 되었다. 그 결과, 다른 수단으로는 효과적으로 포착할 수 없는 문제를 해결하기 위해 다양하게 변형된 모형이 나왔다. 생물학자들은 개선된 모형을 활용해 크게 무리를 지어 이동하는 새, 물고기, 곤충의 행동을 설명했다. 또한 의료용 초음파 영상을 포함한 디지털 신호의 잡음을 줄이는 데도 사용되었다. 그뿐만 아니라 금융 자산의 가치를 모형화하고 사업의 사 결정에 정보를 제공하는 데도 종종 활용되었다.

게다가 브라운 운동을 기술하는 수학은 독특성 덕분에 그 자체로도 흥밋거리가 되었다. 19세기에는 뉴턴과 라이프니츠가 고안해 과학의 모든 분야에서 활용되던 미적분학이 기묘하고 인위적인 사례들로부터 공격을 받았다. 그 사례들은 기존 수학의 가장 기본적인 가정을 거스르는 듯 보였기 때문이다. 브라운 운동이 그런 사례의 하나였다. 이 운동이 여러 자연현상을 설명하는 아주 좋은 모형이라는 사실은 이전에 사람들이 생각했던 것처럼 순수 수학과 응용 수학 사이의 거리가 그렇게 멀지 않다는 점을 일깨웠다.

더 자세하게 알아보자

다음 사례를 보자. 존은 술을 너무 많이 마신 상태에서 집까지 걸어가는 중이다. 제대로 걷기 위해 존은 넓은 들판을 따라 난 직선 도로를 걷는다. 존은 최선을 다해 걷지만 매번 발을 내딛을 때마다 스스로는 앞으로 간다고 생각해도 왼쪽, 오른쪽으로 마구 비틀거린다. 머리 위에서 내려다보면 존의 움직임은 지그재그처럼 보인다(73쪽 그림 참고).

이 사례를 조금 더 정확히 들여다보려면, 다음과 같이 더 상상해보자. 앞뒤가 나올 확률이 같은 동전을 던져(162쪽 '균일분포' 참고) 뒷면이 나오면 존을 오른쪽으로 살짝 밀고, 앞면이 나오면 왼쪽으로 미는 것이다. 그러면 앞서 살핀 것처럼 존은 '랜덤워크'를 한다. 시간이 지나면서 존은 꾸준히 앞으로 나아가겠지만(들판의 한쪽 끝에서 다른 쪽 끝으로) 여전히 들판을 비틀대며 지나친다.

들판의 한쪽 끝에 다다른 존이 운이 좋다면 문을 발견하겠지만, 울타리만 맞닥뜨릴 수도 있다. 이런 상황에서 우리가 물어볼 수 있는 질문은 다음과 같다. 존이 문에 도착할 확률은 얼마나 될까? 비록 그렇게 간단한 질문은 아니지만, 우리는 기본 확률 이론으로 해답을 얻을 수 있다.

사실, 우리는 존이 문에 도착할 확률을 예측할 수 있어야 하는데(조금 전문적인 의미에서), 존이 왼쪽, 오른쪽으로 비틀거리는 행동이 평균적으로 균형을 유지할 것이기 때문이다. 존이 걷다 보면 자연스레 울타리에 여러 번 부딪치겠지만 마지막으로 도착할 위치가 어디냐고 묻는다면 우리는 문이라고 대답할 수 있다. 그곳에 가장 자주 도달했기 때문이다. 또한 우리의 모형에 따르면 존이 문에서 3미터 이내, 또는 10미터 밖에서 발견될 확률도 합리적으로 답할 수 있다.

확률론을 연구하는 학자들은 존이 가는 경로가 '마르코프 속성'을 가졌다고 말한다. 존이 들판을 걸어가는 모든 순간에 다음 번 내딛는 걸음은 이전에 벌어졌던 일과는 상관없이 현재 위치에 따라서만 달라진다는 뜻이다(22쪽, '피보나치 수' 참조). 기본적으로 왼쪽, 오른쪽으로 비틀거리며 걸어가는 사람은 전에 무슨 일이 벌어졌는지 기억이 없다. 실제로 존은 왼쪽으로 방향을 튼 채 운동량을 쌓아가 결국 왼쪽으로 발걸음을 옮겼을 확률이 더 높아졌을 수 있는데, 그러면 이것은 더 이상 마르코프 과정이 아니다. 이 속성이 중요한 이유는 현상을 무척 단순하게 만들기 때문이다.

지금까지는 좋다. 하지만 우리는 아직 브라운 운동에 도달하지 못했다. 존이 n걸음을 디디며 들판을 가로지른다고 가정해보자. n걸음을 앞으로 디딜 때마다 왼쪽이나 오른쪽으로 비틀대고, 따라서 전체적으로는 대각선으로 이동하게 된다. 이것을 브라운 운동으로 바꾸려면 n을 증가시켜야 한다. 이 말은 존이 보폭을 좀 더 좁게 놀려야 한다. 예컨대 존이 보폭을 절반으로 줄였

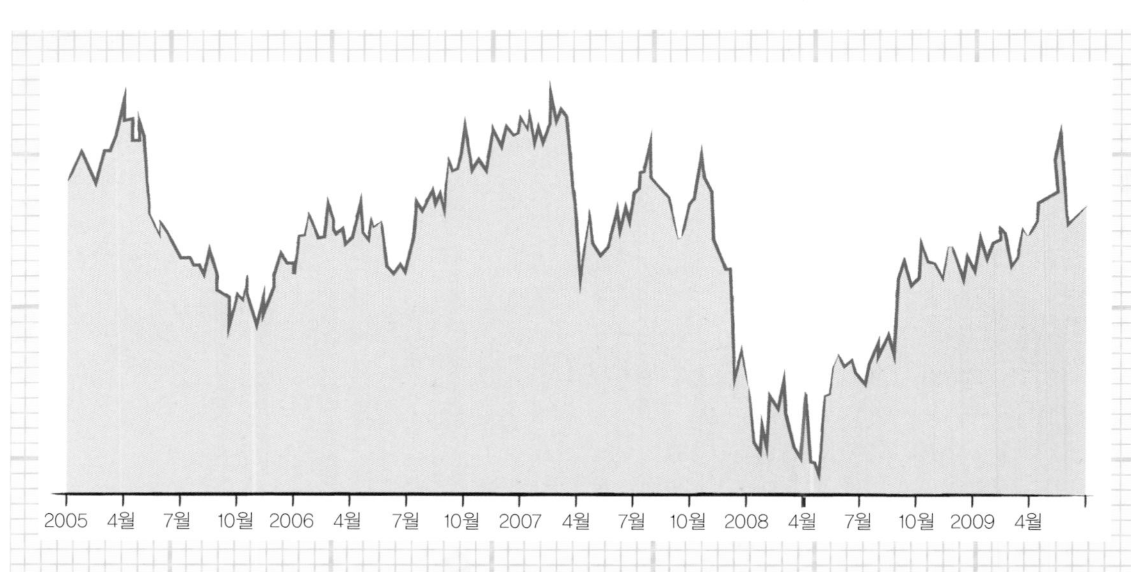

금융 자산의 가치는 거래가 이뤄질 때마다 조금씩 급작스럽게 방향을 바꾸며 변한다.
그 결과 장기적으로 보면 브라운 운동과 많이 닮았다.

다면, n은 2배가 되고 존이 걷는 경로에서 왼쪽, 오른쪽으로 비틀대는 수도 2배가 된다. 이제 이 과정을 계속 반복한다고 해보자. 매번 n이 2배가 되면서 n이 점점 커질 때마다 어떤 일이 벌어지는지 살펴보자.

놀라운 사실은 이 과정에 대한 질문(존이 저 멀리 들판의 경계 어딘가에 닿게 될 확률)의 대답이 n이 점점 커질수록 안정적인 값에 정착하게 된다는 사실이다. 이 사실은 n이 무한대까지 커지면(18쪽, '제논의 이분법' 참고) 존의 걸음이 어떤 극한값을 갖게 될지 살피게 해준다. 그러면 우리는 위너 과정이라는 수학적인 대상에 이른다.

이제 다시 아주 작고 가벼운 꽃가루로 돌아가자. 꽃가루가 물에 둥둥 떠다닐 때 엄청나게 많은 물 분자가 꽃가루를 뒤흔든다. 물 분자는 쌩 하고 지나가며 서로 복잡한 방식으로 좌충우돌하며 무작위적인 움직임을 보인다(66쪽, '이상기체의 법칙' 참고). 1초에 수천 번씩 물 분자가 꽃가루에 부딪칠 때마다 물 분자는 꽃가루를 미세하게 살살 밀어낸다. 이런 미세한 움직임이 한데 모여 현미경으로 브라운 운동을 관찰했을 때 나타나는 이리저리 헤매는 입자의 움직임을 만든다.

하지만 수백만 입자의 미세한 밀어냄과 위너 과정 사이에는 이론적으로 큰 차이가 있다. 위너 과정은 무한히 작은 밀어냄이 무수히 많이 일어나는 과정으로 머릿속으로만 상상 가능하지 실제로 물리적인 의미가 있는 것 같지는 않다. 비록 약간의 추가 작업으로 무한대를 수학적인 질서 속으로 집어넣을 수는 있지만 그래봤자 물리적인 상황의 근삿값만 제공할 뿐이다. 하지만 이 근삿값은 꽤 쓸 만하기 때문에, 위너 과정 자체는 놀랍게도 여러 영역에 중요하게 활용된다(80쪽, '열 방정식' 참고). 그중 하나는 대형 금융 거래다. 1900년에 루이 바슐리에(Louis Bachelier)는 브라운 운동의 새로운 이론을 이용해 파리 증권 거래소의 주가 등락을

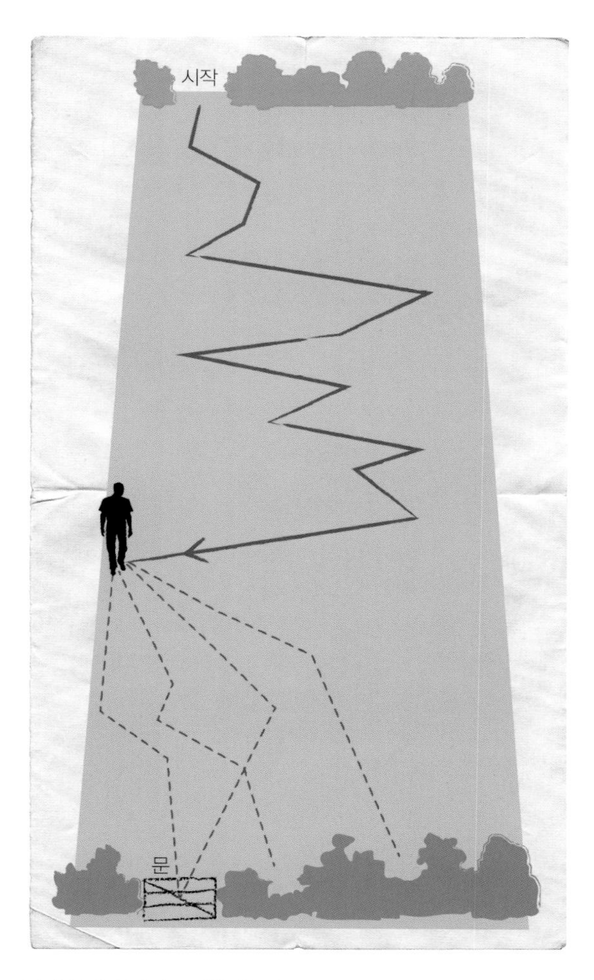

존이 문에 무사히 도달할 확률은 얼마나 될까? 그 대답은 존이 어떤 경로를 택하고 있는지가 아니라 지금 어디에 있는지에만 달려 있다.

분석했다. 바슐리에의 아이디어는 1960년대에 들어서야 차츰 인정을 받았고, 컴퓨터 시대에 접어들면서 브라운 운동은 미래 주가의 움직임을 시뮬레이션하는 인기 있는 방식으로 자리 잡았다.

랜덤워크는 시간이 지나면서 변하는 예측 불가능한 행동을 모형으로 삼는다. 이때 각각의 변화는 과거의 변화와는 별개로 나타난다. 브라운 운동은 이런 특성을 가진 행동이 궁극적으로 어떻게 치닫는지 보여준다.

엔트로피

열역학 제2법칙은 커피가 식는 이유를 알려줄 뿐만 아니라 우주의 마지막 운명을 예측한다.

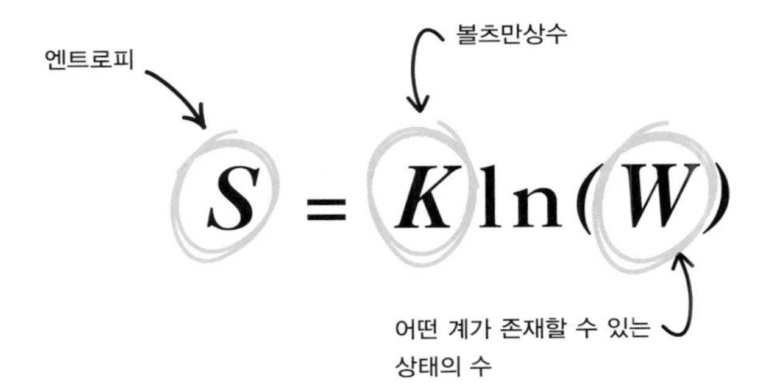

어떤 내용일까?

열역학 제2법칙을 한마디로 정리하면 다음과 같다. '엔트로피는 절대 감소하지 않는다.' 무슨 뜻일까? 엔트로피는 어떤 시스템의 무질서한 정도라고 정의된다. 예컨대 여러 탈것의 부품들이 어느 정도 깔끔하게 쌓여 있는 폐차장을 떠올려보자. 만약 엄청나게 센 폭풍우가 불었다면 부품 더미가 이리저리 뒤섞여 흩어질 것이다. 그런데 폭풍우가 불어 부품들이 자동차나 트럭으로 다시 조립된다면 우리는 몹시 놀랄 것이다. 우리가 자연현상의 과정은 시스템 속의 조직화나 패턴의 양이 줄어들며, 사물을 고르게 퍼뜨린다고 여기기 때문이다. 이런 직관은 심지어 신학에 응용되기도 한다. 예컨대 성스러운 창조주가 세상을 만들었다는 유명한 '설계 논증'의 핵심에는 이런 직관이 자리한다.

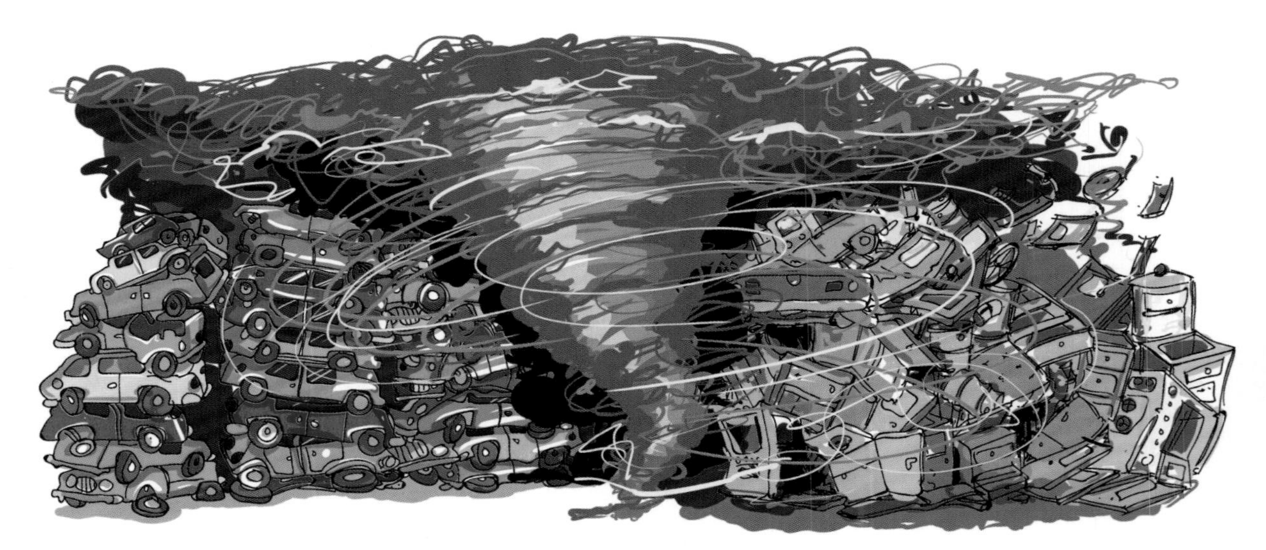

토네이도는 오른쪽에서 왼쪽으로 움직일까, 왼쪽에서 오른쪽으로 움직일까? 둘 중 하나가 다른 하나에 비해 가능성이 높다.

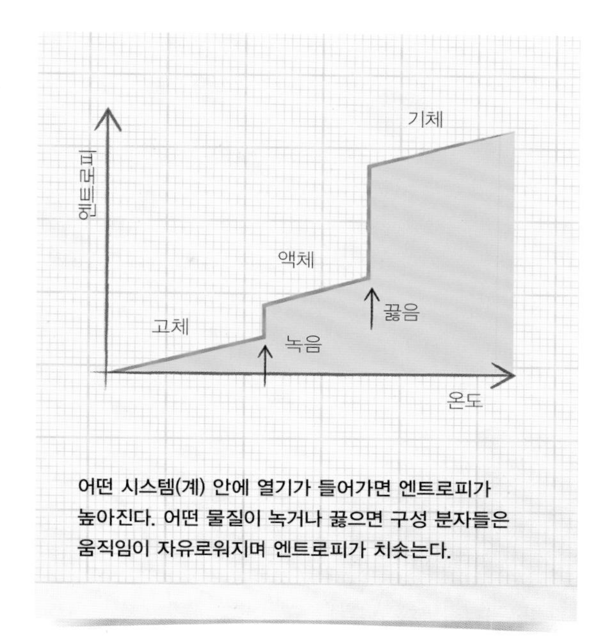

어떤 시스템(계) 안에 열기가 들어가면 엔트로피가 높아진다. 어떤 물질이 녹거나 끓으면 구성 분자들은 움직임이 자유로워지며 엔트로피가 치솟는다.

이보다는 덜 화려한 사례를 들어보자. 지금 여러분이 머무는 방의 공기에는 수십 억 개의 조그만 분자가 날아다니며 서로 이리저리 부딪친다. 이 하나하나의 움직임은 복잡해서 효과적으로 예측할 수가 없다. 이 움직임이 모든 공기 분자를 방 한구석에 몰아넣어 공기가 모자라 여러분이 거칠게 숨을 쉬어야 하는 현상도 가능하기는 하지만, 그럴 가능성은 거의 없다. 그렇게 되려면 여러분은 이 시스템 속에 에너지를, 한 번도 아니고 계속해서 집어넣어야 한다. 그대로 두었다가는 한구석에 몰렸던 공기 분자들이 금방 제자리로 돌아가 평소 모습을 찾을 것이다. 엔트로피는 항상 증가하는 법이니 말이다.

이런 상황에서 곤란한 점은 용어가 정확하지 않다는 사실이다. '무질서'나 '무작위성', '구조'가 무슨 뜻일까? 증가한다거나 감소한다는 말이 적당할 만큼, 우리가 측정할 수 있는 단위인 것은 맞을까? 겉으로 보기에 열역학 제2법칙은 양적이기보다는 질적인 설명인 것처럼 보인다. 다시 말해 딱 떨어지는 수를 다루기보다는 어떤 시스템에 대한 다소 모호하고 일반적인 속성을 다루는 것처럼 보인다. 그중에서도 가장 까다로운 일은 엔트로피에 대한 직관을 좀 더 구체적인 무언가로 바꾸는 것이다.

이 방정식은 왜 중요할까?

엔트로피가 계속 증가하지 않으며 유한하다는 특성은 우리 삶에 속속들이 영향을 끼친다고 해도 지나친 말이 아니다. 엔트로피는 결국 생명체의 구조에도 힘을 발휘한다. 그러면 우리는 엔트로피에 좌우되는 존재일까? 그래도 엔트로피의 원리가 별의 죽음 역시 주재한다는 사실을 알면 여러분에게 조금이나마 위로가 될는지 모르겠다.

더 일상적인 사례로 돌아와 차가운 물체 곁에 뜨거운 물체를 가져다두는 경우를 상상해보자. 두 물체는 엔트로피가 낮은 시스템을 이룬다. 직관적으로 생각해볼 때 이런 두 물체가 자연스럽게 생겨날 가능성이 적으며, 높은 수준으로 조직화되어 있다. 이 경우와 비슷하게, 여러분이 지금 앉아 있는 방 안의 열기는 급작스레 어느 한 장소로 흘러가는 법이 없다. 커피는 끓는데 그 밖의 다른 장소는 얼어붙는 일은 없다는 뜻이다. 대신에 실제로 우리 주변에서 시시각각 벌어지는 일은 정반대다. 커피의 열이 방 안 공기로 빠져나가 흩어진다.

엔트로피가 증가하면 뜨거운 물체에서 차가운 물체로 열이 전달되어 그 물체를 데운다. 즉 열역학 제2법칙 덕분에, 우리는 요리를 할 수 있고 엔진을 돌리며 열전달 과정을 활용하는 산업 공정이 진행된다(거의 모든 공정이 여기에 해당한다). 하지만 여기에는 대가가 따른다. 열역학 제2법칙은 기계의 효율성에 제한을 가하며, 에너지를 100% 작업으로 바꾸는 완벽한 엔진을 불가능하게 한다.

이런 모든 것들은 일방통행의 비가역적인 과정이다. 고전역학에서는 시간을 거꾸로 돌린다거나 완벽하게 합리적인 상호작용을 할 수 있다. 예를 들어 이론적으로는 당구 게임의 모든 물리학적인 요소를 거꾸로 돌릴 수 있다(가역적). 당구공들을 움직이는 에너지가 선수가 점심에 먹은 식사에서 나오는 것이 아니라 당구대에 가해진 어떤 신비로운 힘 때문이라고 상상하면 된다(실제로는 그렇지 않다. 현실의 사건들은 너무 복잡해서 완벽한 가역성은 없다).

엔트로피는 이런 식이 아니다. 엔트로피는 물리학

외부의 어떤 효과는 열역학 제2법칙을 깨뜨릴 수 있다고 여겨졌다. 이 그림에서 히에로니무스 보슈(Hieronymus Bosch)는 창조의 순간에 신이 천국과 지상을 갈라놓는 모습을 그렸다.

의 핵심에 '시간의 화살'을 가져다놓는다. 우주가 일종의 톱니바퀴 태엽 장치는 아니라는 뜻이다. 엔트로피로 우리는 우주가 특정 방향으로 향한다는 사실을 알 수 있다. 그 종착점은 모든 물질과 에너지가 균등하게 퍼져 있는 우주의 열죽음(Heat death)이다. 물질과 에너지가 우주 전체에 서로 구별되지 않을 만큼 안개처럼 퍼져 있는 모습이다. 그러니 아주 큰 규모에서 보면 우주를 낙관적으로 생각할 이유는 없는 것 같다.

더 자세하게 알아보자

열역학 제2법칙을 다시 한마디로 정리하면 이렇다. '엔트로피는 닫힌 시스템(계) 안에서는 결코 감소하지 않는다'. 닫힌 시스템은 외부에서 내부로 아무런 일이 일어나지 않는다. 예를 들어 지구는 태양이라는 외부에서 쏟아지는 에너지를 받기 때문에 닫힌 시스템이 아니다. 마찬가지로, 폐차장 또한 엔지니어들이 모여 부품들을 쌓아 올리고 부품들을 조립하기 시작했다면 닫힌 시스템이 아니다.

그렇다면 에너지가 시스템 안으로 들어갈 때 엔트로피가 감소하는 경우가 많다는 점은 확실하다. 열역학 제2법칙은 우리가 충분히 큰 단위, 어쩌면 우주적인 규모에서 바라볼 때만 무조건적으로 성립한다. 이런 큰 규모에서는 소규모의 개별 사건들보다 평균적인 엔트로피에 대해 이야기한다. 더구나 엔트로피는 희귀한 사건들과 마주하면 작아질 수 있다. 중요한 것은 그런 사건들은 일어날 확률이 거의 없다는 점이다. 비유를 하자면 여러분이 연필을 떨어뜨렸을 때 연필이 균형을 잡고 똑바로 설 가능성이 이론적으로는 존재한다. 그럴 일은 거의 없겠지만 말이다.

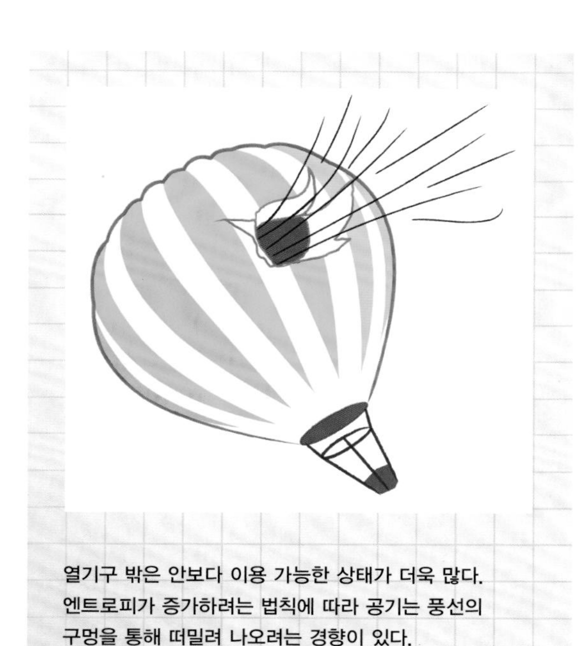

열기구 밖은 안보다 이용 가능한 상태가 더욱 많다. 엔트로피가 증가하려는 법칙에 따라 공기는 풍선의 구멍을 통해 떠밀려 나오려는 경향이 있다.

닫힌 시스템 속 엔트로피의 공식적인 정의는 W의 로그 값을 활용한다. W란 어떤 시스템이 존재할 수 있는 상태의 수다. 이 '상태의 수'란 어떤 행동이 어디에서 일어나는지 알려준다. 이 개념을 이해하면 엔트로피에 대해 가장 잘 이해할 수 있다. 그 값과 볼츠만상수 k는 이 개념의 정의가 더 잘 드러나도록 규모를 조정하는 장치일 뿐이다(36쪽, '로그' 참고). 그렇다면 W라는 숫자는 관연 무엇일까?

공기가 꽉 들어찬 풍선을 상상해보자. 고전물리학의 관점에서 보면 풍선 안의 상태는 공기 분자 각각의 위치와 속도를 전부 아우른 하나의 시스템이다. 여기까지는 문제가 없다. 하지만 이 엄청나게 많은 공기 분자가 무척 복잡한 방식으로 움직인다면 어떨까? 비록 이론적으로는 방정식을 세워 모든 분자를 설명할 수 있지만, 현실적으로 힘든 일이다. 그 대신에 우리는 보다 일반적이고 '통계적'인 방식으로 각 입자의 움직임을 파악한다. 분자가 다양한 속도로 이리저리 움직이고 있지만 그래도 풍선 내부에 꽤 고르게 퍼져 있을 확률이 높다. 이때 평균 속도가 올라갈지 내려갈지 예측할 수가 없다.

이제 풍선에 바늘로 구멍을 하나 뚫었다고 생각해보자. 물론 이때도 공기 분자들은 구멍이 났다는 사실을 신경 쓰지 않은 채 그때까지 하고 있던 행동을 계속할 수 있지만 그럴 가능성은 무척 낮다. 공기 분자들이 구멍으로 몰려들어 마구 빠져나가려는 상황이 가장 그럴 듯하다. 이런 상황이 가장 가능성이 큰 까닭은 무엇일까? 바로 열역학 제2법칙이다. 만약 공기 분자들이 빠져나간다면 더욱 넓은 공간에 들어가기 때문에 그 안에서는 자기가 취할 수 있는 상태의 수도 훨씬 많다. 그러면 시스템의 총 엔트로피는 증가한다.

이것은 다른 물리학과는 조금 다른 고전물리학이다. 엔트로피는 우주 속 '시간의 화살'을 품고 있으며, 우리가 통계적으로 문제를 바라보도록 해준다.

감쇠 조화 진동자

용수철에서 신시사이저까지, 이 다용도의 모형은 엄청나게 많은 기술에 응용된다.

$$\frac{d^2x}{dt^2} + b\frac{dx}{dt} + \omega_0^2 x = 0$$

가속도

속도

진동수

위치

감쇠

어떤 내용일까?

탁자 가장자리에 플라스틱 자를 올려놓고 끝을 튕겨보자. 그러면 위아래로 진동하다가 그 진동이 점차 작아지며 잦아든다. 이런 현상을 감쇠 조화 진동자라고 부른다. '진동자'라는 말이 붙은 이유는 한 상태(위로 올라가는)에서 다른 상태(아래로 내려가는)로 매끄럽게 이어졌다가 원래 상태로 돌아가는 운동을 계속 되풀이하기 때문이다. 또 '조화'라는 말이 붙은 이유는 사인파라는 변화 패턴을 따르기 때문이다(14쪽, '삼각법' 참고). 마지막으로 '감쇠'라는 말이 붙은 이유는 진동 과정에서 에너지를 잃으면서 속도가 느려지고 멈추기 때문이다.

감쇠 조화 진동자는 우리 주변에서 흔하게 볼 수 있다. 진자, 용수철, 공, 피아노 줄, 놀이터의 그네, 음파 등 무척 많다. 예를 들어, 자동차의 현가장치는 높은 턱을 넘을 때 차 안에 탄 여러분의 몸이 이리저리 튕기지 않도록 일부러 몸을 푹 눌러앉게 한다. 또 초기 음악 신시사이저(가끔은 오늘날의 모델들 역시)에서 전자파가 만들어내는 소리는 조화 진동자로, 바이올린 활로 음을 무한하게 지속시키는 대신 줄을 퉁기는 느낌을 내기 위해 감쇠 효과를 이용한다. 어떤 시스템이 움직이면 마찰에 의해 에너지가 천천히 사라지는 일종의 감쇠 효과를 종종 볼 수 있다.

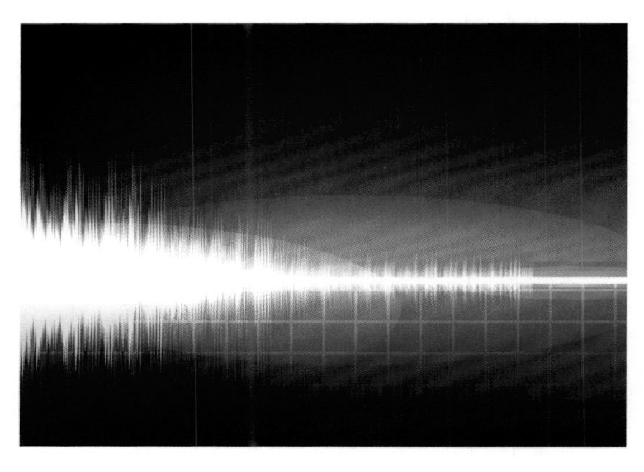

소리는 파동이다. 하지만 감쇠 현상 때문에 많은 소리가 빠르게 흩어져 사라진다.

더 자세하게 알아보자

이 방정식은 $F=ma$(56쪽, '뉴턴의 제2법칙' 참고)에서 직접 이끌어낸 식이다. 이 식에는 가속도, 속도, 위치라는 3개의 양이 들어간다. 또한 감쇠의 정도를 드러내는 수치와 진동 운동의 진동수도 포함된다.

진동의 정점에서는 속도가 순간적으로 0이 되는데, 그 이유는 이때 방향이 바뀌기 때문이다. 이 순간의 방정식은 다음과 같다.

$$x'' + \omega^2 = 0$$

이때 가속도는 음의 값을 가지는데, 진동하는 자가 아래 방향으로 밀려 내려간다는 뜻이다. 이와 비슷하게 운동의 맨 아래 위치에서 가속도는 위쪽으로 밀려 올라가는 방향이기 때문에 방향을 바꾸는 효과를 낸다. 그에 따라 자에 걸리는 팽팽한 장력은 언제나 자를 한가운데로 이끈다.

한편 한가운데에 있다면 장력이 없어지지만 그래도 감쇠 효과는 여전히 존재한다. 만약 감쇠 효과가 전혀 없다면(즉, $b=0$이라면), 그 순간에 자는 완벽히 수평을 이루며 가속도는 전혀 없다. 이 지점을 지나 그다음 진동으로 이끄는 것은 자의 운동량이다. 만약 감쇠 효과가 없다면 '단순 조화 운동'이라고 말할 수 있다. 하지만 실제로 우리 주변에서는 언제나 어느 정도의 감쇠 효과가 존재한다.

하지만 실생활에서 물체의 운동이 언제나 깔끔하게 진동하는 것만은 아니듯이, 감쇠 조화 진동자 역시 그렇다. 예를 들어 바이올린의 현이나 플루트는 훨씬 복잡한 진동을 보이며, 이런 차이는 두 악기의 소리가 다르게 들리는 데 큰 역할을 한다. 이것을 이해하기 위해서는 조금 더 정교한 방식이 필요하다(84쪽, '파동 방정식' 참고).

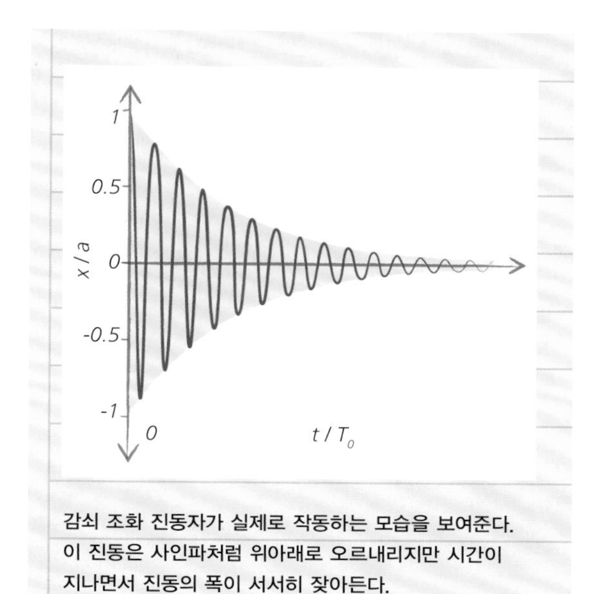

감쇠 조화 진동자가 실제로 작동하는 모습을 보여준다. 이 진동은 사인파처럼 위아래로 오르내리지만 시간이 지나면서 진동의 폭이 서서히 잦아든다.

진동 모형은 감쇠 효과 말고도 강제 효과가 더해져 더욱 복잡해진다. 이 시스템에 여분의 효과를 더하는 것이다. 예컨대 2초마다 한 번씩 자를 손으로 튕기고 어떤 일이 벌어지는지 살펴보자. 여러분의 행동 때문에 자의 운동은 더욱 복잡해진다. 매번 감쇠 효과 때문에 운동의 속도가 느려지겠지만 자를 튕기면 이전 속도를 되찾는다. 또 제대로만 튕기면 자는 처음보다 훨씬 격렬하게 진동할 것이다.

농구에서 드리블을 할 때도 비슷한 원리가 적용된다. 사람들이 다리 위를 걸어 다닐 때 다리의 미세한 진동 또한 마찬가지다. 이런 이야기를 들어봤는지 모르지만 군인들은 다리를 지나면서 발걸음을 맞추지 않도록 조심한다. 행진하는 발걸음이 다리의 진동수와 맞으면 크게 흔들리며 다리가 무너질 수도 있다고 생각하기 때문이다.

삼각법은 원운동뿐만 아니라 그 가까운 친척인 진동을 이해하는 데도 도움이 된다. 감쇠나 강제 진동 같은 효과를 추가하면 실생활의 여러 상황에 걸맞는 모형을 만들 수 있다.

열 방정식

열이 사물을 통과하는 방식은 놀랍게도 통계와 재정 시뮬레이션과 비슷하다.

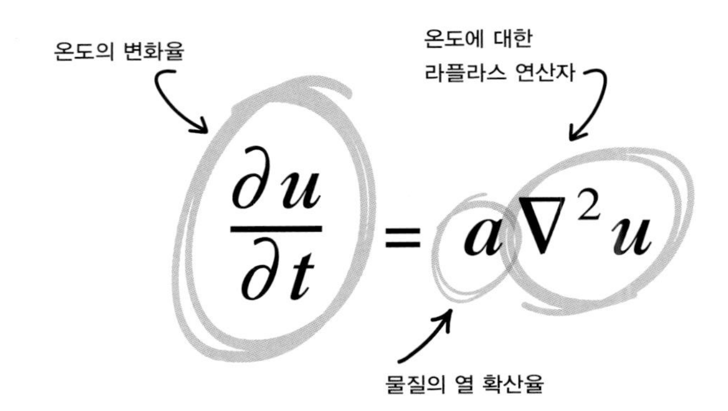

어떤 내용일까?

여러분이 자동차처럼 크고 복잡한 어떤 물체에 용접용 토치를 가져다댔다고 상상해보자. 운전석 문에 불꽃을 가져다댄 채 한동안 가만히 두는 것이다. 그러면 어떤 일이 벌어질까? 상식적으로 생각하면 불꽃을 가져다댄 지점이 무척 뜨거워질 것이다. 그리고 또 어떤 일이 생길까? 우리의 경험에 따르면 불꽃이 직접 닿지 않았더라도 불꽃과 가까운 부분 역시 뜨겁게 달아오를 것이다. 하지만 차의 보닛에 손을 올려보면 뜨거워 깜짝 놀라게 될 것이다. 불꽃의 열기가 먼 곳까지 전해졌기 때문이다.

우리는 열기가 한곳에만 쌓여 있지 않고 근처의 보다 차가운 곳으로 흐르는 경향이 있다는 사실을 배우지 않아도 직관적으로 안다(74쪽, '엔트로피' 참고). 동시에 우리는 열이 어딘가에 잠시도 축적되지 못할 정도로 우주 전체를 향해 곧장 퍼지지 않는다는 사실도 알고 있다. 즉 열이 움직이는 데는 일종의 패턴이 존재한다. 열 방정식은 이런 패턴을 포착해낸다.

이 방정식은 왜 중요할까?

과학과 공학에서는 열이 결정적인 역할을 담당하는 경우가 많다. 원자로에서 강한 열기를 어떻게 잘 처리해 없애느냐에 따라 안전 운행과 재난이 판가름 난다. 또한 지질학자들은 열을 가지고 지구의 대륙이 어떻게 형성되었는지 이해할 뿐 아니라 화산 폭발이나 기후 변화, 지진이 가져올 결과를 예측한다. 또한 열 방정식은 우리 일상 속의 많은 현상을 설명해준다.

하지만 열 방정식이 물리적인 열만 다루는 것은 아니다. u에 대한 함수(82쪽 참고)는 온도가 아닌 다른 무언가일 수도 있다. 그리고 우리는 알고자 하는 대상

열 방정식과 가까운 친척 관계인 반응 확산 방정식은 자연에서 나타나는 얼룩말의 무늬 같은 복잡한 패턴을 설명해준다.

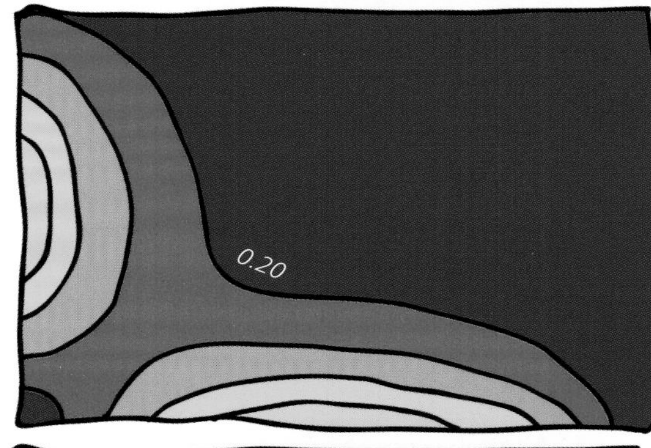

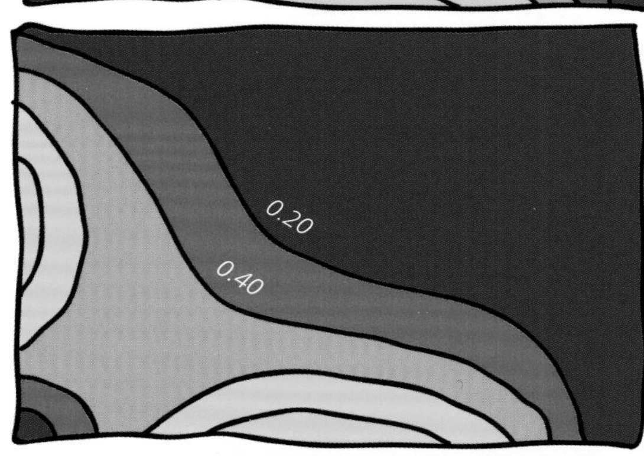

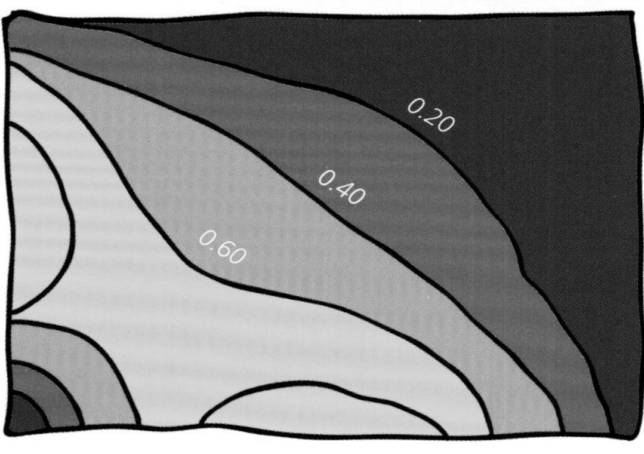

열 방정식은 차가운 금속판 가장자리에
불꽃 2개를 댔을 때
열이 어떻게 퍼져나가는지 보여준다.

의 모형을 얻기 위해 열 방정식을 활용할 수 있다.

열 방정식은 특히 생물학에서 많이 등장하는데, 생물학에서는 이 식을 종종 '확산 방정식'이라 부른다. 반응–확산 시스템이라는 다소 복잡한 환경에서, 이 방정식은 어떤 집단의 움직임, 전파, 병의 치유 과정, 암세포의 성장을 비롯해 심지어 호랑이나 얼룩말 같은 동물이 복잡한 무늬를 갖게 된 까닭 등 여러 질문을 푸는 데 도움이 된다. 여기에 그치지 않고 이 식은 법의학부터 천문학 관측까지, 다양한 분야의 디지털 이미지를 선명하게 하는 데도 쓰인다.

여러분은 이 열 방정식이 금융이나 재무와 관련한 응용 수학에도 적용된다는 사실을 알면 깜짝 놀랄 것이다. 시장의 자산 가격은 무작위 과정을 통해(70쪽, '브라운 운동' 참고) 모형으로 만들어질 수 있다. 파생상품에 대한 약정 역시 자기만의 값을 갖는 가격 변동에 의존한다. 이 가격은 복잡한 방식으로 결정되는데, 열 방정식과 밀접하게 관련되어 있다(142쪽, '블랙–숄스 방정식' 참고).

더 자세하게 알아보자

열의 흐름이라고 하면 여러분은 무엇을 생각하는가? 금속판(어떤 물체든 상관없다) 안에서 서로 부대끼고 밀어내면서 수십억 개의 원자나 분자가 관여하는 통계 과정이라 생각할 수 있을 것이다. 뜨거운 원자들은 빠르게 진동하는데, 속도가 빠를수록 그 원자는 주변 원자들을 더 많이 밀어내고 그러면 주변 원자들도 덩달아 뜨거워진다. 그러는 동안 그 원자를 밀어냈던 원래 원자들은 에너지를 약간 잃는다. 풍선이 터지면서 그 안에 든 기체 분자들이 확산될 때 에너지가 퍼지는 모습 역시 비슷하다. 열역학 제2법칙에 따르면 이 과정은 일방통행이다. 즉 열이 일단 차가운 금속판 위에서 확산되었다면, 처음에 열기가 퍼졌던 시작점으로 열이 다

디지털 이미지를 처리하는 과정에서 열 방정식은 법의학 또는 과학적인 화질 개선부터 예술적인 효과까지 무척 다양한 용도로 활용된다.

시 모이는 일은 결코 생기지 않는다(74쪽, '엔트로피' 참고).

그런데 열 방정식에는 자세히 뜯어봐야 그 의미가 훨씬 잘 다가오는 몇몇 기호가 들어 있다. 먼저 이 방정식은 일정 시간 동안 3차원 공간의 모든 점에서 온도가 어떻게 변하는지 보여준다. 그리고 방정식에서 u는 4차원 시공간 안의 모든 점에 효과적으로 어떤 수, 즉 온도를 부여한다.

방정식의 왼쪽에 자리한 도함수(26쪽, '미적분학의 기본 정리' 참고)는 특정 순간에 공간의 어느 한 지점에서 기간에 따라 온도가 어떻게 변하는지 알려준다. 예컨대 온도가 급격히 올라가면 큰 양수가 되고 온도가 천천히 내려가면 작은 음수가 된다.

여러분이 계산해낼 줄만 알면 이 수치는 놀랄 만큼 쓸모가 많다. 방정식의 왼쪽 변은 다음 질문을 묻는다고 생각하면 좋다. '특정 지점의 온도는 시간이 흐르면서 어떻게 변하는가?'

오른쪽 변에서 a는 해당 물질의 열 확산성을 나타낸다. 특정한 소재에서 열이 어떻게 흐르는지 보여주는 수다. 이 수에 u의 '라플라스 연산자'라는 다소 무서운 이름을 가진 무언가가 곱해진다. 라플라스 연산자는 열 방정식의 숨겨진 중심이다. 3차원 공간에서 라플라스 연산자는 다음과 같이 정의된다.

$$\nabla^2 u = \frac{\partial^2 u}{\partial x^2} + \frac{\partial^2 u}{\partial y^2} + \frac{\partial^2 u}{\partial z^2}$$

오른쪽 변에서 3개의 항이 더해지는데, 각각은 어떤 순간에 주어진 점에서 x, y, z 방향으로 흐르는 열의 가속도를 나타낸다.

다음과 같이 상황을 단순화시켜 생각해보자. 2차원 공간에 편평하고 얇은 금속판이 몇 가지 방식으로 가열되고 있다. 이때 모든 순간에 금속판의 각 점의 온도를 $u(x, y, t)$로 나타낼 수 있다. x와 y만 있지 z는 없다는 사실에 주목하자. 1개의 차원을 사용하지 않는 상황이기 때문이다. 이 금속판을 바닥에 내려놓은 채 하나의 수(온도를 나타내는)로 높이를 표현한다고 생각하자. 그러면 금속판 위의 무척 뜨거운 점에 언덕의 꼭대기가 자리하고 온도가 가장 낮은 점에는 골짜기가 자리하는 다소 유령 같은 풍경을 만들어낸다. 시간이 지나면서 열이 금속판에서 점점 사라지면 이 풍경 또한 서서히 모습을 바꾼다.

이제 여러분이 이 풍경의 한 점 (x, y) 위에 서서 무슨 일이 벌어지는지 관찰한다고 상상해보자. 이곳의 온도는 $u(x, y, t)$로 나타낼 수 있고 여기서 t는 현재의 시간이다. 만약 이 지점에서 x축 방향을 바라본다면 여러분이 바라보는 경사면은 다음과 같다.

$$\frac{\partial u}{\partial x}$$

이 항은 x축에서 온도의 변화율을 나타낸다. 이제 변화 과정을 계속 지켜보자. 이 경사면은 점점 편평해질까, 아니면 가팔라질까? 그 효과는 다음과 같이 기

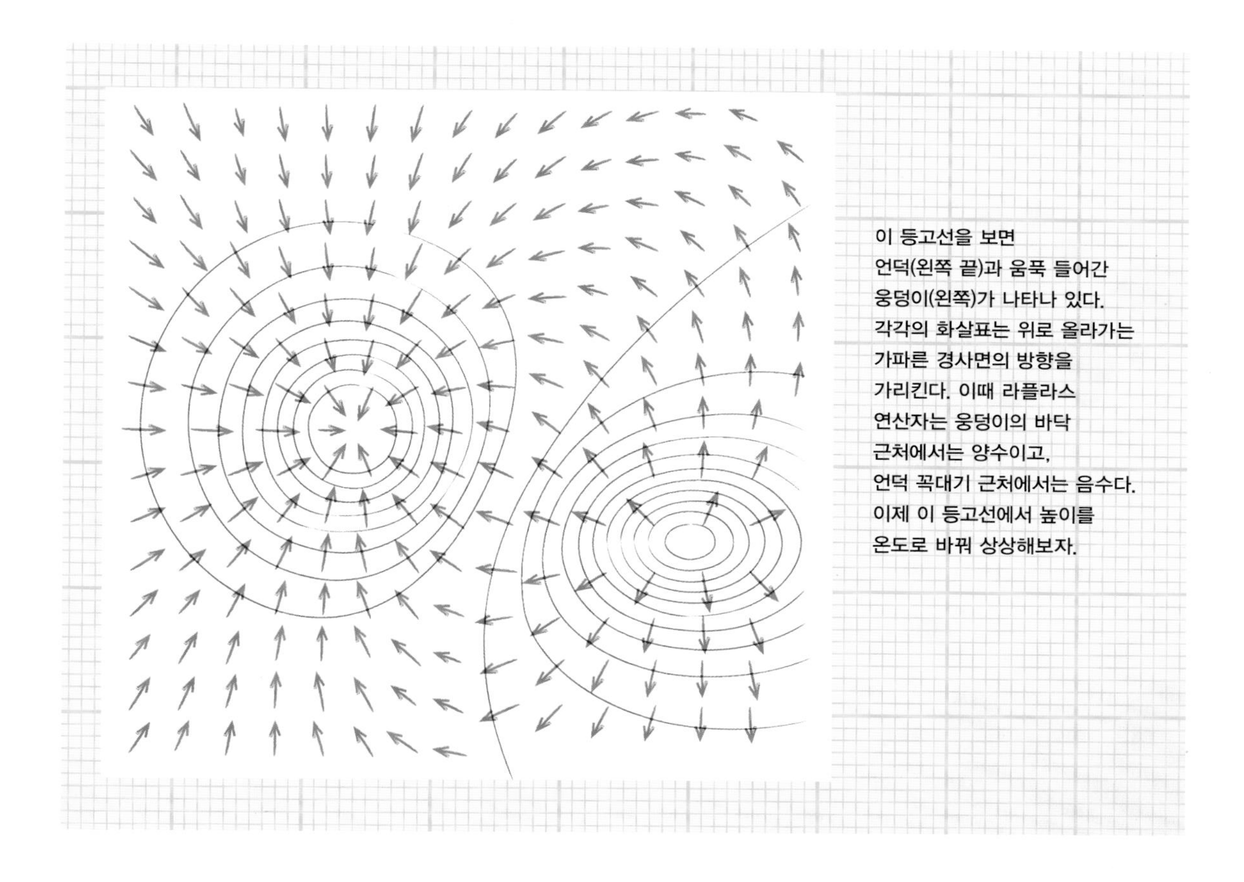

술할 수 있다.

$$\frac{\partial^2 u}{\partial x^2}$$

이 항은 열 흐름의 변화율을 나타낸다. y축에서도 똑같이 할 수 있다. 이 두 가지를 한데 합치면 해당 순간에 점 (x, y)에서 지형이 어떻게 바뀌는지 알 수 있다.

이제 완벽히 형식을 갖춘 열 방정식을 얻으려면 차원을 하나 올려야 하고, 그러면 보기 좋은 기하학 이미지는 포기해야 한다. 하지만 그럼에도 라플라스 연산자의 의미는 동일하다. 매 순간 각각의 지점에서 이 연산자는 x, y, z축 방향 열의 흐름이 어떻게 바뀌는지를 측정한다. 그리고 여기에 a를 곱해야 다양한 물질에서 다양하게 열이 흐르는 모습을 알 수 있다. 하지만 그 밖에도 우리는 다음과 같은 질문에 대한 답을 얻게 된다. '시간이 지나면서 특정 지점의 온도는 어떻게 바뀔까?' 이것은 열 방정식이 얘기하려는 큰 그림이기도 하다.

열이 흐르는 방식을 이해하려면 새로운 수학 발명품이 필요했다.
그리고 그에 따라 물리학이 크게 바뀌었다.

파동 방정식

이 근본적인 방정식은 수영장에서 바이올린 현에 이르기까지 파동이 어떻게 행동하는지를 보여준다.

$$\frac{\partial^2 u}{\partial t^2} = c^2 \nabla^2 u$$

가속도

위치에 대한 라플라스 연산자

파동의 전파 속도

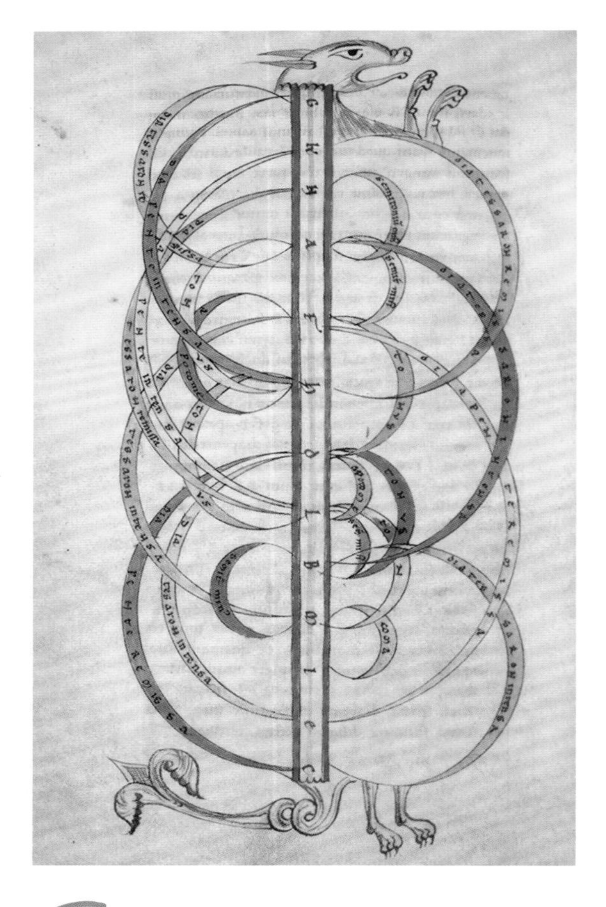

진동하는 줄의 여러 모습을 나타낸 보에티우스의 그림

어떤 내용일까?

기타리스트가 기타 줄을 튕기면 여러분은 단순하게 생각한다. 줄의 양끝이 고정된 채 한가운데가 자유롭게 진동한다고 말이다(78쪽, '감쇠 조화 진동자' 참고). 하지만 실제로는 이보다 훨씬 복잡하다.

기타와 피아노의 소리가 서로 다르게 들린다는 사실이 그 증거다. 어쩌면 여러분은 악기의 음색이 다른 이유가 모양이 다르고 음이 만들어지는 방식이 다르기(줄을 튕기는 대신 나무망치로 때리는 등) 때문이 아니냐고 되물을지 모른다. 물론 그 말도 일리는 있다. 하지만 그 밖에 고려해야 할 요소가 또 있다. 바로 줄이 진동하는 방식이다. 악기의 줄은 깔끔하고 단순하게 위아래로 움직이지 않는다. 느린 화면으로 보면 몹시 복잡한 방식으로 움직이며, 그 움직임은 악기의 소리에 큰 영향을 준다.

파동 방정식은 진동하는 줄에 대한 훨씬 정확한 모형을 제공한다. 이렇듯 이 방정식이 유용한 이유는 어떤 상황이든 이 방정식을 충족하는 '기본적인' 해(解)가 몇 가지 유한하게 정해지기 때문이다. 이 기본적인

파동 방정식은 2차원, 3차원의 매질뿐만 아니라 단순한 1차원의 줄 위의 파동도 설명할 수 있다.

해를 조합하면 여러 줄이 동시에 진동할 때 생겨나는 모든 경우를 아우르는 '슈퍼 해'를 구할 수 있다. 물리학자들은 이 기본 해를 '부분음'라 부르고 음악가들은 '배음' 또는 '하모닉스'라 부른다.

여러분도 이것을 직접 체험할 수 있다. 친구 한 명을 불러 길고 가는 밧줄의 한쪽 끝을 각각 잡아보자. 그리고 땅에 끌리지 않으면서 팽팽하지 않게 밧줄을 붙잡은 다음, 줄넘기를 돌리듯이 줄을 움직여 정상파를 만든다. 이것이 기본적인 해 중 하나다. 이제 손을 두 번 빠르게 움직이면 새로운 패턴을 만들어낼 수 있다. 밧줄의 한가운데는 거의 움직이지 않지만 한가운데와 양끝 사이는 활발하게 움직일 것이다. 여기서 이 움직이지 않는 점을 '마디'라 부른다는 점이 중요하다. 여러분은 손을 더 빨리 움직여 다른 진동 패턴들을 만들 수 있다. 그때마다 줄에는 마디가 더 생길 것이다. 이것들 각각은 파동 방정식의 또 다른 기본 해다.

이 방정식은 왜 중요할까?

파동 방정식은 악기에만 적용되는 방정식이 아니다. 전자기파(92쪽, '맥스웰 방정식' 참고)와 유체 속으로 흐르는 파동(96쪽, '나비에-스토크스 방정식' 참고)에도 잘 적용된다. 또 이 방정식은 기타 줄 같은 '정상파'뿐만 아니라 연못에 퍼지는 물결 같은 '진행파'에도 적용되며, 화산이나 지진 때문에 생기는 충격파뿐만 아니라 마이크로파와 엑스선에도 적용할 수 있다. 게다가 기본 입자들은 파동으로 간주할 수 있기 때문에, 이 방정식은 양자역학에서도 중심 역할을 담당한다(104쪽, '슈뢰딩거의 파동 방정식' 참고).

공학 분야에서 파동 방정식은 소나(SONAR)와 합성 개구 레이더(Synthetic Aperture RADAR)를 비롯해 영상이나 탐사 작업 등 더 특수한 방식에 활용된다. 석유나 가스 회사들은 이런 여러 기술을 사용해 땅속의 귀중한 화석연료가 묻힌 곳을 알아내며, 의사들은 초음파를 활용해 우리 몸속을 조사한다.

파동을 기술하는 데 따르는 문제들 역시 역사적으로 중요했다. 달랑베르, 오일러, 라그랑주, 다니엘 베르누이 같은 18세기의 위대한 수학자들이 파동을 탐구했다. 이들 모두 충분한 연구 성과를 냈지만 이들이 얻은 답은 서로 모순되는 듯 보였다. 1800년대 초반에 이르러서야 푸리에가 여러 해답이 전부 유효하다는 사실을 분명히 보여주었다(138쪽, '푸리에 변환' 참고). 푸리에의 아이디어는 그 자체로 중요했을 뿐 아니라, 물리학에서 이론 수학의 역할을 단단히 다지도록 도와주었다.

더 자세하게 알아보자

이 파동 방정식은 어떤 차원에도 들어맞는 일반적인 형태를 띤다. 구체적으로 살펴보기 위해, 여러분과 친구 한 명이 줄의 양끝을 잡고 있으며 위아래의 운동만 신경 쓴다고 생각해보자. 그러면 밧줄 위의 모든 점은 여러분의 손으로부터 떨어진 거리로 표시할 수 있다. 그 거리를 x라고 하자. 밧줄을 팽팽하게 당기면 모든 점은 직선 위의 동일한 높이에 놓이는데, 이 높이를 u라고 하자. 그리고 처음에는 $u = 0$으로 시작하자. 이제 파동이 움직이는 모습을 바라보려 하는데, 그러려면 얼마간의 시간이 필요하다. 늘 그랬듯 이 시간은 t라고 표시하자. 그러면 우리는 거리 x와 시간 t에 대한 함수 u를 살필 수 있고 그에 따라 높이를 알 수 있다. 이 높이를 간단하게 $u(x, t)$로 표시하자.

이때 우리가 함수 $u(x, t)$를 안다면 파동의 모든 것을 알 수 있다는 점에 주목하자. 다시 말해, 밧줄 위의 어떤 위치(x)와 시간(t)이 주어진다면 그 시점의 높이를 알 수 있는 셈이다. 이런 식으로 우리는 어느 순간이든 밧줄이 어떤 모습일지 재구성할 수 있다. 이 작업을 여러 순간 반복하면 우리는 바라는 만큼 정확하게 너울거리는 밧줄의 움직임을 되살릴 수도 있다. 함수 $u(x, t)$를 구하는 것은 파동 방정식의 '해'를 찾는다는 뜻이다.

방정식의 왼쪽 변은 t에 대한 u의 변화율이다. 어떤 점 x가 고정된 상태에서 왼쪽 변은 그 점이 어떤 순간에 얼마나 가속되는지 보여준다. 한편 오른쪽 변은 u에 대한 라플라스 연산자다(80쪽, '열 방정식' 참고). 오른쪽 변은 시간이 고정된다면 각각의 점에서 높이가 다양하다는 사실을 보여준다. 예를 들어 밧줄이 진동의 꼭대기에 놓였다고 생각해보자. 이때 개미가 밧줄의 정중앙에 있다면, 개미가 보기에는 밧줄이 편평하고 좌우 양쪽이 살짝 아래쪽으로 구부러졌을 것이다. 하지만 개미가 밧줄을 잡은 여러분의 손 근처에 있다면 확실한 경사면이 존재한다고 여길 것이다. 라플라스 연산자가 얘기해주는 바도 마찬가지다. 개략적으로 말해, 라플라스 연산자는 밧줄 위에 있는 개미의 시점으로 바닥의 경사가 얼마나 빨리 변하는지 알려준다.

라플라스 연산자는 c^2 값과 곱해져 있다. c는 어떤 물질을 통과하는 파동의 속도를 나타낸다. 우리가 잡고 있는 밧줄같이 정상파인 경우에, 이것을 밧줄의 장력을 나타내는 수와 밀도로 표현할 수 있다. 어느 쪽이든

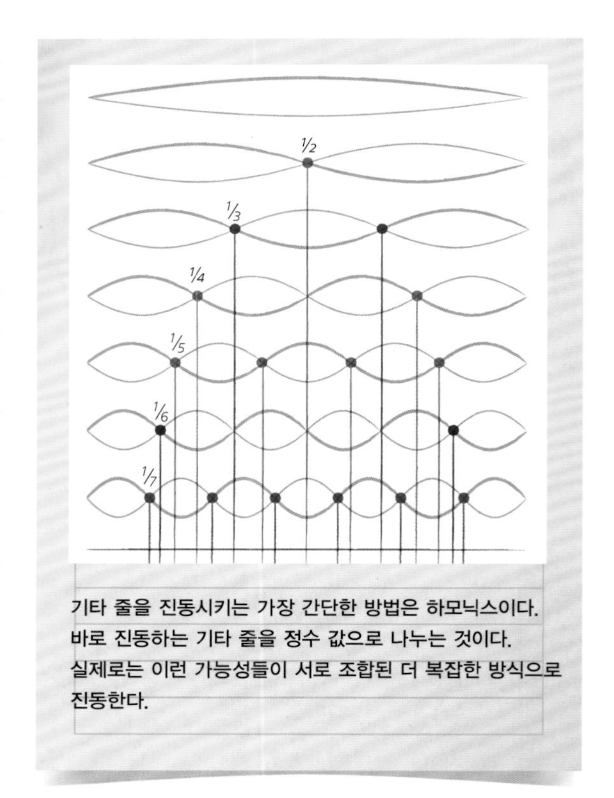

기타 줄을 진동시키는 가장 간단한 방법은 하모닉스이다. 바로 진동하는 기타 줄을 정수 값으로 나누는 것이다. 실제로는 이런 가능성들이 서로 조합된 더 복잡한 방식으로 진동한다.

이것을 제곱하면 그 단위들은 방정식의 양변에서 같아지며, 이 점은 굉장히 중요하다(88쪽, '$E = mc^2$' 참고).

파동 방정식의 해를 찾는 일, 다시 말해 방정식을 만족하는 함수 $u(x, t)$를 찾는 일은 18세기에 중요한 문제였고, 엄청나게 중요한 수학 연구를 이끌어냈다. 펼친 밧줄을 진동시키는 여러 방법이 전부 해가 될 수 있다는 점은 확실했다. 사인파를 활용하면 이 모든 해를 모형으로 만들 수 있었는데, 사인파는 진동 운동을 모형화하는 무척 단순한 함수였다(14쪽, '삼각법' 참고). 한편 음향 사인파는 순수하고 간결한 소리를 내서 플루트 소리와 비슷하다.

푸리에가 했던 생각은, 만약 여러분이 파동 방정식의 몇 가지 해를 가진다면 이미 갖고 있는 해의 배수들을 더해 새로운 해를 많이 만들 수 있다는 것이다. 그

같은 음을 연주한다 해도 플루트와 바이올린은 서로 다른 소리를 낸다. 그 이유는 두 악기가 파동 방정식에 대해
다른 해를 표현하기 때문이다.

러면 복잡한 해들이 훨씬 많이 만들어진다. 이 모든 해는 밧줄이 진동하는 방식을 표현한다. 여러분이 그 진동을 만들어내기만 하면 가능하다. 대부분의 악기는 이런 파동을 가진다. 사인파를 기반으로 한 파동 방정식의 몇 가지 해를 더하는 식으로 실제와 가깝게 모형화할 수 있다(138쪽, '푸리에 변환' 참고). 또한 파동과 비슷한 다른 현상에도 실제로 적용된다. 이 '중첩의 원리'는 미분 방정식을 포함한 여러 상황, 특히 물리학의 여러 영역에서 유용하게 쓰인다.

열 방정식과 가까운 친척인 파동 방정식은 연료를 잔뜩 집어넣은 감쇠 조화 진동자와 같아서, 주기 과정을 더 풍부하고 정확하게 나타내는 모형이 된다.

E = mc²

이 식은 물리학을 통틀어 가장 유명한 방정식이다.
하지만 정확하게 어떤 의미이고, *c*는 왜 제곱을 한 걸까?

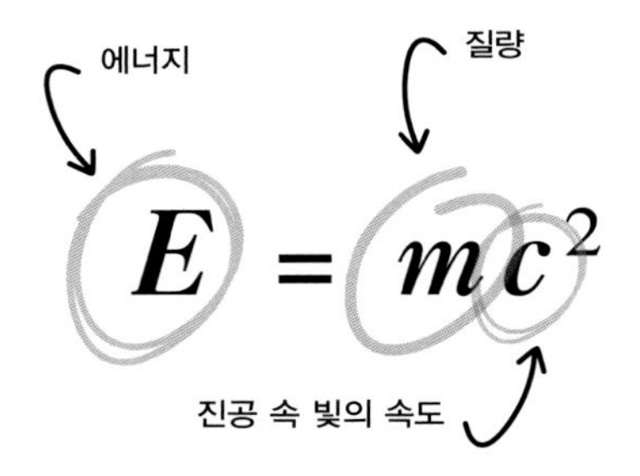

어떤 내용일까?

아인슈타인의 이 방정식은 뭔가 놀라운 내용을 얘기해준다. 언뜻 보면 질량과 에너지가 무척 달라 보이지만, 사실은 동일하다는 것이다. 하지만 이 사실은 과학뿐만 아니라 철학적으로도 머리를 쥐어뜯을 만큼 이해하기 힘들다. 질량은 우주를 이루고 있는 물질과 관련 있는 것처럼 보인다. 질량은 있는 그대로의 양이며, 다른 형태로 바뀔 수는 있어도 창조되거나 파괴될 수는 없을 것 같다. 그리고 물질의 양이 많으면 많을수록 질량도 커진다.

우리는 우주가 질량을 갖지만 에너지는 존재하지 않는다고 상상하는 경향이 있다. 반응성이 없는 물질 덩어리가 그저 여기저기 흩어져 있다는 것이다. 그렇다면 반대로 에너지는 존재하지만 질량은 없는 우주를 상상할 수도 있을까? 그것은 불가능해 보인다. 왜냐하면 어떤 물질이 하거나 할 수 있는 무언가를 드러내 포착하는 것이 에너지이기 때문이다. 예를 들어 벼랑 끝에 놓인 바위는 중력에 의해 아래로 굴러 떨어질 가능

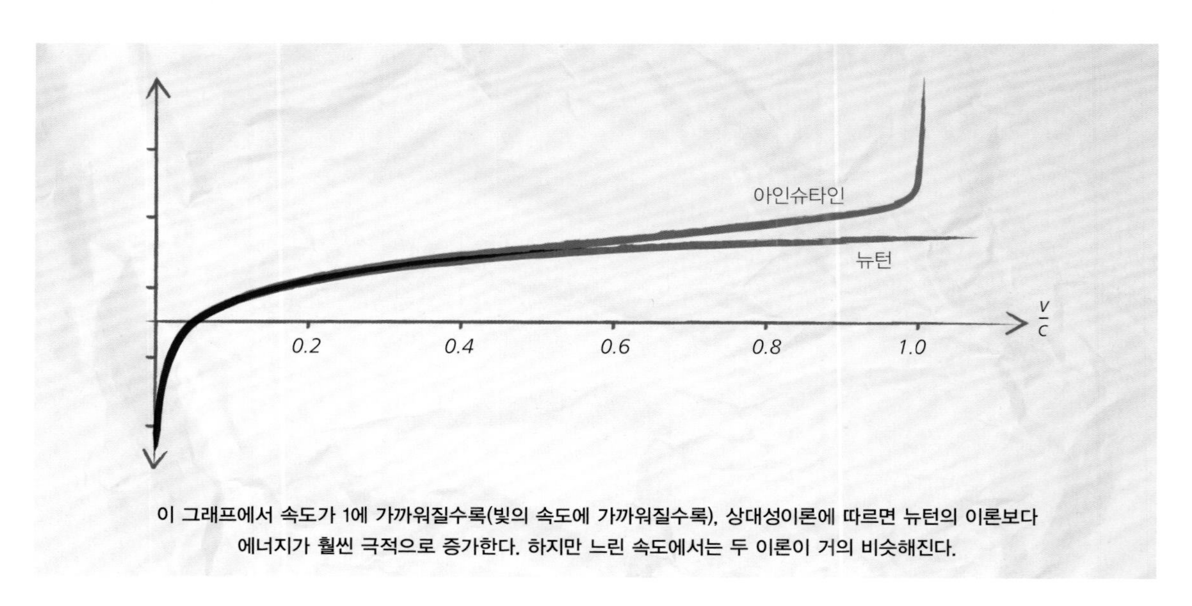

이 그래프에서 속도가 1에 가까워질수록(빛의 속도에 가까워질수록), 상대성이론에 따르면 뉴턴의 이론보다 에너지가 훨씬 극적으로 증가한다. 하지만 느린 속도에서는 두 이론이 거의 비슷해진다.

성이 있기 때문에 위치에너지를 가진다. 그리고 실제로 밑으로 떨어지면, 바위는 그 과정에서 위치에너지를 운동에너지로 바꾼다. 이제 바닥에 떨어지는 순간 이 에너지는 다시 소리와 충격파, 열, 산산이 부서진 바위 조각으로 바뀐다. 같은 에너지가 다른 형태로 바뀌는 셈이다. 바위나 바닥이 없더라도 비슷한 일이 벌어질 수 있지 않을까?

즉 질량이란 존재하는 물질의 양이며, 에너지는 여기에 속하지만 부차적으로 따라오는 무언가라는 생각이다. 아인슈타인의 방정식은 이런 생각이 완전히 틀렸다는 사실을 말해준다. '질량'과 '에너지'는 뭔지는 몰라도 같은 대상의 다른 이름일 뿐이다.

이 방정식은 왜 중요할까?

내 생각에 이 식은 세상에서 가장 유명한 방정식이다. 실험해본 적은 없지만 길거리에서 아무나 붙잡고 아는 방정식을 적어보라고 하면, 분명 이 방정식이 가장 많이 나올 것이다. 그 이유 하나만으로도 이 방정식은 중요하다. 내용이 중요하지 않더라도 사람들을 사로잡았다는 사실만으로 의미심장한 일이다.

이 방정식은 1500년대 후반 이후 우주의 작동 방식에 관한 여러 기본 가설을 뒤흔들었다. 특히 이 방정식은 당시까지 거의 모든 물리학의 기반을 이뤘던 시간과 공간에 대한 뉴턴 식의 그림을 뒤집었고, 그것보다 훨씬 별난 몇몇 개념, 즉 구부러진 공간이니, 시간 지체니, 물질과 에너지의 등가성 같은 것으로 대체했다.

비록 우리가 일상에서 겪는 경험과는 충돌하는 것처럼 보였지만, 아인슈타인의 방정식은 특정 극단적인 사례들을 보다 잘 설명해주었다. 그래도 뉴턴의 물리학은 대부분의 경우에 좋은 모형 역할을 했고 그 사실은 바뀌지 않았다. 중간 정도 크기의 그렇게 빠르지 않은 물체라면 뉴턴의 물리학이 잘 적용되었다. 문제는 물체의 질량이 엄청나게 크거나 속도가 아주 빠를 때다. 상

아인슈타인의 이론은 뉴턴 역학을 옳은 방향으로 수정했고, 그 결과 GPS 시스템의 정확도가 매우 향상되었다.

대성이론은 뉴턴 모형에 중요한 수정 사항을 추가했지만 대부분의 상황에서 그 수정 사항은 아주, 아주 작다. 무시해도 될 정도다. 하지만 천체물리학처럼, 정확한 예측을 하는 모형과 그렇지 않은 모형 사이를 구별하는 분야에서는 그런 작은 차이도 무시할 수 없다.

공학에도 상대성이론이 중요한 몇몇 분야가 있다. 가장 유명한 사례는 위성항법장치(GPS)다. GPS는 24대의 인공위성의 네트워크를 이용해 지구 표면에서 여러분의 위치를 놀랄 만큼 정확하게 알아낸다. 이 결과를 얻기 위해서 위치, 속도, 시간과 관련한 그렇게 복잡하지 않은 계산이 필요하다. 하지만 뉴턴 물리학으로 이 계산을 하면 시스템 전체를 망칠 만큼 정확도가 떨어지고 따라서 활용도도 크게 낮아진다. 상대성이론을 이용해야 이런 문제점을 수정할 수 있다.

이 방정식을 적용한 가장 유명한 사례는 무척 불행한 결과를 낳았다. 이 방정식에 따르면 질량과 에너지는 동일한 무언가의 다른 이름이다. 원자폭탄은 질량을 에너지로 바꾸는 역할을 하지 않는다. 그것만으로는 큰 의미가 없다. 원자폭탄은 특정 물질에 저장된 에너지를 훨씬 파괴적인 힘으로 바꾸는 일을 했다. 아인슈타인의 방정식 덕분에 과학자들은 이 과정을 이해하고

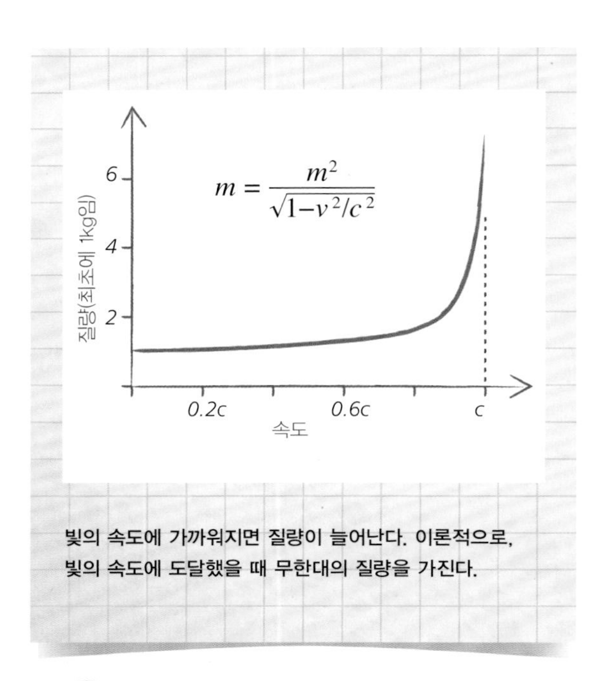

빛의 속도에 가까워지면 질량이 늘어난다. 이론적으로, 빛의 속도에 도달했을 때 무한대의 질량을 가진다.

이때 방출되는 에너지의 양을 계산할 수 있었다. 하지만 물론 이 방정식 하나만으로 원자폭탄이 탄생한 것은 아니다.

더 자세하게 알아보자

먼저 고전역학 이야기부터 해보자. 운동에너지는 움직이는 대상이 원래의 궤도를 벗어나게끔 하려면 얼마나 힘든지를 나타내는 척도다(62쪽, '각운동량 보존의 법칙' 참고). 전문 투수가 던진 야구공은 큰 운동에너지를 담고 있다. 여러분이 공을 던진다면 선수보다 속도가 느릴 테니, 운동에너지는 더 작을 것이다. 이때 야구공을 같은 속도의 자동차로 바꾸면 운동에너지는 더 커진다. 자동차의 질량이 더 크기 때문이다. 야구공에 맞았을 때보다 자동차에 치였을 때 더 크게 다치는 것도 이런 이유에서다.

수식으로 정리하면 운동에너지는 다음과 같다.

$$K = \frac{1}{2}mv^2$$

여기서 m은 질량, v는 속도다. 왠지 어디서 본 것 같지 않은가? 뉴턴역학에서 상대성이론으로 전환하려면 이 식을 $E=mc^2$로 바꾸면 된다. 여기서 인기 선수는 특수상대성이론의 기본 가설이다. 즉 진공에서 빛의 속도는 우주에서 이동하는 그 무엇보다 빠르다.

야구공이 빛의 속도에 가깝게 우주를 가로지르는 중이라고 가정해보자. 이 정도로도 꽤 빠르지만, 여러분도 비슷한 속도로 곁에서 날아가고 있다면 여러분에게는 공이 그렇게 빨라 보이지 않는다. 이때 여러분에게 엄청나게 큰 에너지가 남아돈다고 해보자. 여러분이 야구공을 후려쳐 더 빨라지게 만들려 한다. 이런 상황에서도 야구공이 빛의 속도를 넘지 못한다면 그 이유는 무엇일까? 아인슈타인의 이론에 따르면, 여러분이 한계 속도에 점점 가까워질수록 아무리 공을 세게 후려쳐도 공의 속도가 늘어나는 정도는 점점 작아진다. 즉 보상이 점점 줄어드는 것이다. 엄청나게 많은 에너지를 들여도 공의 속도는 찔끔 높아질 뿐이며, 여기서 속도를 더 높이려면 여러분은 더욱 많은 에너지를 쏟아부어야 한다. 그렇기에 야구공이 빛의 속도를 넘어서게 하

야구방망이의 속도가 빨라질수록 같은 가속도를 얻으려면 방망이를 더 세게 휘둘러야 한다.

려면 무한대의 에너지가 필요하고, 이렇게 할 수 있는 사람은 없다(18쪽, '제논의 이분법' 참고).

만약 질량과 에너지가 본질적으로 같은 것이라면, 어떤 시스템에 에너지를 투입하면(예컨대 속도를 높이면) 질량이 늘어난다. 이것은 실험을 통해 관찰된 사실이다. 비록 그 증가량이 매우 적었지만 말이다. 증가량이 적은 이유는 에너지의 증가량을 빛의 속도를 제곱한 값으로(빛의 속도 자체도 무척 큰 값이다) 나눴기 때문이다. 이때 질량이 늘어난다는 것은 그 물체를 조금 더 가속시키기 위해 바로 직전보다 더 많은 에너지를 들여야 한다는 뜻이다. 비어 있는 차보다 사람이 탄 차를 밀 때 에너지가 더 필요한 것과 같다. 즉 자동차에 사람이 점점 더 많이 탔을 때 자동차를 밀어 움직이려면 더욱더 세게 밀어야 한다.

이런 상황을 나타내는 다음과 같은 식을 살피면, 이 인자는 속도에 대한 함수다.

$$\gamma(v) = \frac{1}{\sqrt{1 - v^2/c^2}}$$

이 인자가 1이면 $v = 0$이고, v가 c에 가까워질수록 이 인자는 무척 큰 수가 되어 사실상 무한대까지 치솟는다. 우리는 운동에너지 방정식을 특수상대성이론에 따라 다음과 같이 바꿀 수 있다.

$$e = \gamma mc^2$$

관찰자가 봤을 때 상대적으로 물체가 정지해 있는 상황이면, 이 식은 $E = mc^2$으로 간단하게 정리된다.

에너지와 질량은 완전히 별개의 개념이다. 하지만 이 방정식은 두 개념이 그렇게 크게 다르지 않다고 설명한다.

맥스웰 방정식

전자기 이론은 현대 기술과 물리학의 '장이론'으로 향하는 문을 활짝 열어젖혔다.

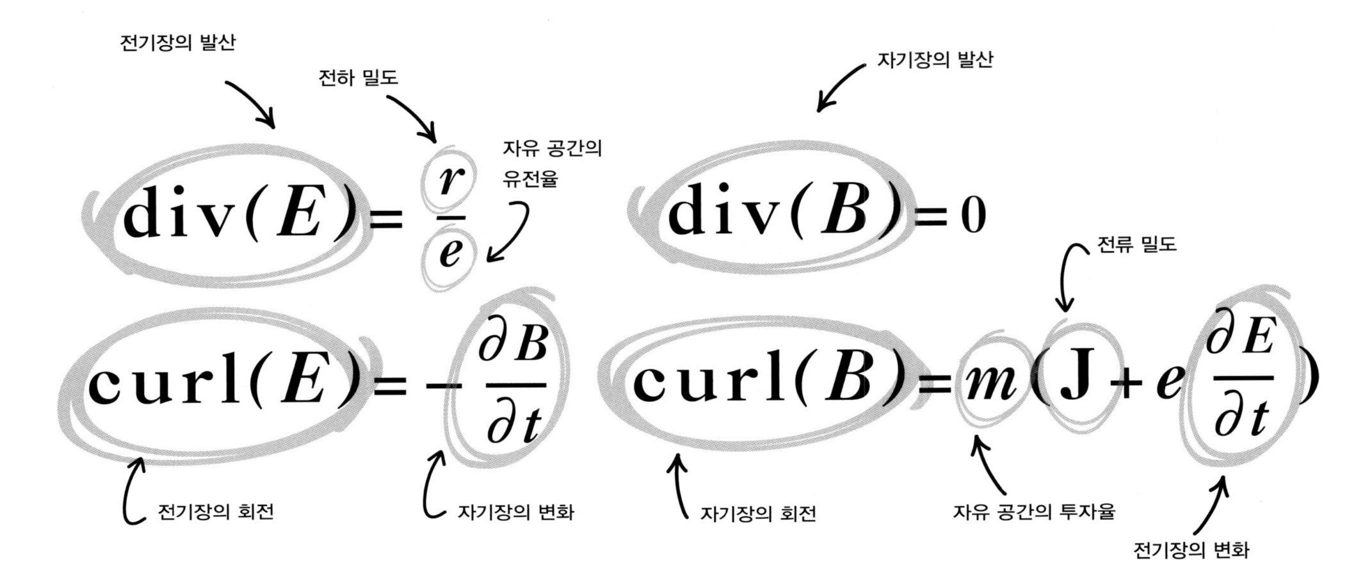

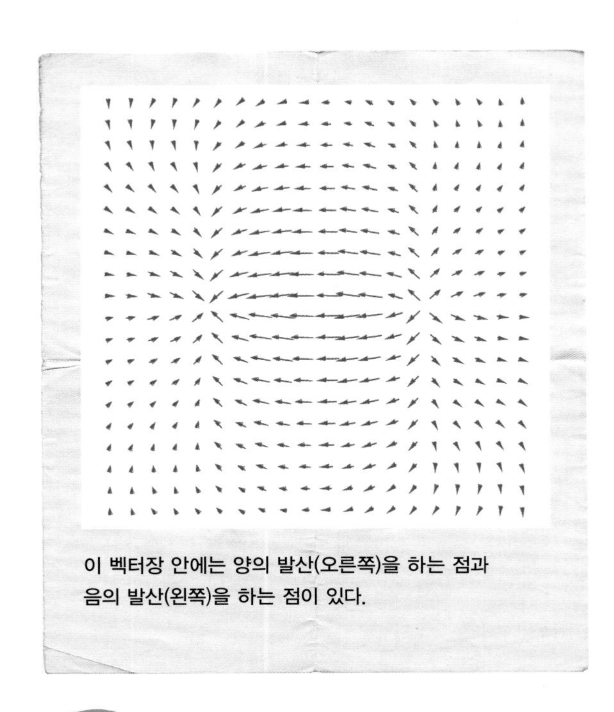
이 벡터장 안에는 양의 발산(오른쪽)을 하는 점과 음의 발산(왼쪽)을 하는 점이 있다.

어떤 내용일까?

사람들은 자석과 전기의 존재를 알아챈 순간부터 이 존재에 매혹되었을 것이다. 모피, 석영, 고무, 호박에서 갑자기 치직 하는 소리와 함께 환한 불꽃이 타오른다. 자석은 무생물을 건드리지도 않고 움직인다. 그리고 번개는 하늘에서 볼 수 있는 놀랄 만한 사건 가운데 하나다. 이 모든 현상에는 어딘가 마법적인 요소가 있었고, 인류 역사의 초기부터 여러 문화권에서 만들어낸 문서를 보면, 이런 현상들을 오늘날 우리가 초자연적 현상을 다루는 것처럼 바라보았다.

사려 깊은 연구가 계속 이어졌지만, 18세기 후반에 이르러서야 이 힘을 과학적으로 설명할 수 있게 되었다. 하지만 이 시기에도 연구 결과는 혼란스러웠고, 과학자들의 이론은 불완전했다. 자석이 일종의 장을 만들어내서 주변 공간에 영향력을 펼친다는 사실은 오래전부터 관찰되었다. 19세기 초반에 마이클 패러데이(Michael Faraday)는 실험을 통해 이 관찰 결과를 되살

렸고, 그다음부터 이 현상에 대해 더욱 엄격하고 철저한 이해가 가능해졌다.

이 분야에서 최고의 성취를 거둔 사람은 제임스 클라크 맥스웰(James Clerk Maxwell)이었다. 맥스웰은 1868년에 「전자기장의 동역학적 이론」이라는 제목의 논문을 발표해 전기와 자기를 하나의 이론적 틀로 통합했다. 전자기장은 벡터장으로 모형화할 수 있는데(46쪽, '털투성이 공의 정리' 참고), 맥스웰이 발표한 서로 연결된 4개의 방정식은 그 기본 성질을 설명해주었다.

이 방정식은 왜 중요할까?

20세기의 여러 기술이 맥스웰과 그의 동시대 동료들에게 큰 빚을 지고 있다는 말은 결코 과장이 아니다. 이들의 업적이 없었다면 라디오, 텔레비전, 컴퓨터, 마이크로파, 레이저, 엑스선, 핸드폰, 광섬유, 무선인터넷을 비롯한 수많은 현대의 놀라운 기술들이 발명되지 못했을 것이다. 맥스웰과 동료들은 이 원리를 우연히 발견하기는 했어도 정확하게 응용할 만큼 제대로 이해하지는 못했다. 또한 전자기 이론은 순수과학이기는 하지만 특히 우주론 같은 분야에 쓸모가 많다. 빛을 포함한 전자기 복사는 멀리 떨어진 천체들을 관찰하는 주된 수단이 되었다.

더 나아가 맥스웰의 이론은 물리학자들이 오늘날까지도 꿈을 버리지 못하는 야심찬 계획으로 한 걸음 내딛도록 도와주었다. 바로 대통일이론(Grand unification)을 만드는 것이다. 만약 이 계획이 성공한다면 자연의 4가지 기본 힘(중력, 전자기력, 강한 핵력, 약한 핵력)을 전부 아우르는 하나의 이론이 탄생할지도 모른다. 어쩌면 과학자들이 이 최종 통일장 이론을 완성한다면 서로 다른 힘처럼 보이는 전기력과 자기력을 통합한 맥스웰의 통일장처럼 우아한 모습일 것이다. 1970년대에는 이 이론을 완성하기 위해 다양한 노력이 이루어져 전자기력과 약한 핵력을 결합한 전기약력 이론(전기약작용 이론)이 등장했다. 하지만 특수상대성이론을 양자역학(그리고 중력을 비롯한 다른 힘들)과 조화시키는 일은 아직 어려운 문제로 남아 있다.

전자기장에서 쇳가루는 맥스웰의 방정식에서 설명하는 벡터의 방향을 따라 줄지어 선다.

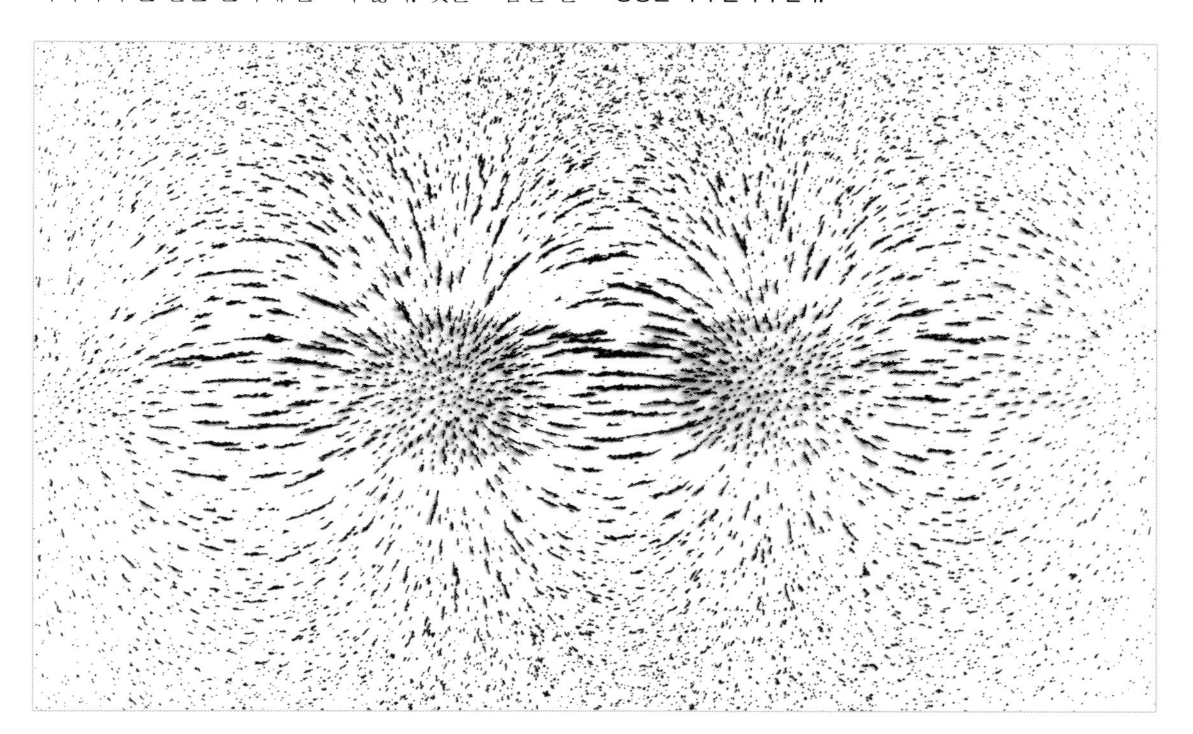

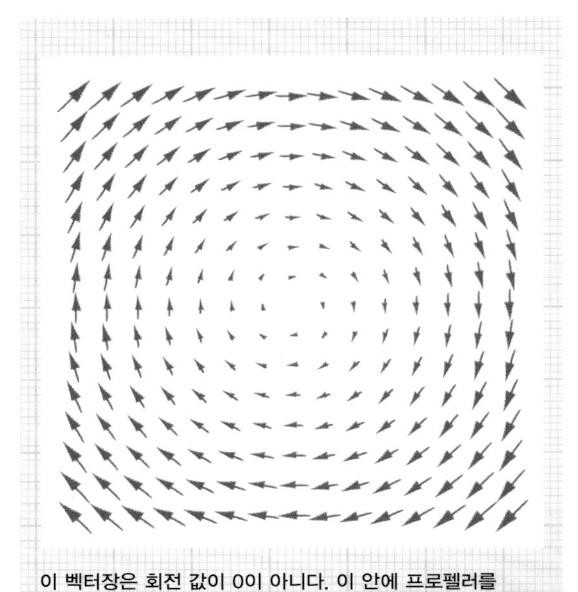
이 벡터장은 회전 값이 0이 아니다. 이 안에 프로펠러를 집어넣으면 프로펠러 날개가 돌아갈 것이다. 회전 값을 통해 각 점에 프로펠러를 넣으면 어떻게 돌아가는지 알 수 있다.

더 자세하게 알아보자

앞에서 본 4개의 방정식은 벡터 미적분학에서 가져온 개념 2개를 활용한다. 바로 발산(div)과 회전(curl)이다. 라플라스 연산자와 마찬가지로(80쪽, '열 방정식' 참고) 이 방정식들은 어떤 점과 가까운 장의 기하학적 행동 방식을 보여준다. 하지만 라플라스 연산자가 온도나 변위를 나타내는 수치들의 장을 다루는 데 비해(84쪽, '파동 방정식' 참고), 새로운 연산은 벡터장에 적용된다. 마침 우리는 맥스웰 방정식의 다양한 형태를 살피는 중이다. 여기에는 적분 기호에 해당하는 표기가 존재한다(26쪽, '미적분학의 기본 정리' 참고). 언뜻 보기에는 무시무시할 것 같지만 기억해둘 점은 이 모든 표기가 예전에 수수께끼 같고 뭐라 표현할 수 없었던 현상을 물리적 의미로 설명하는 데 도움을 준다는 사실이다. 공학자와 물리학자들은 이 형태를 유용하다고 여기지만 우리는 조금 다른 식으로 살펴보자.

맨 위의 두 방정식은 각각 전기장과 자기장의 발산을 나타낸 식이다. 벡터장의 어떤 점에서 발산이란, 그 점과 무척 가까운 조그만 화살표가 평균적으로 어느 정도나 그 점에서 벗어나 있는지 보여준다.

전자기장은 눈에 보이지 않아서 머릿속에 떠올리기가 쉽지 않다. 전자기장은 유체와 몇 가지 성질을 공유하기 때문에 몇 가지 익숙한 비유를 들어 일반적인 아이디어를 얻을 수 있다. 예컨대 사람들이 풀장에서 철벅철벅 물을 튀기며 지나가는 모습을 상상해보자. 풀장의 물은 복잡한 방식으로 소용돌이 칠 것이다. 이제 각각의 물 분자에 조그만 화살표를 붙여서 물 분자가 어느 방향으로 얼마나 빨리 움직이는지(화살표의 길이를 통해 나타낸다) 표시한다고 해보자. 그리고 풀장의 어느 한 곳을 골라 그 근처에 있는 소량의 물을 살펴보자. 그 안에는 제각기 여러 방향을 가리키는 수많은 화살표가 있다. 특별한 일이 없는 한, 전체적으로 이 작은 부피의 물은 흘러 들어오는 양만큼 흘러 나간다. 물 분자가 갑자기 어디에서 튀어나오지도 않고 갑자기 사라지지도 않기 때문이다. 이 말은 그 지점을 비롯한 모든 곳의 발산 값이 0이라는 뜻이다.

이제 누군가 풀장에 호스를 집어넣어 물을 펌프질해 넣는다고 생각해보자. 호스의 끄트머리에서 물은 모든 방향으로 흘러 나가며, 양은 거의 없다. 우리는 이 지점이 양의 발산 값을 갖는다고 말하며, 이 값은 미적분을 이용해 수치로 계산할 수 있다. 이 수치는 호스 밖으로 빠져나가는 속도가 빠를수록 커진다. 이와 비슷하게 풀장으로 물을 펌프질해 들이는 대신 호스는 물을 빨아낼 수도 있는데, 이 지점은 음의 발산 값을 가진다. 그러면 많은 화살표가 이 지점을 향하며 밖으로 멀어지는 화살표는 드물다.

맥스웰 방정식의 첫 번째 식은, 전기장 속 어떤 점의 발산 값은 그 점의 전하 밀도를 진공에서 음전하가 어떻게 행동하는지 나타내는 상수로 나눈 값과 같다는 사실을 보여준다. 만약 전하가 존재하지 않으면 전하 밀도는 0이고 발산 값 역시 0이다. 다시 말해 전기가 흐르지 않는다. 그리고 전하가 양수이면 발산 값 역시 양수이며, 장은 그 점에서부터 흘러 나간다. 또 여러분도 예상했겠지만 전하가 음수이면 발산 값이 음수가 되어 장은 점을 향해 흘러 들어온다.

두 번째 방정식은 첫 번째보다 훨씬 단순하다. 자기장은 발산 값을 갖지 않는다. 전기의 측면에서는 양전하와 음전하를 분리해서 앞서 살핀 것처럼 장의 발산 값이 생긴다. 하지만 자기의 측면에서는 남극이나 북극이 결코 한 가지만 존재하지 않는다. 언제나 두 가지를 동시에 갖게 된다. 그 말은 어떤 점에서든 두 극이 서로 상쇄하며 그에 따라 발산 값이 사라진다는 뜻이다.

세 번째와 네 번째 맥스웰 방정식에서는 발산 대신 회전 값을 살핀다. 회전 값은 어떤 점 주변에서 벡터장이 얼마나 회전하는지 나타낸다. 직관적으로 살피기 위해 예를 들어보겠다. 풀장의 특정 지점에 가벼운 막대가 달린 조그만 프로펠러를 집어넣었다고 상상해보자. 프로펠러의 날개는 물의 흐름에 따라 돌아간다. 프로펠러를 같은 장소에 고정시키고 막대의 끝을 움직이면 프로펠러가 가장 빨리 도는 각도를 찾을 수 있다. 그 지점의 회전 값인 셈이다. 이 값은 막대가 향하는 방향과 프로펠러의 속도, 두 가지를 한 번에 알려준다.

패러데이 방정식이라 알려진 세 번째 방정식에 따르면, 시간의 흐름에 따라 변하는 자기장이 특정 지점의 회전하는 전기장을 만들어낸다. 이것은 발전기의 원리이기도 하다. 발전기는 자석을 움직여 전기를 생산하는 장치다. 오늘날의 세상을 이런 모습으로 만들어낸 방정식을 하나 꼽자면 바로 이 식이다.

이제 앙페르-맥스웰 방정식을 알아보자. 이 식은 앞선 방정식과 정확히 반대되는 내용을 얘기한다. 전기장의 변화에 따라 자기장의 회전 값이 만들어진다는 것이다. 이 방정식에 전동기의 원리가 담겨 있다. 주변을 둘러보면 이 방정식이 이곳저곳에 활용되고 있다는 사실을 알게 될 것이다.

전기와 자기는 둘 다 마법처럼 멀리 떨어진 물체에도 작용하기 때문에 온갖 용도로 쓰일 수 있다.

맥스웰은 최신 수학을 활용해 전기장과 자기장이라는 따로 떨어진 현상을 한데 묶어 하나의 단순한 그림으로 그려냈다. 맥스웰 방정식은 우주의 작동 원리를 이해하는 데 돌파구가 되었다.

나비에-스토크스 방정식

유체의 흐름을 설명해주는 이 방정식에는 아직도 잘 설명되지 않은 부분이 있다. 이 문제를 해결하는 사람은 100만 달러의 상금을 받을 수 있다.

$$\rho\left(\frac{\partial v}{\partial t}+v\cdot\nabla v\right)=-\nabla P+\mathrm{div}(T)+f(x,t)$$

점성 — ρ
가속도 — $\left(\frac{\partial v}{\partial t}+v\cdot\nabla v\right)$
기압경도 — ∇P
응력 텐서의 발산 값 — $\mathrm{div}(T)$
외력 — $f(x,t)$

어떤 내용일까?

뉴턴역학은 우리가 일상적으로 활용하는 좋은 모형이다. 예컨대 롤러코스터나 용수철, 대포알 같은 단단한 물체에 잘 적용된다(56쪽, '뉴턴의 제2법칙' 참고). 하지만 세상에는 뉴턴역학이 잘 적용되지 않는 존재들이 있다. 유별나게 움직이는 유체들이 그렇다. 액체와 기체는 둘 다 유체에 속한다. 대기권이나 바다에서 액체와 기체의 움직임은 지구 환경이 지금과 같은 모습을 띠는 데 결정적인 역할을 한다.

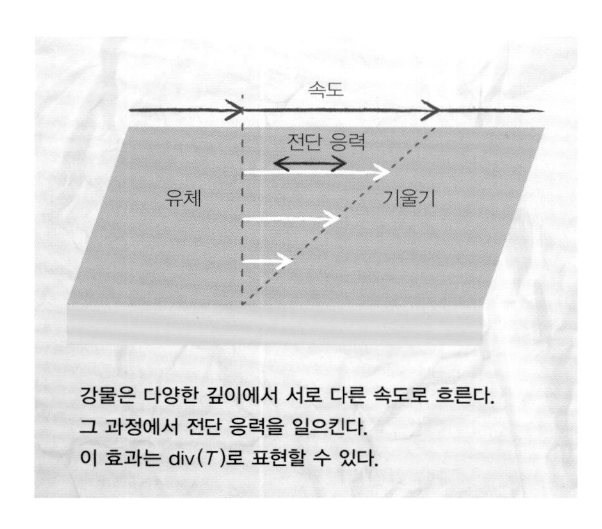

강물은 다양한 깊이에서 서로 다른 속도로 흐른다. 그 과정에서 전단 응력을 일으킨다. 이 효과는 div(T)로 표현할 수 있다.

유체의 물리적 움직임은 꽤 복잡하다. 그렇기에 좋은 모형을 만들기가 쉽지 않다. 먼저 공을 하나 바닥에 떨어뜨린다고 상상해보자. 다소 성가시긴 해도 뉴턴물리학으로 이 공이 어디로 어떻게 튕겨갈지는 예측할 수 있다. 그리고 우리가 마찰력, 공기 저항, 바닥의 울퉁불퉁한 돌출부 같은 요소들을 충분히 고려한다면 예측은 훨씬 정확해질 것이다. 이제 공 대신 양동이에 물을 가득 담아 바닥에 쏟는다고 생각해보자. 물이 쏟아질 때 공중에서 어떻게 움직일까? 바닥에 후두둑 떨어질 때 어떤 모습일지, 방바닥의 어디가 젖을지 미리 알 수 있을까?

공은 비록 복잡한 방식으로 움직이기는 해도 기본적으로 둥그런 모양을 유지한다. 그렇기 때문에 공의 움직임은 어느 정도 결정되어 있다. 반면에, 물은 물줄기였다가 양동이에 담겼다가 방바닥의 웅덩이가 되기까지 모습을 엄청나게 바꾼다. 물의 모양이 바뀌면 물리적인 움직임도 따라서 변하기 때문에 다루기가 까다롭다. 사실 유체는 굉장히 많은 요소가 동시에 복잡하게 바뀌기 때문에, 유체의 흐름에 대해 우리가 꽤 많은 사실을 안다는 점은 놀랍다. 바로 나비에-스토크스 방정식 덕분이다.

이 방정식은 왜 중요할까?

나비에-스토크스 방정식은 뉴턴 시대부터 시작된 고전물리학에 속한다. 고전물리학이란 아주 작은 사물을 다루는 양자 세계도 아니고 질량이 무척 크거나 빠르게 움직이는 물체를 다루는 상대론적 세계도 아닌, 우리가 일상에서 접하는 현상들을 설명하는 물리학이다. 사실 고전물리학에서 아직 수학적으로 제대로 밝혀지지 않은 분야는 몹시 드물다. 유체의 흐름은 그런 분야 가운데 하나다.

유체의 흐름을 표현하는 모형은 광범위한 상황에 쓸모가 많다. 유체가 포함되는 산업 공정이라든지 바다와 대기 같은 유체 현상에 대한 과학적인 연구가 그 사례들이다. 특히 항공공학에서는 이 모형을 무척 많이 활용한다. 최근에는 영화 특수 효과 팀에서도 진짜 같은 컴퓨터 그래픽 이미지(CGI)를 만들기 위해 나비에-스토크스 모형을 활용한다.

하지만 이 방정식들이 언제나 잘 제어된 해를 내놓는지는 알 수 없다. 몇몇 상황에서 이 방정식이 유체의 흐름을 정확하게 포착하는 모형을 내놓는 데 형편없이 실패할지도 모른다는 뜻이다. 예를 들어 이 해는 무한대로 갑자기 치솟을 수도 있다. 우리가 아는 한 무한대의 속도는 물리적으로 불가능한데도 말이다(88쪽, '$E = mc^2$' 참고). 이 방정식을 보다 잘 이해하면 고전물리학을 완성하는 데 크게 기여할 수 있다. 미국 로드아일랜드 주 프로비던스에 자리한 클레이 연구소는 이 수수께끼를 해결하는 사람에게 100만 달러를 주겠다고 약속했다. 하지만 지금 이 순간까지 문제를 풀었다는 사람은 나타나지 않았다.

나비에-스토크스 방정식의 해는 유체의 모든 점에 작은 화살표를 붙이는 벡터장이다. 이 화살표는 그 지점으로 유체가 흐르는 방향과 속도를 나타낸다. 이때 유체의 속도는 화살표의 길이로 표현된다(46쪽, '털투성이 공의 정리' 참고). 만약 우리가 이 해를 갖고 있다면 우리는 어떤 순간에 유체의 움직임을 완벽하게 이해하는 셈이다. 그리고 만약 시간의 방향을 앞으로 돌린다면 유체가 흐르면서 속도 벡터가 바뀌는 모습을 볼 수 있다. 그러면 전체 움직임이 일종의 동영상처럼 흐를 것이다. 하지만 이것은 이 방정식의 요점일 뿐이고

액체의 움직임은 어느 정도 액체의 점성에 따라 달라진다.

나비에-스토크스 방정식은 기체뿐만 아니라 액체에 대한 모형으로 활용할 수 있다.

전체를 한꺼번에 모으면 어떻게 될지는 모른다.

더 자세하게 알아보자

복잡한 괴물 같은 방정식에 다가가는 가장 좋은 방법은 우리가 잘 다룰 수 있는 조각들로 분해하는 것이다. 물론 자세히 파고들면 전문적인 미적분과 꽤 많은 물리학 내용을 이해해야 하고 그것을 현실적인 유체 모형으로 만들려면 대단한 기술이 필요하다. 그럼에도 이 방정식은 일단 이해하기 시작하면 꽤 쓸모가 많다. 이 말부터 해야겠다. 나비에-스토크스 방정식이 여러 다른 방정식에 인용된다는 점이다. 가끔 이 방정식은 하나 이상의 식으로 표현되기도 한다. 그래도 내가 보기엔 여기 실린 방정식이 그나마 이해하기가 가장 쉬운 형태다.

방정식의 왼쪽 변에서 괄호 안의 내용은 좀 더 전문적으로 표현해 속도의 '물질 미분'이라 불린다. 하지만 간단히 말하면 이 항은 유체의 각 점에서 속도가 어떻게 변화하는지 나타낸다고 볼 수 있다. 가속도와 꽤 의미가 비슷한 셈이다. 여기에 상수 ρ가 곱해지는데, ρ는 유체의 끈적거리는 정도를 나타낸다. 물처럼 잘 흐르는지, 아니면 렌틸콩 수프처럼 걸쭉한지 얘기하는 것이다. 가속도는 우리가 찾으려는 속도 벡터의 변화율이다. 이때 물리학에서 속도나 위치보다 가속도를 먼저 아는 경우가 많다는 사실을 기억해야 한다. 우리가 물체에 관여한 힘 전부를 아는 경우가 많고, 힘과 가속도는 서로 밀접하게 관련되어 있기 때문이다(56쪽, '뉴턴의 제2법칙' 참고). 즉 이 방정식은 각 점이 여러 순간에 갖는 가속도를 계산하는 수단을 제공한다. 그리고 방정식의 해는 이 가속도를 속도로 변환해준다.

이때 ρ는 가속도를 줄어들게 하는 효과가 있다. 얼

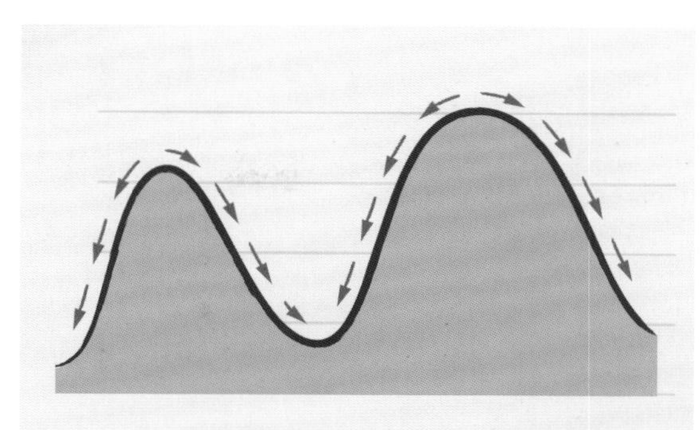

이 그래프는 압력을 높이로 나타내 보여준다. 액체는 기압이 높은 곳에서 낮은 곳으로 흐르는 경향이 있다. 다시 말해 액체는 기압경도에 따라 흐른다.

른 이해가 가지 않는다면, 나비에-스토크스 방정식이 아래와 같은 형태라는 사실을 생각해보자.

$$\rho \times (\text{가속도}) = (\text{우리가 계산법을 알고 있는 무언가})$$

오른쪽 항은 가속도 벡터가 될 수 있는 값을 제공해주지만, 실제 가속도를 구하려면 ρ로 나누어야 한다. 그렇기 때문에 ρ가 크면 가속도 값이 줄어들 것이다. 우리가 기대하는 바도 이것과 같다. 다른 모든 조건이 같다 해도 렌틸콩 수프는 물처럼 쉽게 가속되지 않을 것이다.

나비에-스토크스 방정식의 오른쪽 변에는 3개의 항이 있다. 각 항은 어떤 점 x에서 유체의 가속도에 관여하는 어떤 요소를 나타낸 모형이다. 왼쪽부터 순서대로 기압경도, 응력 텐서, 그리고 이 운동에 관여하는 외력들을 나타낸다.

기압경도는 우리가 고른 점에서 압력이 가장 빠르게 감소하는 방향을 알려준다. 이것은 $-\nabla P$로 표시되는 벡터다. 우리는 압력이 그 안의 유체가 이루는 상태(특히 온도와 부피)와 밀접한 관련이 있다는 사실을 안다(66쪽, '이상기체의 법칙' 참고). 또한 경험에 비추어 압력에 차이가 있다면 가장 높은 압력에서 가장 낮은 압력으로 흐른다는 사실도 알고 있다. 비행기의 에어 로크를 열면 여러분이 바깥으로 튕겨 나가는 것도 이런 이유에서다. 사실, 이것은 기압경도가 가속도의 효과라고 얘기하는 셈이다. 이 항이 방정식에 포함된 이유도 그래서이다.

두 번째 항 $\mathrm{div}(T)$에도 비슷한 일이 벌어진다. 여기서 T는 응력 텐서의 가까운 친척이다(122쪽, '코시 응력 텐서' 참고). 이것은 우리가 관심이 있는 점을 둘러싼 작은 정육면체에 작용하는 힘과 관련된 정보를 한데 모은다. 이것은 유체 안에서 유체의 일부가 근처의 다른 일부를 깎아내는 압축력을 일으키는 움직임에 대한 것이다. 이미 ∇P로 표시된 응력 텐서의 다른 측면이기도 하다. 이 두 번째 항에 대한 발산 값은 기압경도와 비슷하다. 유체의 각 점에 가까이 다가갈 때 전단 응력이 어떻게 변화하는지 보여준다.

마지막 항은 다시 포괄적이다. f는 여러분이 정확한 모형을 얻기 위해 유체에 적용하고자 하는 외부의 힘들을 한데 모은 항이다. 적어도 이 항에는 중력을 집어넣는 것이 좋다. 중력을 뺀다면, 예컨대 컵이 넘어지더라도 그 안의 커피가 식탁보를 엉망진창으로 적시는 대신 일종의 방울이 되어 둥둥 떠다니는 말도 안 되는 일이 벌어질 것이다.

파동 방정식은 유체가 실제 세계에서 어떻게 움직이는지 일부만 알려줄 뿐이다. 나비에-스토크스 방정식은 훨씬 폭넓게 적용될 수 있다.

로트카-볼테라 방정식

이 방정식은 개체군이 어떻게 성장하고 줄어드는지를 알려주는 단순하지만 강력한 모형이다.

$$\frac{dx}{dt} = rx - axy$$

$$\frac{dy}{dt} = -mx + bxy$$

- $\frac{dx}{dt}$: 영양 개체군의 변화율
- r: 영양의 출생률
- x: 영양 개체군의 변화율
- a: 사자가 얼마나 잡아먹는지를 나타내는 양
- y: 사자의 수
- $\frac{dy}{dt}$: 사자 개체군의 수
- m: 사자의 사망률
- b: 사자의 출생률

어떤 내용일까?

큰 섬에서 한 무리의 영양이 살고 있다고 가정해보자. 이 섬에는 영양이 좋아하는 먹이가 가득하다. 그대로 내버려두면 영양은 공간이 협소해지고 먹이가 떨어질 때까지 자유롭게 번식할 것이다. 하지만 영양은 그러지 못한다. 섬에 사자들이 살고 있기 때문이다. 영양이 섬에 많이 살기 때문에 사자들 역시 수를 불리며 번식해 간다.

사자들이 영양들을 점점 더 많이 잡아먹을수록 영양들의 개체군은 줄어든다. 그리고 섬이 감당하지 못할 정도로 사자 수가 많아지면 언제부터인가 사자들의 수도 줄어들기 시작한다. 그러면 영양들이 살아남고 번식할 기회도 늘어나기 때문에 영양들의 수도 늘기 시작한다. 하지만 이렇게 영양들이 늘어나면 사자들이 잡아먹을 먹이도 늘기 때문에 사자들이 늘기 시작한다…. 이런 식으로 순환이 이어진다. 로트카-볼테라 방정식은 이런 단순해 보이는 상호작용을 나타내기 위해 만들어졌다.

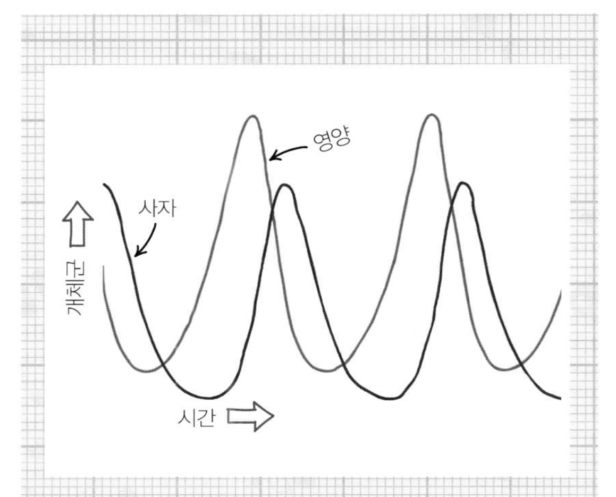

두 곡선은 로트카-볼테라 모형에 따라 시간이 흐르면서 사자와 영양의 개체군이 어떻게 바뀌는지 보여준다.

이 방정식은 왜 중요할까?

로트카–볼테라 방정식은 생물학적인 포식자–먹이 관계를 모형으로 만들기 위해 고안되었으며, 오늘날까지 이런 용도로 쓰인다. 하지만 이 방정식의 가정이 현실적이지는 않기 때문에 조정이 필요한 경우가 종종 생긴다. 예를 들어 사자가 전혀 없다면 영양의 개체군은 기하급수적으로 영원히 늘어날 것이다. $y = 0$일 때 이 상황은 다음과 같이 단순해지기 때문이다.

$$\frac{dx}{dt} = rx$$

여기에 미적분학을 약간 적용해서 계산하면 다음 방정식을 얻을 수 있다.

$$x = e^{rt} + c$$

이 방정식에 따르면 영양의 개체군은 기하급수적으로 성장한다! 이 말은 사자가 없는 섬에 한 쌍의 영양이 살고 있고 영양이 1세대에 자손을 2마리씩 낳는다면, 100세대 안에 이 섬에 사는 영양의 수가 우주 전체에서 관찰되는 원자의 수보다도 더 많아진다는 것을 뜻한다. 이것은 생물학자들이 받아들일 수 없는 결론일 것이다.

그럼에도 우리는 가끔 아주 짧은 기간이기는 하지만 이런 종류의 증가율을 관찰할 수 있다. 1860년대에 오스트레일리아의 유럽 식민지 개척자들은 식용 토끼를 야생에 일부러 풀어놓았다. 이 토끼들은 엄청나게 빠르게 번식했고, 이 지역의 육식동물들은 토끼의 수를 줄이지 못했다. 토끼는 거의 로트카–볼테라 방정식이 예측하는 만큼 번식했으며, 그 과정에서 그 땅의 작물을 잔뜩 뜯어먹었다. 그 결과 오스트레일리아에 토끼를 풀어놓으려는 정책은 10년도 안 돼 어떻게든 토끼의 수를 줄이려는 정책으로 바뀌었다. 이렇듯 토끼가 기하급수적인 성장을 보인 탓에 '토끼 울타리'가 설치되기에 이르렀다. 전체 길이가 3000km에 이르는 3개의 울타리를 설치함으로써 오스트레일리아의 동쪽에서 서쪽으로 전염병처럼 퍼지는 토끼를 막고자 한 것이다. 짧은 기간이었음에도 초반에 토끼가 폭발하듯 늘었기 때문에 오스트레일리아 사람들은 150년이 지난 오늘날까지도 토끼 수를 통제하느라 애를 먹고 있다.

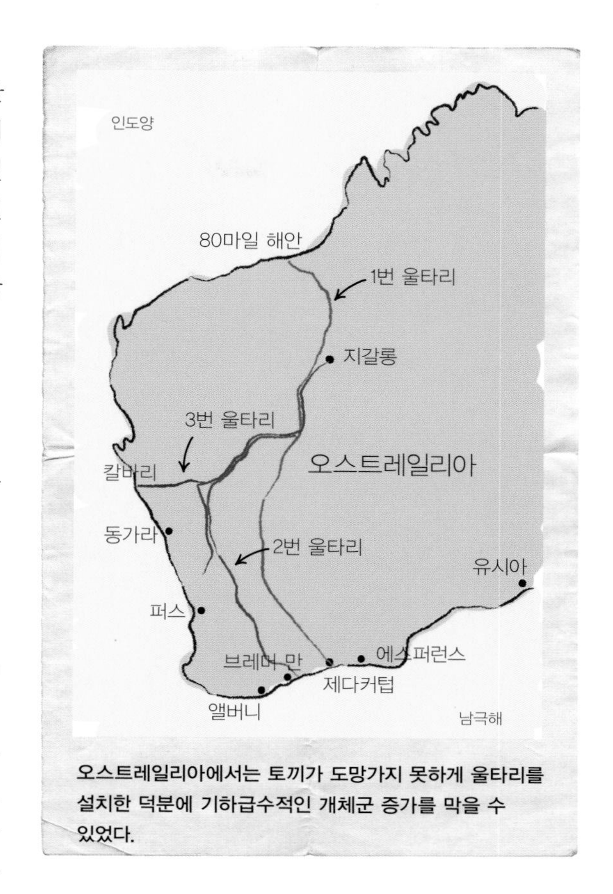

오스트레일리아에서는 토끼가 도망가지 못하게 울타리를 설치한 덕분에 기하급수적인 개체군 증가를 막을 수 있었다.

이 방정식은 서로 경쟁하는 생물 종의 개체군들을 표현하는 것 말고도, 적은 자원을 두고 경쟁하는 여러 행위자들이 어떻게 변화하는지를 기술하는 데도 활용된다. 그래서 경제학, 사회학을 비롯해 심지어는 금융 분야에도 사용된다. 자원 관리, 신경망, 게임 이론의 여러 측면을 기술하는 데도 응용된다. 하지만 복잡한 현상을 기술하는 수학적 모형이 그렇듯, 이 방정식 역시 언제나 근삿값을 제공할 뿐이다.

더 자세하게 알아보자

로트카–볼테라 방정식은 언젠가는 발견되어야 했던 방정식이었다. 비록 사람들은 수천 년에 걸쳐 포식자와 먹잇감 사이의 관계를 지켜봤지만, 이 방정식은 1920년대 초반에 이르러서야 모습을 드러냈다. 두 명의 연구자가 이 방정식을 각각 독립적으로 발견했는데, 이들은 둘 다 외부자였다.

앨프리드 J. 로트카(Alfred J. Lotka)는 거의 평생을 학계와 동떨어져 살던 사람이었고 사실상 아마추어로 작업했다. 로트카는 물리학, 화학, 생물학이 모두 상호작용하는 거대한 시스템이 곧 세계라고 생각했다. 그는 세계가 에너지 교환에 대한 동일한 기본적인 원리의 지배를 받는다고 여겼다. 로트카는 이런 통찰을 바탕으로 화학 반응에 대한 단순한 모형으로부터 이 방정식을 이끌어냈다. 화학, 물리학, 생물학이 근본적으로 동일하다고 보았던 것이다.

비토 볼테라(Vito Volterra)는 이탈리아 안코나의 유대인 게토에서 태어났지만, 고등교육을 받았으며 뛰어난 과학자로 성장했다. 그리고 65세 때 아드리아 해안의 어부가 이끌어올린 그물에서 상어와 가오리의 수가 이리저리 변동하는 현상을 연구하기 시작했다. 그 결과 볼테라는 로트카와 정확하게 같은 모형을 만들어냈다. 하지만 그로부터 5년 뒤, 볼테라는 독재자 무솔리니 정부의 협력을 거부했다가 학계의 모든 지위를 잃고 말았다. 말년의 볼테라는 유럽을 떠돌아야 했지만 수학 책은 계속해서 집필했다.

두 발견자가 알아낸 이 모형의 핵심적인 특징은 주기성이었다. 즉 같은 패턴이 계속해서 반복된다는 것이었다. 이 책 100쪽의 그래프를 보면 주기성을 직접 관찰할 수 있다. '위상 공간'이라 불리는 시각적인 도구를 활용하면 이 개념을 더욱 효과적으로 그려볼 수 있다.

이 모형에는 2개의 변수가 존재한다. 하나는 영양의 수를 나타내는 x이고, 다른 하나는 사자의 수를 나타내는 y다. 우리는 영양의 수와 사자의 수를 x축과 y축 위에 나타낼 수 있다. 그러면 두 개체군이 존재하는 가능한 상태들이 전부 한 평면 위에 펼쳐진다. 이제 각 점에 화살표를 붙이면 이 모형은 어떤 상태의 개체군이 어떻게 변화하는지 보여준다. 어떤 상태에서 다른 상태로 향하는 '흐름'이 표시되기 때문이다.

예를 들어 사자의 수가 많고 영양이 그렇게 많지 않은 상황이라면, 이 상황은 평면에서 왼쪽 위 어딘가에 해당할 것이다. 이 상황에서는 많은 사자들이 배가 고플 테니 화살표는 아래쪽으로 급격한 경사를 이룬다. 사자의 수가 많고 영양의 수도 많다면(평면의 오른쪽 위), 사자의 수는 여전히 조금씩 증가하지만 영양의 수는 극적으로 감소한다는 것을 화살표의 방향에 의해 알 수 있다. 또 평면의 바닥 근처에서는 사자의 수가 적기 때문에, 영양은 꽤 자유롭게 수를 불릴 수 있다. 따라서 화살표는 오른쪽을 향한다. 그러다가 영양의 수가 충분해지면 화살표는 위쪽을 향하기 시작하고, 그때부터 사자의 수가 늘기 시작한다.

물론 여러분이 직접 화살표를 하나하나 그려넣는 것은 조금 지겨운 작업일 수도 있다. 그렇지만 컴퓨터는 순식간에 이 일을 해낸다. 그렇기 때문에 이 시스템의 행동 패턴을 아주 쉽게 관찰할 수 있다. 이 위상 공간 다이어그램을 위에서 바라본 호수라고 상상하면, 화살표는 물의 흐름이라고 볼 수 있다. 물 표면에 막대기를 떨어뜨리면 막대기가 물에 닿는 지점은 사자와 영양의 초기 개체군 수를 나타낸다. 그리고 화살표는 막대기가 시간이 지나면서 물의 흐름에 의해 이리저리 밀려다니는 모습을 보여준다. 이 모형은 막대기가 닫힌 순환 고리를 영원히 돌고 돈다는 사실을 예측하는데, '끌개'라고 불리는 실선이 이를 보여준다.

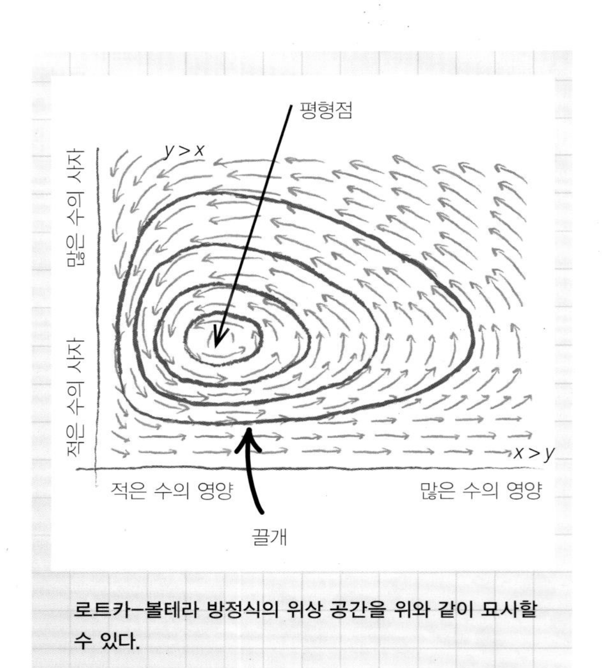

로트카-볼테라 방정식의 위상 공간을 위와 같이 묘사할 수 있다.

또한 이 그림에 따르면 우리가 막대기를 적당한 장소에 떨어뜨린다면 막대기가 전혀 움직이지 않는다는 사실을 알 수 있다. 이 지점은 이 시스템의 '평형점'이다. 다시 말해 이 모형은 사자와 영양의 수가 안정적으로 유지되는 완벽한 균형을 찾을 수 있다고 말해준다. 영양이 잡아먹힐 때마다 영양 새끼가 태어나는 것처럼 말이다. 비록 자연 속에서 이런 완벽한 균형을 찾기란 드문 일이지만, 그 평형점에 가까이 다가갈 수는 있다. 평형점 근처에 막대기를 떨어뜨리면 순환 고리는 무척 작게 돌아가고, 각 개체군이 늘어났다 줄어들었다 하는 폭도 작을 것이다.

하지만 사실 두 개체군만이 경쟁하고 다른 요소가 전혀 없는 상황이 자연에서는 무척 드물기 때문에 사정은 훨씬 복잡해진다. 로트카-볼테라 방정식을 연장해서 적용하면 이런 상황을 다룰 수 있지만, 그러면 대가가 따른다. 바로 혼란이다. 카오스라고도 한다. 처음에 3종이 존재한다면 개체군의 수가 조금만 달라져도 장기적으로는 무척이나 다른 결과를 낳는다. 이 위상 공간의 끌개는 프랙털 구조를 갖는 '이상한 끌개'로 변한다. 프랙털 구조는 카오스가 존재하는 계의 특징 가운데 하나다. 로트카-볼테라 계에서 이상한 끌개가 처음으로 발견되어 그 정체가 밝혀진 것은 1970년대 말이었다. 단순한 규칙의 지배를 받지만 엄청나게 복잡한 방식으로 행동하는 시스템을 연구하다가 발견되었다. 시간이 지나면서 이런 모형이 어떻게 진화할 것인지는(종의 개체수가 그렇게 많지 않더라도) 오늘날까지도 여전히 베일에 싸여 있다.

로트카-볼테라 방정식은 카오스 이론이 시작된 진원지 중 하나다. 두 종만 존재할 때는 문제가 전혀 없지만 세 번째 종이 들어오기 시작하면 무척 불안정한 상황이 시작된다.

이 방정식은 포식자와 먹잇감 사이의 관계를 나타내는 단순한 모형이다. 하지만 시간이 지나면서 이 방정식은 놀랄 만큼 복잡해졌고 심지어 카오스를 이끌어냈다.

슈뢰딩거의 파동 방정식

모두들 슈뢰딩거의 고양이에 대해 들어봤을 것이다. 이 방정식의 큰형인 파동 방정식은 모든 상황의 이면에 벌어지는 일들을 설명해준다.

$$i\hbar\frac{\partial}{\partial t}\Psi(r,t) = -\frac{\hbar^2}{2m}\nabla^2\Psi(r,t) + V(r,t)\Psi(r,t)$$

어떤 내용일까?

고전역학에서 우리는 힘과 가속도 사이의 관계를 활용해 어떤 물체의 움직임에 대한 방정식을 찾는다. 여기에 관찰로 얻어진 약간의 정보를 더하면 우리는 그 물체가 어디에 있는지, 얼마나 빠르게 어떤 방향으로 움직이는지를 알 수 있다(56쪽, '뉴턴의 제2법칙' 참고). 그러기 위해서는 우리가 알고자 하는 힘이 포함된 방정식을 만들어야 하고, 여기에 위치의 2차 도함수인 가속도라는 항을 더해야 한다. 이 방정식을 '푼다'는 것은 가속도를 계산한 다음 미적분을 활용해 속도와 위치를 찾아낸다는 뜻이다(26쪽, '미적분학의 기본 정리' 참고).

양자적인 세계에서도 사정은 거의 비슷하다. 하지만 다른 점이 있다면 '위치'와 '속도'가 우리가 예상한 대로 작용하지 않는다는 점이다. 그 이유는 양자적인 수준에서 입자는 동시에 파동이기도 하기 때문이다. 즉 무언가가 한 지점에 집중되어 머무르기보다는 공간에 퍼져나간다는 뜻이다. 그렇기 때문에 이런 경우에는 운동에 대한 방정식을 푸는 대신에 파동 방정식, 정확하게 말하면 슈뢰딩거 파동 방정식을 풀어야 한다.

이 방정식은 왜 중요할까?

이 방정식은 양자역학의 중요한 몇몇 방정식 가운데 하나다. 입자-파동의 이중성은 철학적으로 보았을 때 수수께끼 같지만, 이 개념이 예측하는 바는 무척 정확하며 아주 작은 규모에서 우주가 어떻게 작동하는지에 대해 별나지만 선명한 그림을 그려준다. 하지만 슬프게도 이 개념이 꽤 신비롭다는 점 때문에 몇몇 열광적인 작가들은 겉으로는 그럴 듯하지만 과학적인 근거가 없는 주장들을 늘어놓는 경우가 있다.

물리학자들은 전체적인 그림을 통일시키려고 애쓴다. 질량이 무척 크고 빠른 대상을 연구했던 아인슈타인도 마찬가지였다(88쪽, '$E=mc^2$' 참고). 만약 자연계의 기본 힘들을 하나의 원리로 통일시키는 데 성공한다면, 과학자들은 '모든 것의 이론'이라는 놀랄 만한 지적인 성취를 이루는 셈이다. 이 성취는 새로운 과학적·공학적인 돌파구를 찾게 해줄 것이다.

실용적인 영역에서 보면 양자역학은 반도체와 레이저를 뒷받침하는 과학이다. 오늘날 우리를 둘러싼 작은 전자기기 가운데 이 두 가지 기술이 들어가지 않은 것은 하나도 없다. 이 밖에도 양자역학을 적용하는 새

신은 주사위 놀이를 할까?
파동 방정식은 대상에 대해
중립적이다.
하지만 이 방정식을
어떻게 해석해야 하는지는
여전히 논쟁적인 주제다.

로운 방식 또한 생겨나고 있다. 양자 컴퓨터, 초전도체, 나노 기술을 비롯해 새롭게 등장한 여러 소재들이 그 예다.

더 자세하게 알아보자

이 방정식은 여러 개의 움직이는 요소를 갖춰 무시무시하게 보인다. 그러니 일단 주된 부분으로 나눠 살펴보자. 이 방정식에서 가장 중요한 주인공은 $\psi(r, t)$라는 기호다. 이 기호는 파동함수다. 대개 이 함수는 우리가 구하려는 대상이다. $3x + 2 = 8$에서 우리가 구하려는 미지수인 x와 마찬가지다. 물론 x보다는 훨씬 복잡한 방정식이기 때문에 구하는 과정도 더 까다롭지만, 기본적인 원리는 같다. 함수 $\psi(r, t)$의 정체를 찾아낸다면 우리는 어떤 입자–파동이 시간 t에 점 r에서 어떻게 행동하는지 알 수 있다.

위의 그래프에서 점 a와 b 사이에서 어떤 입자를 발견할 확률은 색이 칠해진 영역의 넓이와 같다.

이 방정식의 왼쪽 변은 시간에 대한 미분이다. 다시 말하면 우리는 시간에 따른 이 함수의 변화율을 알고 있다. 이것은 속도와 비슷한 개념이지만, 조그만 당구공 같은 입자에 적용되는 속도가 아니다. 결국 우리는 더 이상 고전 물리학을 활용하지 않는다. 입자는 동시에 파동이기도 하다. 특정 속도를 가진 조그만 공의 움직임 대신 우리는 시간에 따라 변화하는 파동함수를 다루는 셈이다.

이 '속도'는(여러분이 이 개념이 더 편하다면) 상수인 $i\hbar$와 곱해져 있다. i는 $\sqrt{(-1)}$를 나타내며, 우리가 복소수를 사용해 2차원 공간을 표현한다는 점을 보여준다(40쪽, '오일러 항등식' 참고). 이렇게 하는 이유는 수학적인 편의성을 위한 것이고 반드시 여기에 따를 필요는 없다. 또 다른 기호인 '$\hbar$(에이치–바)'는 보다 더 중요하다. 이 기호는 플랑크–아인슈타인 관계인 $e = h\nu$에서 비롯했으며, 플랑크 상수(h)를 통해 어떤 입자의 에너지(e)를 파동의 진동수(ν)와 연결 짓는다. $\hbar$라는 기호는 $h/2\pi$를 뜻한다. 깔끔하게 정리하기 위해 이렇게 쓴 것이다. 이 기호는 흔히 디랙 상수라고 불린다.

방정식의 오른쪽 변에는 2개의 항이 결합해 있다. 첫 번째는 파동함수의 라플라스 연산자다. 만약 여러분이 1차 도함수를 속도라고 본다면, 라플라스 연산자는 속도가 변화하는 방식을 보여주는 일종의 가속도이다. 여기에도 역시 상수 요소가 곱해지는데, 이번에도 입자의 질량과 h다. 질량 비슷한 항에 가속도 비슷한 항을 곱한다는 개념은 여러분도 잘 아는 $F = ma$라는 식을 연상시킨다(56쪽, '뉴턴의 제2법칙' 참고). $F = ma$라는 식은 파동 방정식의 먼 조상이다.

두 번째 항은 어떤 전자기장에서 입자가 경험하는 외부 효과를 나타낸다(92쪽, '맥스웰 방정식' 참고). 이 효과가 생기는 것은 꽤 자연스러운 일이다. 여러분이 어떤 입자를 집어들어 살펴본다면 그 입자는 결코 다른 요인들과 완벽히 고립되어 있지 않을 것이다. 오히려 고립되어 있다면 그 입자는 우리의 관심을 끌지 못한다. $V(r, t)$라는 함수는 시간 t에서 점 r에 나타나는 장의 세기를 나타낸다. 시간이라는 요소가 필요한 이유는 이 장이 파동함수와 마찬가지로 원래 시간에 따라 변화하기 때문이다.

즉 슈뢰딩거 파동 방정식은 다음과 같이 정리할 수 있다. (상수를 곱한) ψ의 변화율은, (또 다른 상수를 곱한) ψ의 가속도에 어떤 입자가 경험하는 전자기장의 효과를 더한 값과 같다는 것이다. 이 방정식이 거둔 최초의 성공은 수소 원자가 가질 수 있는 에너지 준위를 계산하는 것이었다. 수소 원자의 에너지 준위는 연속적으로 변화하지 않으며 '양자'로 분리되어 있다. 사다리의 가로대와 마찬가지다. 슈뢰딩거 방정식은 (몇몇 선형 대수학과 결합해) 이 에너지 준위의 값을 꽤 정확하게 계산해낸다는 사실이 밝혀졌다.

여기까지는 아주 좋다. 하지만 파동함수는 정말로 물리 세계를 표현할 수 있을까? 이 질문은 꽤 답하기

1927년에 코펜하겐에서 열린 솔베이회의에서 닐스 보어와 알베르트 아인슈타인은 양자 이론의 확률론적인 해석을 두고 말싸움을 벌였다. 당대의 가장 뛰어난 물리학자들이 그 자리에 함께했다.

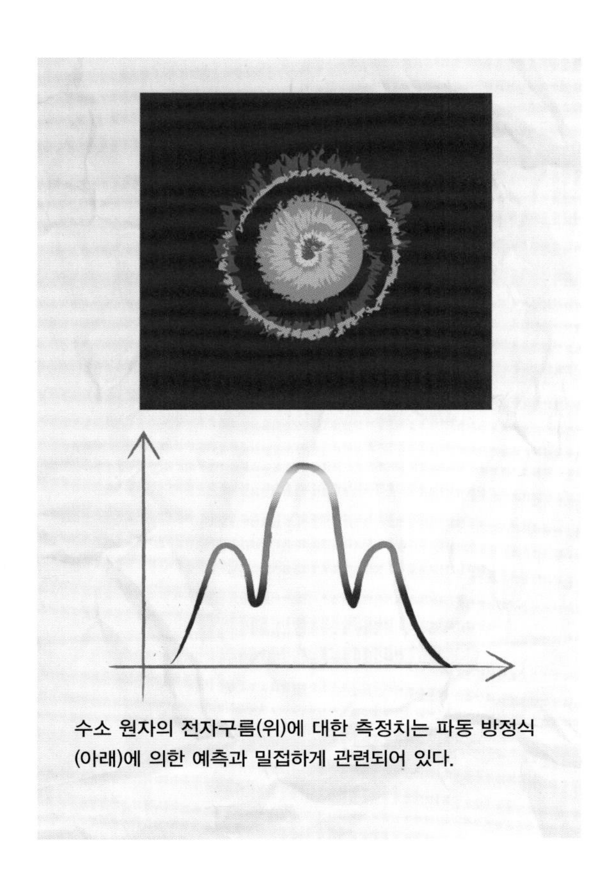

수소 원자의 전자구름(위)에 대한 측정치는 파동 방정식 (아래)에 의한 예측과 밀접하게 관련되어 있다.

어렵다. 결국 우리는 전자 같은 입자 하나에 대한 관심에서 시작해, 가능한 모든 공간으로 퍼져나가는 현상에 대한 파동 방정식으로 결론을 맺게 되었다. 그렇다면 이 파동 방정식은 어떤 의미를 가질까?

한 가지 대담한 제안에 따르면 이 방정식은 확률적으로 처리해야 한다. 특히 아래의 값을, 시간 t에 입자 r과 몹시 가까운 지역에서 어떤 입자를 발견할 가능성으로 해석할 수 있다.

$$|\psi(r,t)|^2$$

우리가 이 입자를 관찰하면 파동 방정식이 붕괴되어 그 장소에 자리한 입자에 대한 단순한 진술로 바뀐다. 하지만 파동함수 자체는 그 순간에 관찰이 이루어지는 가능성에 대한 것이다. 이런 해석이 위험한 것은 그 입자가 점 x에 사실은 존재하지 않는 것처럼 여겨지기 때문이다. 마치 입자는 확률로 이뤄진 장에 존재하며 우리의 관찰이 그 확률을 현실로 옮겨놓는 것처럼 보인다. 이런 관점에서 보면, 파동함수는 룰렛판 위에 펼쳐진 확률의 분포이며, 관찰로 룰렛판이 돌아가 공이 어딘가에 멈추는 것과 같다. 결국 공이 35에서 멈췄다 해도 이 결과가 항상 되풀이되지는 않으며 관찰로 이 사실을 확인할 수 있다. 바꿔 말하면 관찰이 사실을 만들어낸다.

이것은 확실히 골치 아픈 생각이다. 그래서 아인슈타인 역시 입자는 관찰되는 장소에 머물러 있으며 우리는 단지 그 위치를 확인할 뿐이라는 해석을 더 선호했던 것으로 유명하다. 아인슈타인의 관점에서 보면 파동 방정식 속에서 확률이라는 요인은 물리 이론의 결점이지 우주의 진정한 불확정성에 대한 증거가 아니었다. 이 관점에 따르면 '신은 주사위 놀이를 하지 않는다.' 하지만 이 관점과 경쟁하는 '양자역학에 대한 코펜하겐 해석'이 1920년대에 고안되었다. 코펜하겐 해석에 따르면 우리는 아무리 싫더라도 꾹 참고 우주가 근본적으로 확률론적이라는 사실을 받아들여야 한다. 다시 말해 우리의 관찰은 실제로 우리가 측정하는 사물을 만들어낸다. 이 관점이 매력적인 것은 양자역학의 몇 가지 예측을 이해하도록 도왔기 때문이다. 양자역학에 따르면 빛의 속도보다 빠른 여행이 가능한 것처럼 보이지만, 상대성 이론에 따르면 이것은 불가능하다(88쪽, '$E=mc^2$' 참고). 1964년에 나온 벨의 정리에 따르면 이 점은 양자역학이 고전적인 해석을 따를 수 없다는 것을 의미한다. 이를 선구적인 물리학자들이 알려주듯이 양자역학의 세계는 정말로 기묘해 보인다.

양자역학은 고전역학의 결정론적 우주를 확률과 우연이 지배하는 우주로 바꾸어놓았다. 적어도 파동 방정식에 따르면 그렇다.

$$\varphi(\sigma_1 t)\,\varphi(\sigma_2 t) = \varphi\left(\sqrt{\sigma_1^2+\sigma_2^2}\,t\right)$$

$$\sum_{k=1}^{r} \int_{b_k v} \left(\int_0 \psi_k^*(\tau)\,d\tau \right) dt$$

$$(\alpha) = \frac{\sum_{k=1}^{r} p_k^{\alpha} \log_2 \frac{1}{p_k}}{\sum_{k=1}^{r} p_k^{\alpha}}$$

$$c_{ik}\,\sigma_k^2 = \lambda_i\, c_{ik}$$

$$\eta_1 = \sum_{k=1}^{n} a_k \xi_k$$

$$y = \phi(x) = \frac{1}{\sqrt{2\pi}} \int_{-\infty}^{+\infty} e^{-\frac{t^2}{2}}\,dt$$

$$W_k = \binom{n}{k} p^k (1-p)^{n-k}$$

$$P(\eta < y \mid \xi = x) = \sup_{y' < y}$$

$$A_n \cup \Pi A_n$$

$$|A_n| = \frac{n!}{2}$$

$$\left| \int_{|x|>A} f(x) \log_2 \frac{1}{f(x)}\,dx \right| < \varepsilon$$

$$g^{-1} \cdot g = e$$

$$\sum_{k=-\infty}^{+\infty} e^{-\frac{k^2\pi^2}{\lambda^2}} = H(k)$$

$$\prod_{k \le b};\quad \bigcup_{i=1}^{n-1} M_i;\quad \bigcap_{n=0}^{\infty} X_n$$

$$dG_k(x) \ge \frac{1}{2}$$

$$\lim_{t \to 0} (\varepsilon(t)) = 0$$

$$f_{n-1}(t) = \int_0^1 f_n(u)\,f_1(t-u)\,du = \frac{\lambda^{n+1} t^n e^{-\lambda t}}{n!}$$

$$c_{iv} = \sum_{j=1}^{n}$$

$$\log \varphi(t) = i\gamma t - c|t|^{\alpha}\left[1 + i\beta \frac{t}{|t|}\,\omega(t,\alpha)\right]$$

$$B(v) = \sum_{k=1}^{r} \psi^*(b_k v)$$

$$e^{-\frac{u^2}{2}}\,du = F(x)\left(\frac{1}{\sqrt{2\pi}}\right)^{-1}$$

$$|\psi_\xi(t)| = \left| \int_{-\infty}^{\infty} e^{itx}\,dF(x) \right| \le \int_{-\infty}^{\infty} e^{-vx}\,dF(x) =$$

$$\Pi_m = \Pi_r\,\Pi_{m-r}$$

$$|X \cup Y| = |X| + |Y| - |X \cap Y|$$

$$\lim_{n\to\infty} \frac{1}{\sqrt{n}}\,k_n\left(\frac{x}{\sqrt{n}}\right) = \frac{1}{\sqrt{2\pi}} e^{-\frac{x^2}{2}}$$

$$f: X \to X \cap W$$

$$(A) = \int_A \chi(\omega)\,dP$$

$$l'(\alpha) = -\log 2 \left(\frac{\sum_{k=1}^{r} p_k^{\alpha} \log_2^2 \frac{1}{p_k}}{\sum_{k=1}^{r} p_k^{\alpha}} - \left(\frac{\sum_{k=1}^{r} p_k^{\alpha} \log_2 \frac{1}{p_k}}{\sum_{k=1}^{r} p_k^{\alpha}} \right.\right.$$

$$\left(e^{-x\sqrt{\frac{1-q}{nq}}} - 1\right) = -x\sqrt{\frac{q(1-q)}{n}} + o\left(\frac{1}{n}\right)$$

$$\prod_{k=1}^{r} \left[g_k\left(\frac{t}{\sqrt{N_0}}\right) \right]^{N_0 \alpha_k} = e^{-\frac{t^2}{2}}$$

$$\liminf \int_{-\infty}^{+\infty} f_N(x)^{\alpha}\,dx \ge \int_{-\infty}^{+\infty} f(x)^{\alpha}\,dx$$

세상은 어떻게 발전하고 있을까

기술

메르카토르 도법

세계 지도를 편평하게 만들려면 우리가 어떤 과정을 거쳐야 할까?
그 결과는 어떠할까? 이것은 좋은 선택일까?

수직 위치

$$v(a,b) = a$$

지구에서 어떤 점의 좌표

$$h(a,b) = \log(\tan(\frac{b}{2} + 45°))$$

수평 위치

어떤 내용일까?

편평한 지도를 만드는 것은 꽤 좁은 영역을 대상으로 할 때는 그렇게 어렵지 않다. 왜냐하면 지구의 곡면이 큰 문제를 일으키지 않기 때문이다. 전체 지구에서 일부 좁은 지역을 가까이에서 보면 거의 편평해 보인다. 게다가 여러분이 이웃 마을로 가기 위해 지도를 활용하는 경우라면 약간 부정확하다 해도 큰 문제가 되지 않는다.

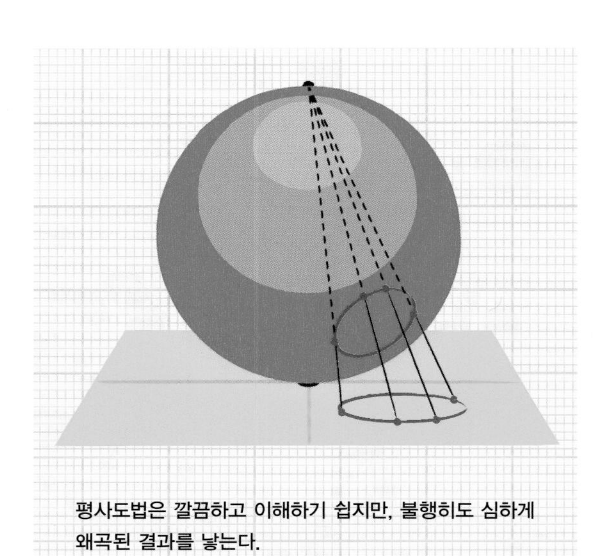

평사도법은 깔끔하고 이해하기 쉽지만, 불행히도 심하게 왜곡된 결과를 낳는다.

그러나 1500년대에 사람들이 대서양을 건너기 시작하자 상황은 바뀌었다. 지도 제작업자들은 세계 전체를 아우르는 지도를 만들기 시작했는데 그 결과 왜곡을 도저히 피할 수 없었다. 지도는 편평하지만 지구의 평균 곡률은 0이 아니기 때문이다(30쪽, '곡률' 참고). 지도를 제작하려면 어떤 요소를 포기할 수밖에 없다. 거리와 면적이 왜곡되거나 아니면 각도와 위치가 왜곡되거나, 어느 하나는 불가피했다. 다시 말하면 상대적인 면적이 틀리거나 아니면 위치가 원래 있어야 할 곳에 없거나, 둘 중 하나였다.

이 방정식은 왜 중요할까?

지도 제작자들은 둥그런 지구를 평면 상의 지도로 만들기 위해 조심스레 선택해서 타협을 보아야 했다. 이 과정에서 사람들은 각자 나름의 해답을 내놓았다. 그 가운데 1569년에 메르카토르가 제안한 답이 가장 유

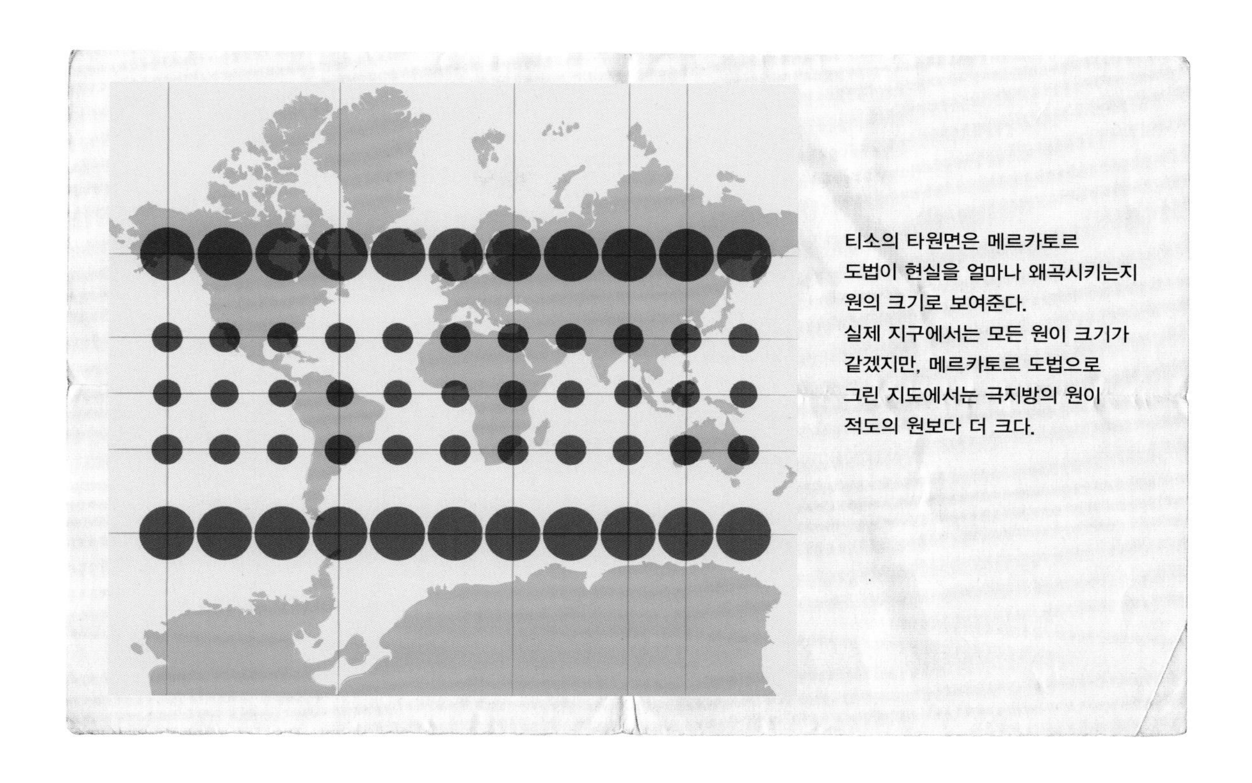

티소의 타원면은 메르카토르 도법이 현실을 얼마나 왜곡시키는지 원의 크기로 보여준다. 실제 지구에서는 모든 원이 크기가 같겠지만, 메르카토르 도법으로 그린 지도에서는 극지방의 원이 적도의 원보다 더 크다.

명하다. 사실 이 해답은 구를 평면으로 옮기는 방법 중 하나다. 비슷한 방법으로 평사도법이 있다.

16세기의 선원들은 세계 지도를 사용해 바다 위에서 길을 찾으며 항해했다. 이때 지도가 조금만 부정확해도 배는 목표지에서 크게 벗어났다. 식량이 부족한 상황에서 그것은 정말 나쁜 소식이었다. 그 결과 둥그런 구를 평면 지도 상에 옮기는 좋은 방법을 찾는 것이 큰 도전 과제가 되었다. 다양한 투영법이 제각기 다른 특성을 가졌고, 이 특성은 각기 다른 상황에 강점이 있다는 사실이 조금씩 밝혀졌다. 다시 말해 모든 점에서 완벽한 선택은 불가능했다. 지도 제작자들이 수없이 시도한 결과 여러 방식이 지닌 각각의 장단점이 알려졌다.

더 자세하게 알아보자

개념적으로 봤을 때 메르카토르 도법의 원리는 꽤 이해하기 쉽다. 여러분도 머릿속에서 전구가 반짝 켜지듯 쉽게 상상할 수 있을 것이다. 메르카토르 도법을 정의하는 방정식은 17세기 수학자 헨리 본드(Henry Bond)가 발견했다. 이 방정식은 지구 상의 각 지점을 지도 위의 점과 대응시키는 수학적인 방법을 제안한다. 속도가 빠른 돛배에서는 이것이 더 편리한 방식이었다.

여러분의 손에 전 세계의 모습이 정확하게 그려진 유리 지구본이 있다고 생각해보자. 지구본의 한가운데에는 밝게 빛나는 작은 전구가 있다. 이제 이 장치를 얇은 종이로 만들어진 길쭉한 원통 모양 전등갓 안에 집어넣는다고 상상해보자. 전등갓은 지구본의 적도와 맞닿는다. 이제 전구에 불을 켜면 어떤 일이 벌어질까?

이 원통 모양 종이는 지도가 될 것이다. 지금은 동그랗게 말렸지만 편평하게 펼치면 매끈하게 이어진 지도가 될 테니 말이다. 전구에서 쏜 빛은 직선으로 뻗어나간다. 빛은 지구 상의 특정 지점, 예컨대 바다 한가운데를 맞춘 뒤 투명한 유리를 통해 뻗어나갈 것이다. 그리고 결국에는 전등갓에 닿는다. 종이 원통 지도 위에 빛이 닿은 자리는 그 빛이 둥그런 지구본을 뚫고 나왔던 자리에 대응한다.

한편 전구의 빛이 지구본에서 나라의 경계에 닿으면 흡수되기 때문에 그 위치는 전등갓에 표시되지 못한다. 결국 전등갓에는 나라의 경계가 다른 곳들과 구별되게 표시된다. 이런 방식이 바로 메르카토르 도법이다. 이제 원통 모양의 전등갓을 세로로 잘라서 펼치기만 하면 편평한 지도가 만들어진다. 보통 태평양에서 자르는 경우가 많다. 실제로는 110쪽 위에 실린 2개의 방정식을 활용해서 위도와 경도를 편평한 지도 위의 x축과 y축으로 옮긴다(114쪽, '구형 삼각법' 참고).

메르카토르 도법은 지구본의 한가운데에서 빛이 비추듯이 지표면의 각 위치를 원통으로 옮긴다.

여러분은 아마 전구의 빛이 지구본의 북극을 통과하면서 전등갓의 맨 위로 빠져나가지 않을까 걱정할지도 모른다. 사실 맞는 말이다. 앞서 전등갓의 길이가 높아야 한다고 말했는데, 이 높이가 중요하다. 지구 전체를 지도에 옮기려면 원통의 길이가 무한히 높아야 한다. 아무리 그렇더라도 북극과 남극이라는 두 점의 정확한 위치는 사라지고 만다. 하지만 이 문제가 그렇게 심각하지는 않다. 적도에서 멀어질수록 왜곡이 조금씩 심해지기 때문에, 북극 근처에서 이 지도는 거의 쓸모가 없다. 극지방을 항해할 때는 어차피 다른 지도를 따로 챙겨야 한다. 이 점을 염두에 두면 적당한 크기의 원통으로도 꽤 괜찮은 지도를 얻을 수 있다. 남극과 북극의 둥그런 두 극지방을 제외하면 말이다.

오늘날 메르카토르 도법은 램버트 원뿔 도법이라는 방식의 하나로 분류된다. 어떤 의미에서는 이 방식 가운데 가장 극단적인 사례다. 이 방식은 다른 조건들은 그대로 둔 채 가상의 전등갓을 변형해서 지도를 만드는 방법이라고 이해할 수 있다.

이제 원통 모양의 전등갓 대신 원뿔을 사용해보자. (마녀의 모자처럼) 원뿔은 경사가 가파를 수도 있고, (베트남에서 쓰는 밀짚모자처럼) 완만할 수도 있지만, 원뿔의 뾰족한 점에 칼날을 넣어 가장자리까지 자른 다음 펼치면 지금껏 봤던 것과 다른 도법을 얻을 수 있다. 원통에서는 맨 위, 즉 북극으로 빛이 빠져나갈 수 있지만 원뿔은 이렇게 잃어버리는 빛이 없다. 대신에 북극은 원뿔의 꼭대기 점으로 투영된다. 하지만 그 대신 밑바닥에 커다란 구멍이 생기는 대가가 따른다. 그 말은 남극을 중심으로 한 남반구에서는 잃는 바가 많다는 뜻이다.

이제 원뿔의 높이를 점점 편평하게 낮춰보자. 결국에는 지구본 위에 놓이는 한 장의 종이가 될 것이다. 이것은 일종의 평사도법이다. 한가운데의 전구에서 나오는 빛줄기는 북반구의 여러 지점들을 지나 종이 위에 투사된다. 적도를 통과해서 나온 빛은 종이의 방향과 평행하기 때문에 결코 종이에 닿지 못한다. 적도의 남쪽에서 빠져나온 빛 역시 전구에서 나오는 동시에 종이

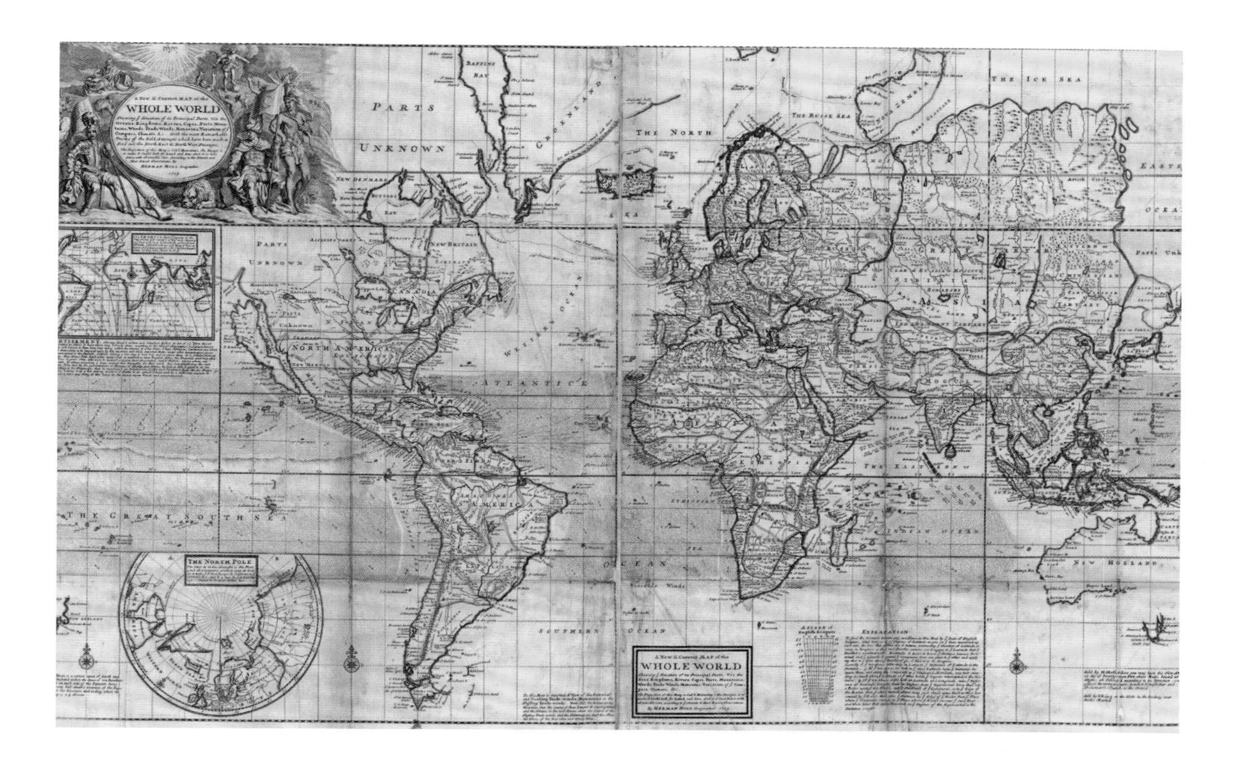

1569년에 제작된 메르카토르의 지도이다. 비록 왜곡되기는 했지만 메르카토르가 그 대신에 담아낸 정보는 항해하는 선원들에게 몹시 유용했다. 그 결과 장거리 교역이 활발했던 이 시기에 메르카토르 지도는 매우 중요한 역할을 했다.

와 멀어지기 때문에 역시 종이와 만나지 못한다.

상상력을 발휘해 원통을 하나 더 떠올려보자. 그리고 이 원통을 꼭대기 점이 무척 높은 곳에 있는 길고 가파른 원뿔로 바꿔보자. 이제 조금씩 높이를 낮추면, 원뿔은 덜 가팔라지고 결국에는 꼭대기 점이 지구의 북극과 맞붙을 것이다. 이 순간에 원뿔을 이루는 종이는 편평해진다. 이 연속적인 배열이 램버트 원뿔 도법을 만들어낸다.

이런 도법은 지도 말고도 여러 가지에 적용할 수 있다. 특히 평사도법은 투시도에서 복소수 이론에 이르기까지 여러 곳에 등장한다(40쪽, '오일러 항등식' 참고). 전구를 남극에 놓을 때도 많지만 말이다. 이런 식으로 조심스럽게 설정하고 종이의 크기를 무한대로 잡으면, 남극 자체를 제외한 지구 전체를 지도로 그릴 수 있다. 남극점이 제외되는 문제는 피할 수가 없다. 이 도법을 사용해 남극을 표시하려고 하는 것은 눈이 자기 자신을 보려고 하는 것과 같다.

지구같이 완전한 원이 아닌 회전 타원체를 편평한 지도에 옮기는 작업은 까다롭다. 그중에서도 메르카토르 도법은 여러 가지를 절충해서 나온 가장 최초의, 가장 성공적인 방식이다.

구면 삼각법

지구 표면의 삼각형은 칠판에 그려진 삼각형과는 다르다. 이 차이점을 이해해야 대륙을 넘나들며 나는 비행기와 GPS를 만들 수 있다.

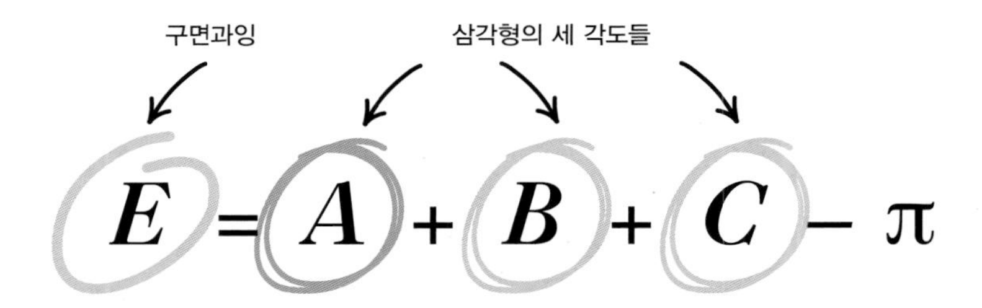

$$E = A + B + C - \pi$$

어떤 내용일까?

곰 한 마리가 1킬로미터 남쪽으로 걸어갔다가 동쪽으로 1킬로미터, 북쪽으로 1킬로미터를 걸어간 다음 자기가 처음 서 있던 자리로 돌아왔다. 이 곰은 무슨 색깔일까? 이런 옛날식 수수께끼를 들어본 적이 있는가? 처음 들었다면 더 읽기 전에 어서 답을 찾아보라. 정답이 뭘까? 문제에서 시키는 대로 했을 때 시작한 지점으로 다시 되돌아오기 위해서는 북극에서 출발하는 수밖에 없다. 북극에서 사는 곰이 어떤 색을 띠는지는 다들 알 것이다. 이런 일이 벌어지는 이유는 지구가 교실의

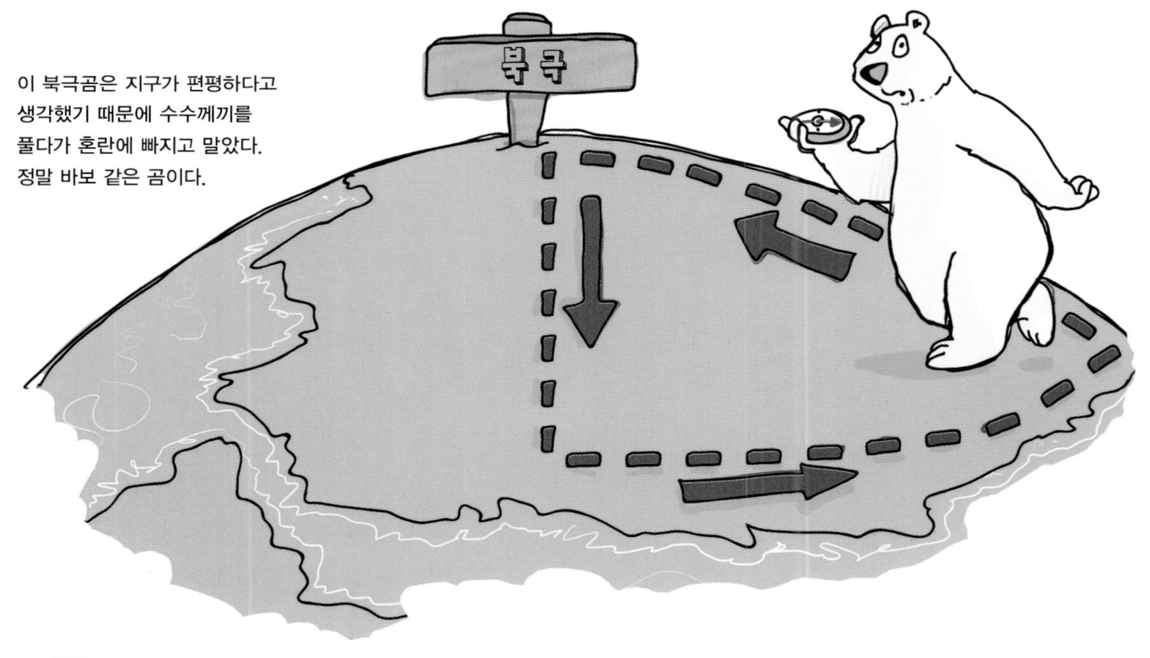

이 북극곰은 지구가 편평하다고 생각했기 때문에 수수께끼를 풀다가 혼란에 빠지고 말았다. 정말 바보 같은 곰이다.

이 기구는 혼천의라 불리는데, 천문학적 계산을 하는 데 사용했다. 혼천의는 천구의를 8개의 세모난 지역으로 나누었는데 이 삼각형 각각은 90° 이상의 각도를 포함한다.

칠판처럼 편평하지 않기 때문이다. 지구는 둥글고, 이 곡선이 큰 차이를 가져온다.

칠판처럼 편평한 표면에서는 삼각형을 그리면 그 내각의 합은 정확히 180°, 즉 원의 반 바퀴다. 하지만 구체의 표면에서는 결코 그렇지 않다. 곡면을 가진 표면에 삼각형을 그려보면 쉽게 관찰할 수 있다. 반드시 완벽한 구일 필요도 없으니, 풍선으로 실험해보면 된다. 적당한 지점을 잡으면 2개의 직각과 또 다른 각을 가진 삼각형을 그릴 수도 있다. 앞에서 북극곰이 걸었던 삼각형 경로처럼 말이다. 이 삼각형의 내각의 합은 180°를 넘어선다.

이것은 우리가 학교에서 배웠던 기하학이 우리를 혼란스럽게 만드는 사례다. 지구의 표면 같은 곡면의 삼각형에 우리가 아는 기하학 지식을 적용하려 한다면 말이다. 물론 우리 주변의 건물이나 들판 같은 좁은 표면에서 삼각형을 그리려 한다면 이 표면을 편평하다고 간주할 수 있다. 하지만 훨씬 넓은 표면에서 삼각형을 그린다면 문제는 달라진다.

이 방정식은 왜 중요할까?

2차원 공간에서 길을 잘 찾는 능력은 몹시 유용하다. 지구의 표면이나 컴퓨터, 텔레비전의 화면이 그렇다. 공간에 대한 기하학 문제들은 상당수가 삼각형에 대한 문제로 간단히 변형될 수 있다(10쪽, '피타고라스 정리', 14쪽, '삼각법' 참고). 그렇기 때문에 삼각형을 잘 다루는 기술을 갖추면 확실히 큰 도움이 된다. 그럼에도 앞서 얘기한 두 가지 상황은 꽤 다르다. 화면 위의 삼각형은 평면에 놓였지만 지표면 위의 삼각형은 지구라는 구의 곡면에 놓였기 때문이다.

이 차이는 우리가 거리를 측정할 때 더욱 크게 나타난다. 우리가 (칠판이나 공책 같은) 평면 위의 삼각형에 대한 지식으로 지표면 같은 평면 위의 거리나 각도를 계산하려고 하면, 틀린 답을 얻는다. 작은 규모에서는 평면에 대한 지식을 곡면에 적용해도 근삿값으로 그럭저럭 쓸 만하다. 하지만 더 큰 삼각형을 다룰 때는(예컨대 대륙을 넘나드는 비행기의 항로 같은) 결과가 몹시 크게 벌어질 것이다.

우리는 장거리 항해를 할 때 이런 커다란 삼각형을 처음으로 마주한다. 편평한 지도와 편평한 삼각형을 활용한 항해는 재앙에 가까운 결과를 불러일으킨다(110쪽, '메르카토르 도법' 참고). 바로 이런 이유로 구면 위의 삼각형을 다루는 구면 삼각법이 탄생했다.

구면 삼각법은 천문학과 지리학에서 유용하게 쓰인다. 예컨대 오늘날 인공위성을 활용해 길을 찾는다거나 우리가 직접 가볼 수 없는 전 세계의 아름다운 장소를 사진으로 찍는다거나 하는 데 활용된다.

더 자세하게 알아보자

삼각법은 3개의 변이 모여서 닫힌 도형, 즉 삼각형을 다룬다(14쪽 참고). 하지만 그렇다면 구면 위의 직선은 여기에 해당되지 않을까? 공 위에 두 점을 찍고 자로 점을 연결해보자. 자가 구면 밖으로 튀어나오는 통에 직선을 긋지 못할 것이다.

그 대신에 여러분이 개미이고 지구본 위의 두 점 *A*와 *B* 사이로 최대한 곧장 기어간다고 상상해보자. 그러면 여러분은 비행기의 '대권 항로'를 따라 걸어가는 셈이다. 대권 항로는 지구본의 중심을 중심으로 하는 원이다. 그렇기 때문에 대권 항로로 자르면 지구본을 정확히 반으로 자를 수 있다. 만약 지구를 완전한 원이라고 일단 가정한다면(사실은 그렇지 않지만) 적도와 그리니치 자오선은 대권 항로이지만 남회귀선과 북극권은 그렇지 않다. 곁들여 얘기해두자면 구체 위에서는 어떤 직선도 서로 평행하지 않다. 어떤 두 직선을 선택하더라도 두 점에서 만나는데, 이 두 점은 구체에서 서로 정확히 반대쪽에 있다.

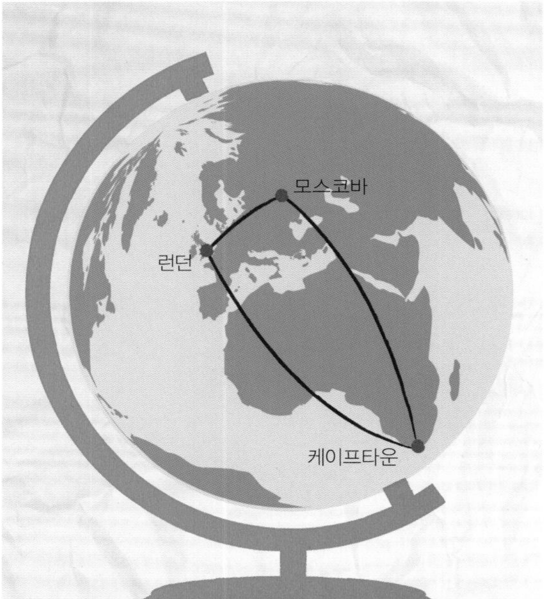

도시와 도시를 직선으로 연결한다면, 런던과 모스코바, 케이프타운을 연결하는 왕복 여행의 경로는 구면 삼각형을 이룬다.

바다에서 사용하는 해리 단위가 보통의 마일 단위와 다른 것도 바로 이런 이유 때문이다. 보통의 마일 단위는 평면에 기초하기 때문에 상대적으로 짧은 거리에서는 문제가 없다. 하지만 바다에서 대권 항로를 따라 날아간다면 운항한 거리는 각도를 기준으로 측정하는 것이 더 자연스럽다. 해리는 대권 항로를 따라 $1/60$을 지났을 때의 거리를 말한다. $1/60$은 '분'이라고 불리며, 1시간 동안에 이 거리를 지났다면 그 속도를 1노트라고 부른다. 이런 방식으로 구면 삼각법을 이용해 삼각형의 가장자리를 잴 수도 있다. 그에 따라 평면 기하학에서 우리에게 친숙했던 길이의 개념은 거의 사라지고, 각도에 대한 이야기가 펼쳐진다.

구면 삼각형이란 3개의 모든 변이 대권 항로의 일부분인 도형이라고 정의할 수 있다. 예를 들어 여러분이 런던에서 모스코바까지 정확히 직선으로 날아간 다음, 모스코바에서 케이프타운까지 직선으로 날아갔다가, 다시 런던으로 직선으로 돌아온다면 여러분의 경로는 구면 삼각형을 이룬다. 구면 삼각법은 이 지표면의 3개 점을 연결해 3번의 여정에 따른 변과 각도를 만들어낸다. 이 점은 운항과 항해에서 확실히 몹시 중요하다.

이런 상황은 천문학에서도 불쑥 나타난다. 어렸을 적 여러분은 머리 위를 올려다보면서 밤하늘을 별들이 박혀 있는 딱딱한 둥근 지붕이라고 상상했을 것이다. 사실 이 모형은 여전히 실용적인 관찰이나 계산을 할 때 사용할 수 있다. 지구의 모든 면을 완전히 에워싼 커다란 구체를 상상하는 것이다. 물론 우주론을 연구하는 학자들은 사실과 다르다고 얘기하겠지만 말이다. 이런 상황에서도 구체의 안쪽에서 구면 삼각법은 무척 유용하다. 이 방식은 오늘날까지 사용될 뿐 아니라 초기의 천문학에서 무척 중요했다. 우리가 흔히 학교에서 배우는 삼각법만큼이나 오래되고 믿을 만한 방식인 것이다.

앞서 소개한 방정식은 주어진 삼각형에서 구면과잉을 계산하도록 도와준다. 이 삼각형의 내각을 전부 더하면 180°가 넘지만 계산을 깔끔하게 하기 위해 라디

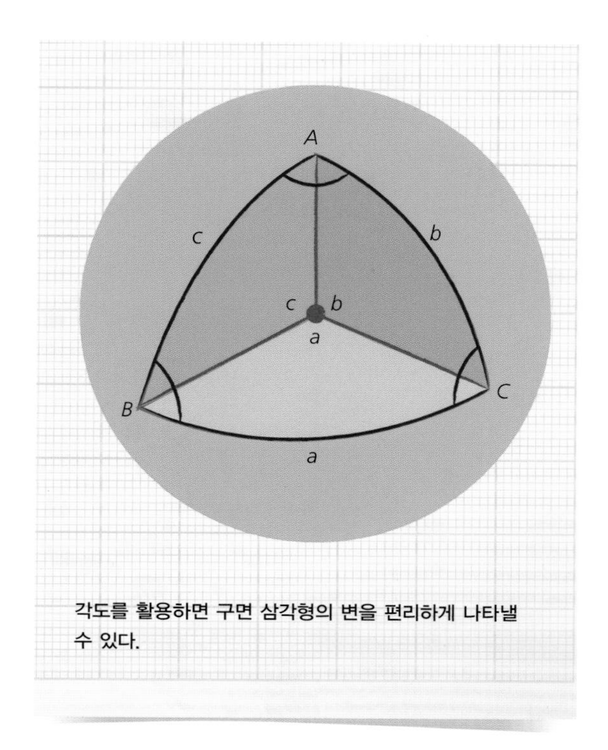

각도를 활용하면 구면 삼각형의 변을 편리하게 나타낼 수 있다.

안을 사용할 것이다(40쪽, '오일러 항등식' 참고). 이 값은 언제나 양수인데, 그 이유는 구체가 양의 곡률을 갖기 때문이다(30쪽, '곡률' 참고). 구체의 안쪽에서도 곡률은 양의 값이다. 우리는 이 구체가 유리로 만들어졌다고 상상할 수 있다. 그래야 안에서 그려지든, 밖에서 그려지든 삼각형을 바라볼 수 있을 것이다. 도형에 대한 기하학은 어디서 바라보는지에 따라 달라져서는 안된다! 반면에 음의 곡률을 가진 표면에서는 삼각형이 결손각을 가진다. 그 말은 삼각형의 내각을 전부 더해도 180°가 되지 않는다는 뜻이다. 하지만 이런 상황은 우리 주변의 일상에서 아주 드물게 나타난다.

우리는 구면의 기하학이 평면의 기하학과 다르다는 사실을 다양한 장식에 활용할 수 있다. 흔히 떠올릴 수 있는 사례는 바로 축구공이다. 축구공의 표면은 오각형과 육각형의 조합으로 완전히 뒤덮여 있다. 공을 자세히 들여다보면 이 도형들은 전부 정오각형과 정육각형이다. 그 말은 한 도형에서 모든 변과 각이 동일하다는 뜻이다. 그리고 당연히 공을 틈새 없이 뒤덮기 위해 서로 깔끔하게 맞물려 있다. 만약 이 정오각형과 정육각형을 평면 종이에 이런 식으로 배열한다면 결코 깔끔하게 뒤덮지 못할 것이다. 왜냐하면 평면 종이 위에서는 모든 각도의 합이 정확히 360°가 되어야 하지만, 축구공은 구면과잉이 있어서 모서리가 서로 맞물리기 때문이다.

또한 몇몇 건물의 둥근 돔 천장의 장식은 이 사실을 더욱 큰 규모로 적용한다. 특히 추상적인 기하학 무늬 같은 구상적 상을 선호하는 이슬람 식 건물이 더 그렇다. 다각형 타일로 돔 천장을 메우는 문제는 이미 10세기부터 발달해 있었다. 수학자인 아불 와파 알부차니(Abul Wafa al-Buzjani)는 이런 장식을 만드는 방법을 저술하기도 했다. 이때부터 돔 천장을 비롯한 비슷한 구조물은 무척 세련된 무늬로 장식되었다. 이 모든 장식은 구면과잉 덕분이었고 평면에서는 결코 불가능했다.

**여러분이 평면 대신에 구면에서 작업한다면 기하학이 엄청나게 달라질 것이다.
여러분이 학교 수업 시간에 배웠던 지식은 더 이상 참이 아니다.**

교차비율

**원근법은 거리와 방향, 심지어는 비율을 왜곡할 수 있다.
하지만 교차비율만은 변하지 않고 그대로다.**

현실 속 길이의 비율

어떤 이미지에서 나타나는 길이의 비율

$$\frac{AC}{CB} \Big/ \frac{AD}{DB} = \frac{AC'}{CB'} \Big/ \frac{AD'}{DB'}$$

어떤 내용일까?

우리는 3차원의 세계에 산다. 이 세계에서는 일반적인 기하학의 법칙이 적용된다. 하지만 우리는 구체의 표면 위에서도 산다. 그렇기 때문에 가끔은 다른 종류의 기하학을 사용해야 한다(114쪽, '구면 삼각법' 참고). 게다가 우리는 투사된 영상의 세계에서도 살고 있다. 편평한 2차원은 실제든, 가상이든 3차원 세계를 묘사한다. 우리는 사진이나 비디오를 찍을 때마다 우리가 살고 있는 공간을 납작하게 만드는 셈이다. 세상은 여러 사람이 만든 오락성·광고성 이미지들로 가득하다. 2차원 이미지와 3차원 공간, 그리고 그것들이 드러내는 사물들 사이의 관계를 다루는 분야를 사영기하학이라 부른다. 그리고 그 중심에는 교차비율이 자리한다.

우리는 사진이 사물을 왜곡할 수 있다는 점을 경험으로 안다. 예를 들어 카메라로 이 책을 찍으면 여러분은 책의 길이가 짧아 보이거나 길어 보이게 한 컷에 담을 수 있다. 모서리 역시 실제로는 직각이지만 사진 속에서는 그보다 날카롭거나 둔한 각도로 보인다.

어떤 사물을 다른 관점에서 바라보면 길이와 각도가 왜곡된다. 길이와 각도 사이의 관계 역시 달라진다.

화가 카라바조의 작품 「류트를 연주하는 사람」에서 투사된 시점 때문에 류트의 비율이 왜곡되어 있지만 류트는 멀쩡해 보인다. 교차비율을 왜곡시키지 않았다는 점이 그 비밀이다.

즉 우리는 사진 속의 길이나 각도가 실제 길이나 각도와 같을 것이라 믿기 힘들다. 실제로 어떤 삼각형을 고르더라도, 이론적으로는 사진에 담았을 때 각도에 따라서 다른 삼각형처럼 보이게 만들 수 있다.

그러다 보니 사진 속 사물의 비율마저도 실제와 같다고 믿을 수 없게 되었다. 카메라를 향해 손을 뻗고 있는 사람의 사진을 보라. 이 사람의 손과 팔은 몸의 다른 부위와 비교할 때 이상할 정도로 커서 비율이 어긋나 보인다. 이제 여러분은 투사도 같은 것을 보면 과연 뭐 하나 그대로인 게 있을지 의문을 가질 것이다. 하지만 사실 그대로인 것이 존재한다. 바로 교차비율이다.

이 방정식은 왜 중요할까?

여러분은 아마 이제 '카메라는 거짓말을 하지 않는다'라는 오래된 격언에 의심을 품었을 것이다. 하지만 그럼에도 사진은 과학이나 법학을 비롯한 여러 분야에서 증거로 활용된다. 경찰은 자동으로 찍히는 카메라로 과속하는 운전자들을 단속하며, CCTV 영상으로 수상쩍은 용의자를 잡아낸다. 범죄 현장에서는 사진을 찍어 인물과 사물의 위치를 기록한다. 2차원 이미지를 분석해 재판에서 활용할 때는 사영기하학의 도움을 받을 때가 많은데, 이때 교차비율은 특히 쓸모가 많다. 실재와 관련을 맺고 있기 때문이다.

연구자들은 얼굴 인식이나 2차원 이미지에서 3차원 공간을 추론하는 등의 어려운 문제들을 다룰 때 교차비율을 활용한다. 사영기하학은 천문학을 포함한 과학의 다양한 분야에서 폭넓게 적용된다.

관찰자를 향해 팔을 내뻗을 때처럼 대상이 엄청나게 축소될 때는 투시 도법을 적용하기가 까다롭다.

더욱 흥미롭게 적용되는 사례도 있다. 가상의 3차원 세계의 2차원 이미지를 만드는 것이다. 대형 화면 위의 컴퓨터 그래픽이나 가정용 비디오 게임에 둘 다 기본적으로 동일한 과정이 활용된다. 사영기하학을 활용해, 컴퓨터 안에서 완전히 구성된 3차원 대상의 모형을 우리 앞 화면 위에서 특정한 관점으로 만들어진 묘사로 옮겨놓는다. 개발자들은 카메라의 관점이 단단한 물체나 공간 주변으로 움직이는 것을 상상한다. 사실 카메라는 존재하지 않지만 말이다. 기하학이 그 추상적인 작업을 전부 해내는 것이다.

더 자세하게 알아보자

그림 그리는 법을 다룬 책을 보면, 성인 남성의 키는 머리의 8배이고 배꼽은 땅에서 4.5개의 머리 높이만큼 떨어져 있다. 이 표본의 교차비율을 계산해보자. 먼저 이 사람의 발바닥은 A 지점에 있는데 그 높이는 땅에서 0개의 머리만큼 떨어져 있다. 배꼽은 B 지점에 있고, 높이는 4.5개의 머리만큼 떨어져 있다. 또 턱은 C 지점에 있고 높이는 7개의 머리만큼 떨어져 있다. 그리고 머리 꼭대기는 D 지점에 있고, 8개의 머리만큼 땅에서 떨어져 있다.

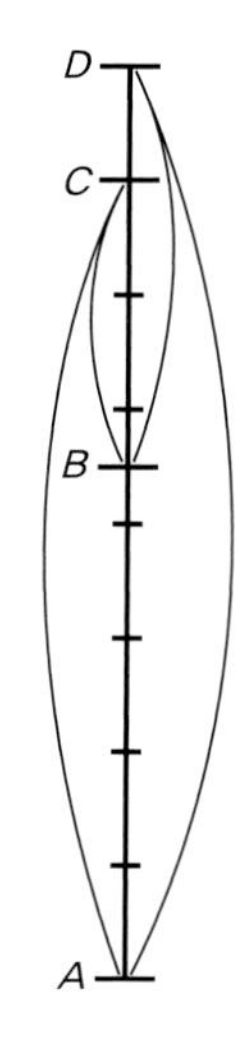

교차비율을 구하려면 우리는 다음 4개의 길이가 필요하다. AC, CB, AD, DB가 그것이다. 먼저 땅에서 턱까지의 길이인 AC이다. 이 값은 7이다. 그 다음은 턱에서 배꼽까지의 길이인데 이 값은 2.5이지만 아래를 향하기 때문에

$CB = -2.5$다. 그리고 전체 높이인 $AD = 8$이다. 마지막으로 DB는 머리끝에서 배꼽까지 아래 방향이기 때문에 $DB = -3.5$다. 이 값을 전부 합쳐 교차비율을 계산하면 다음과 같다.

$$\frac{AC}{CB} / \frac{AD}{DB} = \frac{7}{-2.5} / \frac{8}{-3.5}$$

$$\approx -2.8 / -2.29 \approx 1.22$$

이제 카메라가 어디 있든 간에, 그리고 사람이 땅에서 얼마나 기울어 있든, 우리의 측정 단위가 무엇이든, 이 수치는 동일하다. 위 방정식에서 오른쪽 변은 변형된 길이(예컨대 AB가 아닌 AB')의 교차비율이 원래의 값과 같다는 점을 보여준다. 머리 위 높은 곳에서 사진을 찍으면 이 사람의 신체 비율이 왜곡될 수 있다. 하지만 그래도 교차비율은 변하지 않는다. 사실 교차비율을 왜곡시키면 유원지에서나 볼 수 있는 거울상처럼 무척 이상한 모습이 만들어진다.

비율은 측정하는 단위나 축척과는 상관이 없다. 만약 내 머리가 몸 전체 길이의 3분의 1이라면(사실은 그렇지 않지만) 센티미터로 재든, 인치나 이집트 식 큐빗 단위로 재든 비율은 바뀌지 않는다. 나를 본뜬 액션 피겨 인형을 만들더라도(웃지 말라!) 실제 내 모습과 비율이 같다. 교차비율은 비율의 비율이라고 할 수 있다. 그렇기 때문에 같은 특성이 유지된다. 어떤 물체의 투영을 가장 쉽게 볼 수 있는 수단은 그림자다. 여러분이 가로등 아래에 서 있으면 그림자는 늘어나지만, 그림자의 비율은 여러분의 비율과 동일하다.

투영(사영)을 직관적으로 이해하려면, '원점'이라는 특별한 점을 갖는 3차원 공간을 상상해보자. 이 점은 여러분의 눈이 위치한 시점이라 생각할 수 있다. 여러분이 3차원 공간에서 어느 한 점을 바라보려면 빛줄기가 이 점에서 나와 여러분의 눈에 부딪쳐야 한다. 빛줄기는 직선으로 곧장 이동하기 때문에, 우리는 투영점(즉 우리가 점으로 보는 사물들)이 원점을 통과하여 무한히 뻗은 직선 위에 있다고 생각할 수 있다.

3차원 공간 안에 있는 종잇장 같은 평면을 생각해보자. 여러분이 어떤 3차원 물체를 그리려 하든, 물체의 모든 점에서부터 시점까지 직선을 그리고, 이 직선이 종잇장을 통과하는 곳에 점을 찍으면 된다. 이것이 투시도다. 16세기의 화가인 알브레히트 뒤러(Albrecht Dürer)의 그림 그리는 장치에 대한 작품(120쪽)을 보면 이해가 더 쉬울 것이다.

이제 연필 같은 대상이 공간 위에 매달려 있고, 연필과 우리의 눈 사이에 평면이 가로놓여 있으며 눈과 연필 사이에 빛줄기가 가로지른다고 상상해보자. 빛줄기는 평면 위에 상을 만든다. 이제 이 상황에서 중간의 평면이 움직이면 투시도가 변형될 것이다(사영 변환). 평면이 정말로 움직이기도 하고 대상을 중심으로 돌기도 할 것이다. 이때 평면이 공간 안쪽으로 휘면 연필의 상은 어떻게 바뀔까? 연필의 상은 길어지거나 짧아지고, 때로는 길이가 바뀌지 않을 수도 있다. 사영 변환이 일어나면 길이가 보존되지 않는다는 말은 이런 뜻이다.

만약 우리가 연필 대신 사람 모습으로 바꾼다 해도 문제는 그대로 남는다. 하지만 이제는 교차비율을 측정할 수 있다. 실제 모습이 아니라 투영된 상의 비율이다. 이렇게 하면 우리는 절대 바뀌지 않는 수치를 얻는다. 그러니 누군가 어떤 CCTV 영상에 나오는 인물이 여러분이라고 주장한다면 교차비율이 여러분 자신이나 여러분의 다른 사진과 같은지 물어보자. 만약 교차비율이 다르다면 그 사람은 분명히 다른 사람이다.

우리는 3차원 대상에 대한 2차원 투영을 매일 본다.
교차비율이라는 다소 알려져 있지 않은 비율은 투영에 의해 원래 상이 얼마나 왜곡되든지 간에
항상 거의 동일하게 남아 있는 값이다.

코시 응력 텐서

**구조공학자들은 이 기묘한 식을 통해 어떤 대상에 힘이 가해질 때
그 대상이 어떻게 변하는지를 알아낸다.**

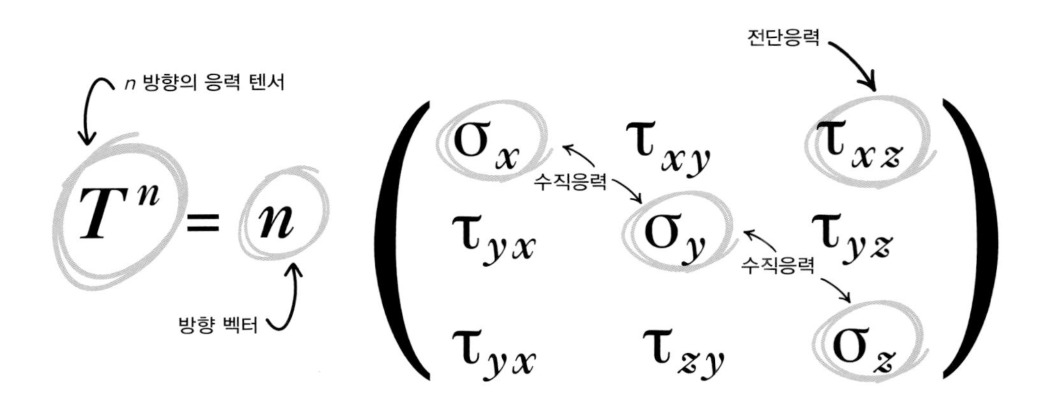

$$T^n = n \begin{pmatrix} \sigma_x & \tau_{xy} & \tau_{xz} \\ \tau_{yx} & \sigma_y & \tau_{yz} \\ \tau_{yx} & \tau_{zy} & \sigma_z \end{pmatrix}$$

응력 텐서를 활용해 계산하면 프랑스 마르세유에 있는 이 건물처럼 위태로워 보이는 구조물이라도 사실은 무척 안전하다는 것을 자신 있게 얘기할 수 있다.

이제 이런 극단적인 상황이 아닌 다른 경우를 상상해보자. 예를 들어 전구를 갈기 위해 가벼운 탁자 위에 올라갔다고 생각하자. 공학자라면 이 탁자가 위에 올린 무거운 짐 때문에 끙끙대면서 스트레스를 받는다는 사실을 알아챌 것이다. 탁자는 내부의 힘들 때문에 부서질 위기에 놓여 있다.

건물의 무게를 지탱하는 들보 같은 구조물 역시 스트레스, 즉 응력을 받는다. 공학자들은 이런 건물의 구조물이 충분히 단단한지 정확하게 알아야 한다. 하지만 눈대중으로 '저건 버틸 수 있을 것 같아'라고 짐작하는 것만으로는 충분하지 않다. 더욱 정확한 정의가 필요하다.

어떤 내용일까?

단단한 물체를 한데 붙드는 것은 구성 성분인 원자와 분자들 사이 힘들의 복잡한 연결망이다. 탁자 위에 머그잔을 올려놓았을 때 깨지지 않은 채 탁자가 머그잔의 무게를 지탱하는 것도 힘의 연결망 덕분이다. 하지만 머그잔 대신에 트럭을 탁자 위에 올린다면 트럭이 주는 외력이 연결망의 힘보다 훨씬 세기 때문에 탁자는 산산조각이 난다.

더 자세하게 알아보자

공학자들에게 도움이 되는 건 코시 응력 텐서다. '텐서'란 여러 가지 정보를 한데 묶는 무척 유용한 수학적인 요소다. 텐서가 구체적으로 무엇인지는 중요하지 않다. 중요한 사실은 코시 응력 텐서가 다양한 종류의 응력을 한데 모은 묶음이며, 어떤 지점이 받는 응력의 전체적인 효과를 계산하도록 돕는다는 점이다. 따라서 벡터장과 마찬가지로(46쪽, '털투성이 공의 정리' 참고) 응

지각 속의 응력은 거대한 규모의 지질학적 구조를 만들어왔다. 사진 속 아프리카 동부의 그레이트 리프트 밸리도 응력의 영향을 받아 만들어진 것이다.

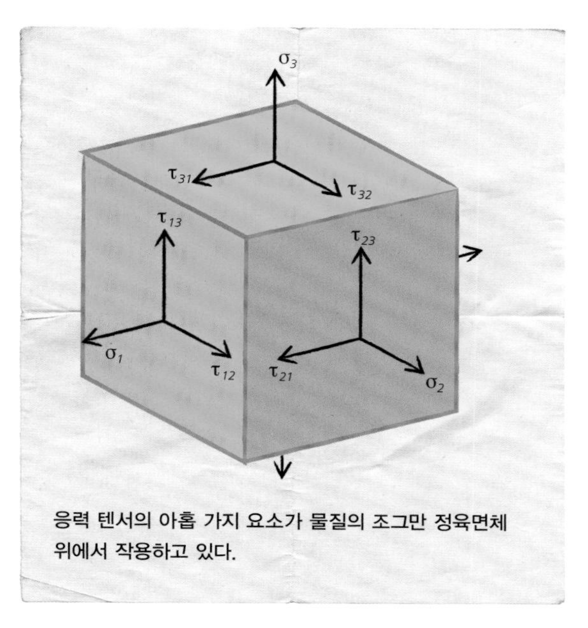

응력 텐서의 아홉 가지 요소가 물질의 조그만 정육면체 위에서 작용하고 있다.

력 텐서는 어떤 물체의 여러 지점마다 다를 수 있고, 시간에 따라서도 달라진다.

어떤 대상의 한 점에서 응력 텐서의 구성 요소들($-\sigma_x$, σ_{xy} 등)을 계산하려면, 우리는 그 점이 작은 정육면체의 한가운데에 자리한다고 상상해야 한다. 응력의 구성 요소 각각은 정육면체의 여러 면에 작용한다. 예를 들어 σ_x는 전체 정육면체를 위로 밀어 올리거나(맨 아랫면으로) 아래로 밀어 내리려는(맨 윗면으로) 응력이다. 내가 탁자 위에 서 있다면 이 구성 요소는 확실히 존재한다. 또 σ_y는 물체를 양옆으로 미는 응력이며, σ_z는 남아 있는 한 가지인 앞면에서 뒷면으로 향하는 응력이다.

이런 방식으로 작은 정육면체의 면에 직접 작용하는 응력들을 설명할 수 있지만, 아직 더 남아 있다. 마주보는 2개의 면을 통해 서로 다른 방향으로 응력이 작용해 한쪽은 밀고 한쪽은 당기는 상황도 가능하다. 예를 들어 어떤 기둥이 한쪽 끝은 벽에 단단히 고정되어 있고 다른 쪽 끝으로는 무게를 견딘다고 해보자. 기둥에 가해지는 무게는 기둥을 아래쪽으로 움직이지 않는다. 한쪽 끝에서는 아래쪽으로 층이 밀리지만 다른 쪽 끝은 가만히 머물러 있다. 이런 τ_{xy}와 같은 요소들은 응력 텐서의 또 다른 구성 성분이다.

물질 속 응력에 대한 이런 설명은 놀랄 만큼 구체적인 부분까지 들어가지만 다루기는 꽤 간단하다. 공학자들은 텐서장을 활용하며, 우리는 텐서장이 수학적으로 어떻게 작동하는지에 대해 많은 사실을 알고 있다. 수십억 개의 분자 사이에 작용하는 힘에 대한 무척 복잡해 보이는 문제들도 이런 수학적 도구를 사용하면 우아하고 다루기 쉬워진다. 응력에 대한 이런 구체적인 모형은 오늘날 공학과 건축 분야에서 놀라운 성취를 이끌었다.

어떤 물체의 응력은 그 물체가 쥐어짜이는지, 끌어당겨지는지, 또는 위로 밀리는지에 따라 여러 요소를 가진다. 이 모든 요소를 한데 묶어 유용하게 활용하는 데는 텐서가 제격이다.

치올코프스키의 로켓 방정식

이 방정식은 우주 시대의 막을 올렸다. 물론 이 로켓공학은 전쟁 때 활용되기도 했다.

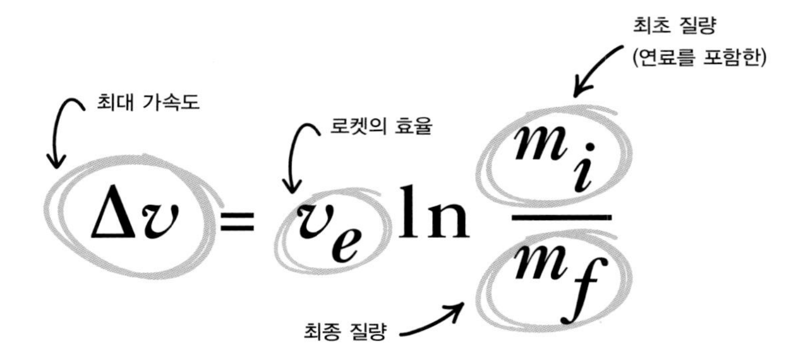

$$\Delta v = v_e \ln \frac{m_i}{m_f}$$

어떤 내용일까?

'로켓공학'이라고 하면 '뇌 수술'처럼 뭔가 대단히 똑똑한 과학자들의 전유물인 것만 같다. 뇌 수술은 확실히 아직도 무척 놀랍지만, 여기에 비해 로켓은 어느 정도 평범한 존재가 되었다. 불을 붙이면 솟구쳐 날아갔다가 다시 내려오는 게 전부처럼 보인다. 대체 뭐가 문제인가? 하지만 로켓에 사람을 태우고 발사해 온전한 모습으로 돌아온다든지, 멀리 떨어진 목표물을 맞혀야 한다면 이야기는 달라진다.

그리고 로켓을 우주로 쏘아 올리는 과정도 꽤 까다롭다. 문제는 지구의 중력을 이길 만큼의 강력한 가속도가 필요하다는 점이다. 이 가속도를 내는 힘은 로켓의 질량에 비례한다. 하지만 몹시 큰 가속도를 내려면 많은 연료를 빠른 속도로 태워야 하고, 연료가 많이 실리면 로켓의 무게는 더 증가한다. 이것은 일종의 역설처럼 보인다. 큰 힘을 내려면 큰 질량이 필요하다. 하지만 질량이 크면 그만큼 더 많은 힘을 보태야 한다.

더 자세하게 알아보자

1865년에 소설가 쥘 베른(Jules Verne)은 『지구에서 달까지』라는 소설에서 아주 큰 대포로 탈것을 쏘아 올리는 여행을 상상했다. 그리고 1902년에 조르주 멜리에스(Georges Méliès)는 「달세계 여행」이라는 유명한 영화를 통해 이 아이디어를 활용했다. 안타깝게도 대포를 통해 충분한 가속도를 내려면 비현실적으로 큰 대포가 필요할 테고, 사람을 탈것에 태워 쏘아 올리면 그 힘에 의해 사람과 탈것은 찌부러질 가능성이 높았다. 비록 베른과 멜리에스의 시대에는 뭔가를 공중으로 쏘아 올리는 데 대포가 그나마 익숙하고 많이 사용되는 수단이었지만, 사람을 대상으로 하는 우주 여행의 수단으로는 적절하지 않았다.

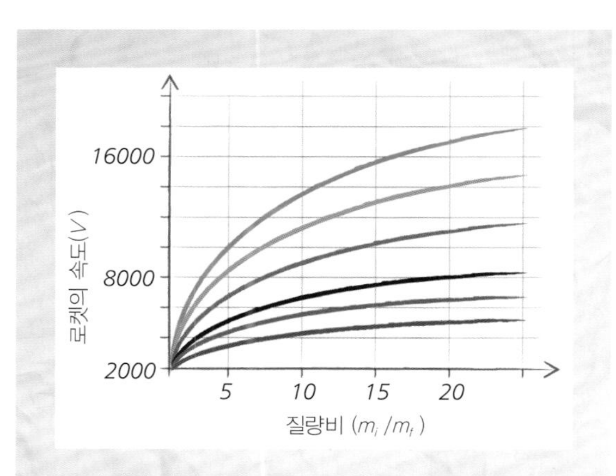

효율(v_e)이 다른 여러 로켓에 대한 방정식은 로켓의 속도를 위와 같이 예측한다. 가장 효율적인 로켓(주황색)은 연료를 태우는 과정에서 가장 높은 속도를 낸다.

V2 로켓은 노예 같은 끔찍한 노동 조건에서 만들어졌다. 이 로켓 자체로 죽은 사람보다 로켓을 만드는 과정에서 죽은 사람이 훨씬 많았다.

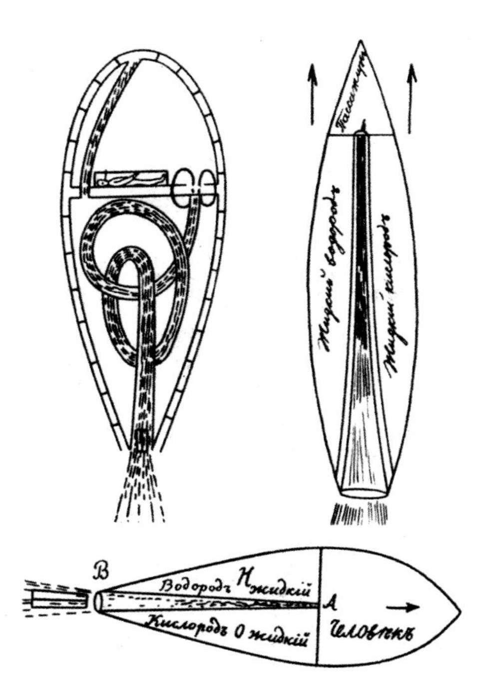

기체역학과 로켓 추진 방식이 적용된 불을 뿜는 추진체. 치올코프스키의 설계도는 대략 그린 것처럼 보이지만, 새로운 관점을 싹트게 하는, 실용적인 진전을 담고 있었다.

적어도 1810년대부터 로켓은 군사적인 목적으로 연구되었다. 하지만 실험 성공률은 그렇게 높지 않았다. 그래도 멜리아스의 영화가 나오고 1년 뒤에 콘스탄틴 치올코프스키(Konstantin Tsiolkovsky)는 러시아의 과학 논문집에 로켓에 대한 자신의 방정식을 발표했다. 당시에는 그렇게 큰 반응을 얻지 못했지만 1917년에 러시아 혁명이 일어난 이후 치올코프스키의 작업은 소비에트 연방의 우주 계획에 상당한 영향력을 미쳤다. 치올코프스키는 로켓 말고도 에어로크(항공기 등의 기압 조정실)와 생명 유지 장치, 빙글빙글 돌면서 인공 중력을 만들어내는 우주 정거장을 설계했다. 로켓은 우주 개발 경쟁의 대상이었을 뿐만 아니라 군비 경쟁에도 동원되었다. 그중 가장 유명한 예는 베르너 폰 브라운(Werner von Braun)의 V2 로켓이다. 제2차 세계대전이 끝날 무렵에는 약 3000대의 로켓이 연합국의 여러 도시에 발사되었다.

로켓 방정식에 따르면 로켓의 무게가 주어졌을 때 어느 정도의 가속도가 필요한지, 연료의 무게나 엔진의 효율은 어느 정도여야 하는지를 알 수 있다. 특히 이 방정식은 연료를 더 많이 집어넣어도 가속도는 로그 함수에 따라 증가한다는 사실을 알려준다(36쪽, '로그' 참고). 이 말은 연료를 많이 집어넣을수록 돌아오는 효과가 적어진다는 뜻이다. 로켓 방정식은 전체 정보를 하나의 깔끔한 묶음으로 정리해준다. 이 방정식은 상대적으로 단순한 모형이다. 예컨대 공기 저항 같은 요인을 무시했는데, 이 요인은 꽤 중대할 수도 있다. 그럼에도 오늘날 허블 우주망원경에서 국제 우주 정거장, GPS 시스템, 수천 개의 특수 위성들까지 지구 궤도를 도는 모든 장비들은 치올코프스키의 방정식 덕분에 그 자리에 있다고 해도 과언이 아니다.

실제로 작동하는 로켓을 만들기 위해서는 연료와 질량, 가속도 사이의 관계를 이해하는 과정이 무척 중요하다.

드모르간의 법칙

이 근본적인 논리 법칙은 모든 컴퓨터 기술의 기초를 이룬다.

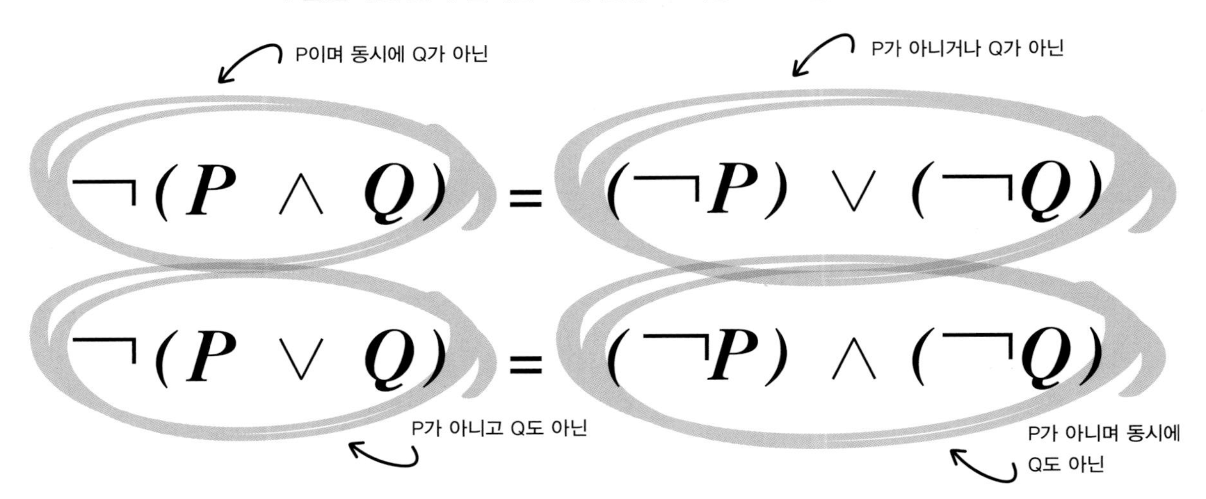

어떤 내용일까?

모든 컴퓨터의 중심에는 중앙 처리 장치(CPU)가 있다. 이 장치의 핵심은 논리 연산을 수행하는 조그만 스위치들의 배열이다. 프로그램을 작동할 수 있는 오늘날의 컴퓨터가 18세기에 만들어진 계산기와 다른 점은 산수보다 논리에 의존한다는 점이다. 예전의 계산기들은 아주 제한적인 범위의 작업들만이 가능하다. 반면에 오늘날의 컴퓨터는 소설을 쓰거나 영화를 편집하거나 계좌를 관리하거나 복잡한 물리계를 시뮬레이션하거나 하는 데 활용된다. 이렇듯 컴퓨터가 다재다능한 것은 논리학이 가진 융통성 때문이다.

드모르간의 법칙은 논리학에 대한 여러 지식들 가운데 가장 간단하고 유용한 축에 들어간다. 이 법칙이 뜻하는 바를 말로 풀어보면 직관적으로 명확하게 이해할 수 있다. 첫 번째 법칙은 '그 동물은 새이며 그리고 그 동물은 날 수 있다'가 거짓이라면, 그 동물은 새가 아니거나 날 수 없는 셈이라고 말한다. 그리고 두 번째

그 동물은 새인가, 그리고 그 동물은 날 수 있는가? 드모르간의 법칙은 펭귄과 하마를 더욱 단순한 용어로 기술하도록 해준다.

$P \wedge Q$

$\neg (P \wedge Q)$

$\neg (P \vee Q)$

초기의 컴퓨터에서 진공관은 논리 게이트를 만드는 데 사용된다.

법칙에 따르면, 만약 '그 동물은 새이거나 그 동물은 날 수 있다'가 거짓이라면, 그 동물은 새가 아니며 동시에 날 수 없다. 컴퓨터 과학이라 해도 사실 생각보다 어렵지 않다. 이 각각의 법칙을 통해 '그리고'를 사용한 표현은 '또는'을 사용한 또 다른 표현과 정확히 같다는 사실을 알 수 있다. 또 이 두 가지를 서로 바꾸는 방법에 대해서도 명확하게 알 수 있다.

이 방정식은 왜 중요할까?

언뜻 이런 종류의 논리는 그렇게 인상적이지 않아 보인다. 두 개의 법칙은 뻔한 내용을 이야기하는 것처럼 보인다. 그래도 다음과 같은 사실은 확실하다. 우리가 이런 뻔한 내용을 암호로 만들어 조그만 실리콘 조각에 새겨넣는 작업을 수백만 번, 수십억 번 반복함으로써, 오늘날 우리를 둘러싼 놀라운 기술을 일궈냈다는 점이다. 이 기술 가운데는 의료 장비, 소비 용품, 산업적 도구, 무기 시스템이 포함된다. 이 과정을 가능하게 한 암호는 형식 논리인데, 이 논리로 상식적인 인간의 추론을 돌멩이(다시 말해 실리콘 칩)에게도 가르칠 수 있는 것처럼 보인다.

고트프리트 라이프니츠(Gottfried Leibniz)는 이미 18세기부터 생각하는 기계를 고안했다. 하지만 실용적이고 다재다능한 컴퓨터를 만들기 위해서는 논리에 대한 형식화를 수행해야 했다. 이 작업은 꽤 오래 걸렸다. 사실 아리스토텔레스의 시대부터 이 일이 시작되었다고 할 수도 있다. 중세 때는 아랍과 유럽 전통에서 이 작업을 이어갔다. 오늘날 이 분야는 여전히 해결되지 않은 질문과 철학적인 논쟁으로 가득하다. 하지만 19세기에는 큰 진전이 있었다. 드모르간이 발표한 법칙이 결정적인 역할을 한 것이다. 이 발전이 없었다면 우리가 아는 컴퓨터는 어쩌면 발명되지 못했을지도 모른다.

19세기 중반 찰스 배비지(Charls Babbage)와 에이다 러블레이스(Ada Lovelace)는 프로그램을 작동할 수 있는 '해석 기관'을 만들었다. 제2차 세계대전 때에는 배비지의 작업이 새로운 흥밋거리로 떠올랐다. 영국에서 암호를 해독하는 중요한 혁신이 이뤄졌고, IBM의 공학자들은 '마크 I'을 만들었다. 존 폰 노이만(John von Neumann)은 이 장치를 활용해 맨해튼 프로젝트의 일부인 핵 폭발을 시뮬레이션해보았다. 그리고 앨런 튜링(Alan Turing)은 형식 논리를 주춧돌 삼아 현대 컴퓨터 과학의 개념적인 기초를 다졌다.

더 자세하게 알아보자

이 법칙은 명제 논리학에 속한다고 알려져 있다. 명제 논리학에서 영어 대문자는 참이거나 거짓인 '명제'에 대한 진술을 나타낸다. 사실 여기서 중요한 가정은 모든 문장이 참이거나 거짓 둘 중의 하나라는 점이다. 참인 동시에 거짓이거나, 참도 아니고 거짓도 아닐 수는 없다. 우리가 주어진 문장에 대해 모른다 해도 말이다. 컴퓨터에서 우리는 특정 지점에 전류가 흐르면 그 지점의 명제는 참이고, 전류가 흐르지 않으면 명제는 거짓이라는 식으로 활용한다. '~아니다'를 뜻하는 기호인 ¬는 명제의 상태를 참에서 거짓으로, 또는 거짓에서 참으로 바꾼다. 여러분이 눈가리개를 한 채 방 안으로 들어온다고 상상해보자. 그러면 방에 전등이 켜졌는지 꺼졌는지 알 수 없다. 이때 전등 스위치가 하는 일이 바로 ¬의 역할이다. 스위치가 켜지면 불은 꺼졌던 셈이고, 스위치가 꺼지면 불은 켜져 있던 셈이다.

논리 접속사인 ∨와 ∧를 활용하면 복잡한 명제로 조합할 수 있다. 논리 접속사는 일종의 연결 상자라고 생각할 수 있다. 가끔은 '게이트'라고도 불린다. 전선 2개가 연결 상자 안으로 들어가면 전선 1개만 밖으로 나온다. 첫 번째 논리 접속사(∨)는 전선 가운데 어느 하나에만 전류가 들어와도 전류를 내보낸다. 쉽게 얘기하면 이 접속사는 '또는'이다. 전선 양쪽에 모두 전류가 들어와도 이 접속사는 전류를 내보낸다는 사실을 기억해두자. 논리학자들은 '당신 아이가 여자아이인가요, (또는) 남자아이인가요?'라는 질문에 '여자아이예요' 같은 대답 대신 '네'라고 대답하고는 뿌듯해하곤 한다. 아이는 여자아이거나 남자아이이기 때문이다.

두 번째 논리 접속사(∧)는 두 전선 모두에 전류가 들어와야만 전류를 내보낸다. 그래서 이 접속사를

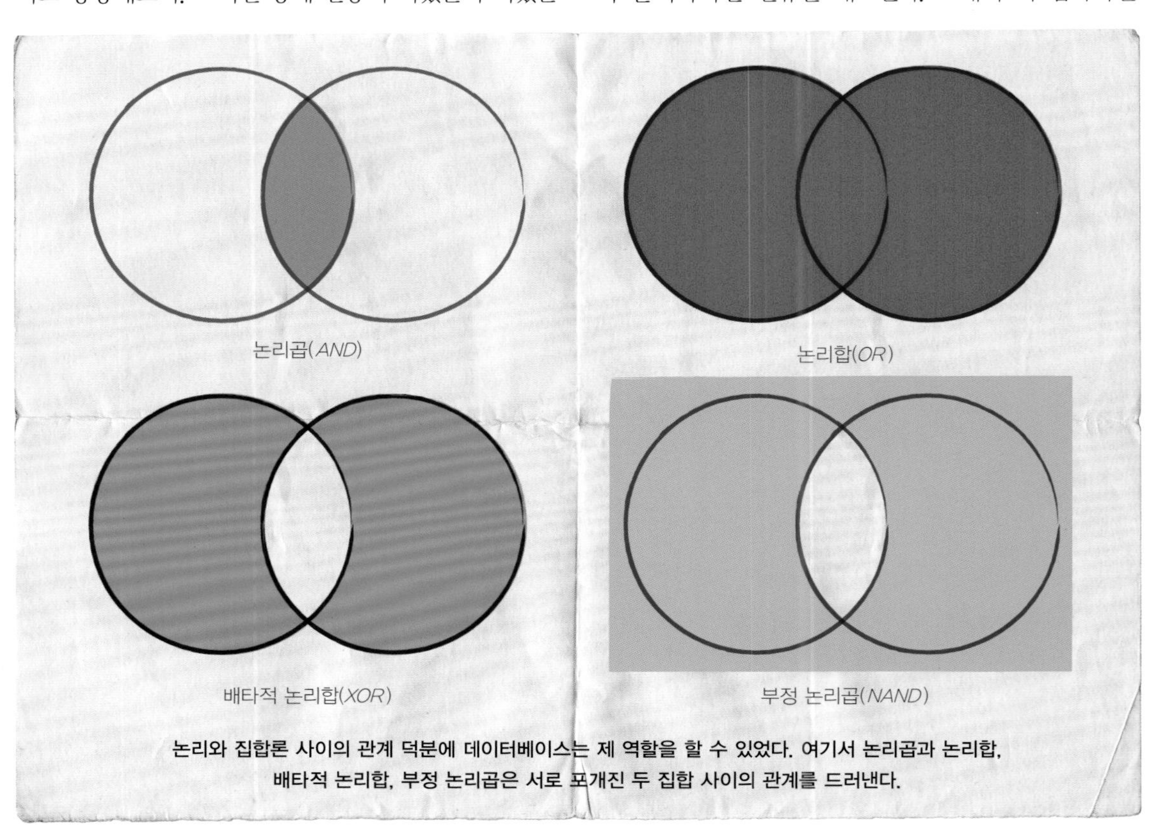

논리와 집합론 사이의 관계 덕분에 데이터베이스는 제 역할을 할 수 있었다. 여기서 논리곱과 논리합, 배타적 논리합, 부정 논리곱은 서로 포개진 두 집합 사이의 관계를 드러낸다.

'그리고'라 부른다. 드모르간의 법칙은 동등성이라는 특징을 가진다. 명제 P와 Q가 참이든 거짓이든 상관없이 이 문자를 활용해 더 복잡한 명제를 조합해 방정식에서 등호로 연결하면 양변의 값은 항상 같다. 둘 다 참이거나 둘 다 거짓이다.

만약 우리가 이 논리 게이트를 많이 갖고 있다면 온갖 종류의 복잡한 구조를 만들 수 있다. 실리콘 칩이 하는 일도 근본적으로 이것과 동일하다. 몇몇 논리 게이트를 도구상자처럼 이용함으로써 유용하면서도 다시 설정할 수 있는 장치들을 만들 수 있다. 그리고 컴퓨터는 이진법으로 숫자들을 표시해 연산하기 때문에 37은 100101처럼 표시된다. 모든 숫자가 1이거나 0이어서, 이것을 '참' 또는 '거짓'이라 간주하고 논리 게이트의 배열 안에 집어넣을 수 있다. 그러면 작은 숫자들을 더하는 단순한 연산이라도 정확하게 설정하기 위해 많은 수의 게이트가 필요하다. 하지만 어쨌든 중요한 사실은 결과가 나온다는 점이다. 논리 게이트는 숫자라든지 산수에 대해 아무것도 모르겠지만 말이다. 이 말은 이 접근 방식이 무척 유연해서 많은 것에 적용할 수 있다는 뜻이다. 드모르간의 법칙은 이런 복잡한 논리학적 설정을 단순화하는 데 도움을 준다. 논리적인 분석뿐만 아니라 컴퓨터 칩의 공간을 절약하는 실용적인 목적에도 부합한다.

여러 논리 게이트는 사람에게 꽤 편리하지만, 컴퓨터는 이 모든 개념이 전부 필요 없다. 그래서 '~이 아닌', '그리고', '또는' 게이트를 가지고 'nand(낸드)'라는 하나의 게이트를 만들 수 있다. 이것은 'not and'의 줄임말이다. 'P nand Q'는 논리적으로 다음과 같은 뜻이다.

$$\neg(P \wedge Q)$$

여러분은 'P nand P'에서 $\neg P$를 얻을 수 있을 것이다. $\neg P$는 P가 거짓일 때 참이고, P가 참일 때 거짓

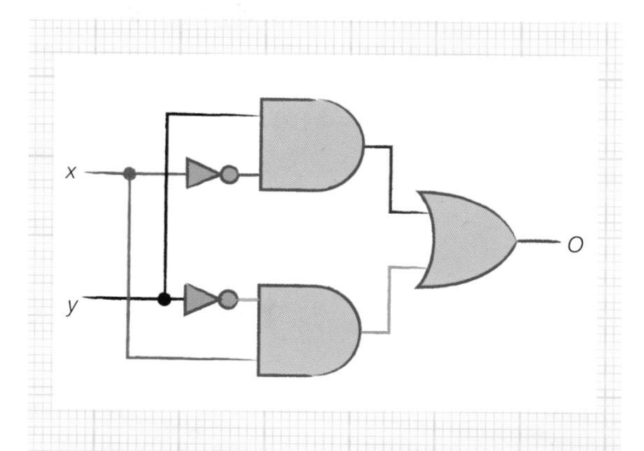

논리곱(둥근 도형), 논리합(뾰족한 도형), 부정(조그만 삼각형) 게이트를 활용해서 만든 간단한 회로다. O에서 참이라는 값을 얻으려면 X와 Y는 각각 무슨 값일까?

이다. 이와 비슷하게 'P and Q'는 '(P nand Q) nand (P nand Q)'이며, 'P or Q'는 '(P nand P) nand (Q nand Q)'이다. 물론 이렇게 표시하면 보통 사람이 알아보기에 어렵지만, 여기서 나타나는 대칭성은 드모르간의 법칙 덕분이라는 사실을 눈치 챌 수 있을 것이다.

드모르간의 법칙은 집합론의 용어로도 표현할 수 있다. 집합론은 명제와 논리 연결사를 사물의 집합과 그것들의 합집합, 교집합, 여집합 등으로 바꿔서 나타낸다. 집합론은 순수 수학의 언어로 중요할 뿐 아니라 컴퓨터를 통해서도 여러 실용적인 적용이 가능하다. 한 가지 명확한 사례는 관계형 데이터베이스다. 이것은 집합론의 용어로 바뀌어 프로그램된다. 여기와 관련된 또 하나의 사례는 집합론이 검색 알고리즘에서 핵심적인 역할을 한다는 점이다. 실제로 몇몇 인터넷 검색 엔진을 사용하려면 검색하려는 대상을 논리적인 표현으로 바꿔야 한다. 그러면 검색 엔진이 그것을 뒤에서 집합론의 형태로 변환한다. 드모르간의 법칙은 순수 논리학뿐만 아니라 실용적인 영역과도 관련이 있는 셈이다.

'그리고', '또는', '아닌'은 어린아이도 쉽게 배울 수 있는 무척 기본적인 개념이다. 드모르간의 법칙은 이 개념들을 깔끔하면서도 대칭적인 포장으로 한데 묶었다.

오류 수정 코드

전신을 비롯해 매리너 화성탐사 계획, 디지털 매체와 통신에 이르기까지 이 코드가 없었다면 우리는 잡음의 바다에서 길을 잃었을 것이다.

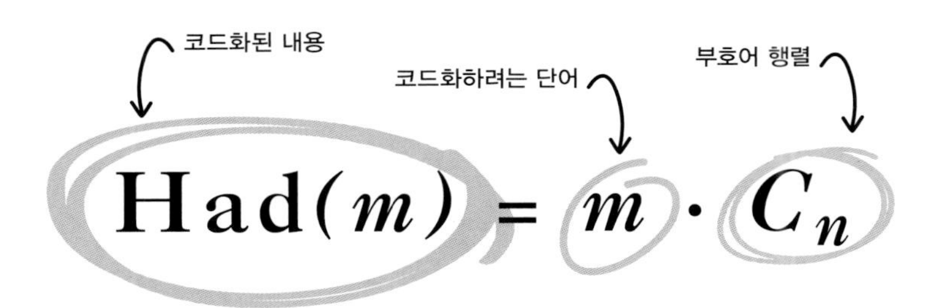

$$\mathrm{Had}(m) = m \cdot C_n$$

어떤 내용일까?

우리가 사는 세상은 무척 복잡하기 때문에 메시지를 멀리 떨어진 장소로 전달해야 하는 경우가 생긴다. 하지만 대부분 전달이 잘 되었는지는 불확실하다. 메시지는 사람에 의해 전달되어야 하는데(때로는 여러 명이 필요하다) 전달되는 과정에서 온갖 위험에 노출된다. 보트가 물에 잠기거나 마차가 강도들의 공격을 받거나 전달자들이 뇌물을 받기도 한다. 하지만 일단 목적지에 도달했다면, 편지는 보내는 사람이 쓴 그대로라고 추측하는 것이 합리적이다.

하지만 통신의 기계적인 형태가 완전히 바뀌면서, 선박 사이에서 단순히 메시지를 전달할 때도 빛을 사용하게 되었다. 이 신호는 잘 보이지 않았던 데다 보내는 사람이나 받는 사람 가운데 누군가가 실수를 저지를 수도 있었기 때문에 메시지에 '잡음'이 섞여들었고 전달된 결과에는 혼동이 생겼다. 일상적인 언어로 이뤄진 문장에서도 사람은 원래 의도된 메시지가 무엇인지 추측하는 경우가 다반사다. 하지만 메시지가 숫자들의 열로 구성되었다면 어떨까? 그리고 보내는 쪽과 받는 쪽에 사람이 아닌 기계가 자리한다면, 그 결과 결국에는 컴퓨터가 메시지를 주고받아 즉각 처리할 수 있다면 더 좋지 않을까?

가끔은 배달하는 과정에서 편지가 손상되는 경우가 있다. 그래도 가능하다면 우리는 이 편지를 해독하고자 한다.

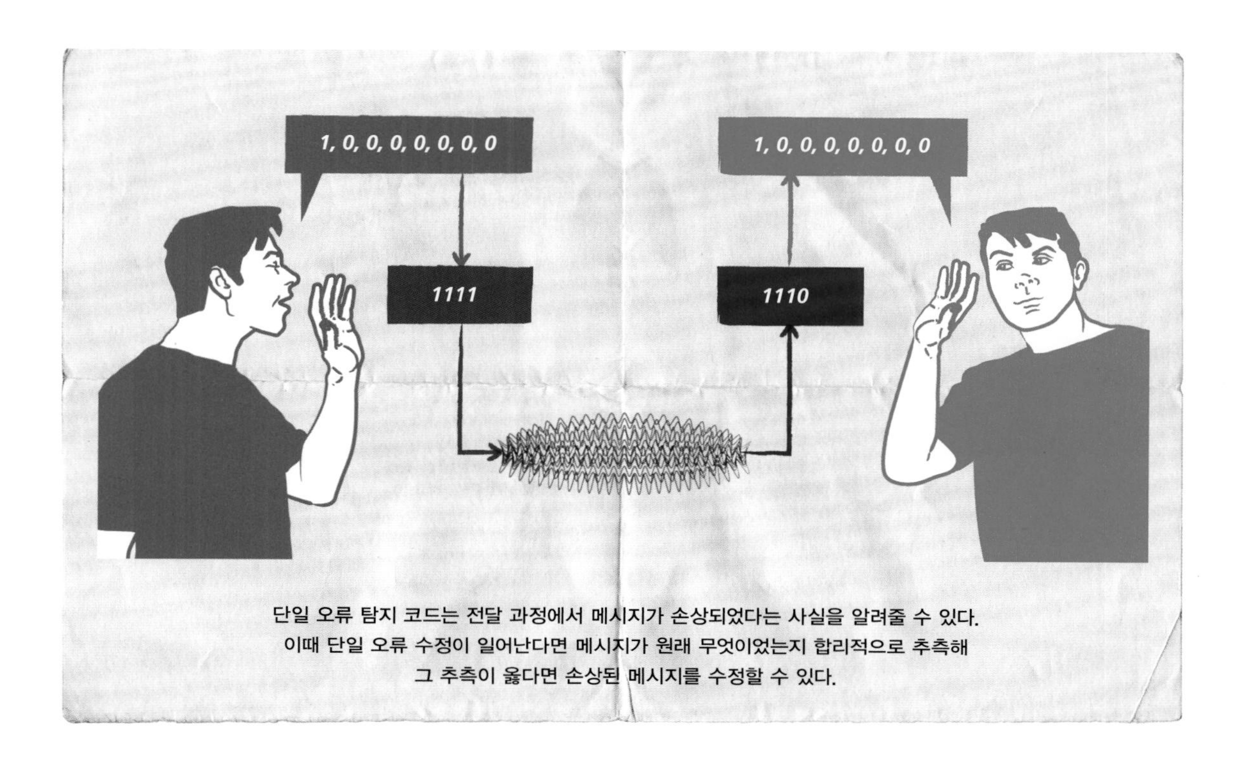

단일 오류 탐지 코드는 전달 과정에서 메시지가 손상되었다는 사실을 알려줄 수 있다.
이때 단일 오류 수정이 일어난다면 메시지가 원래 무엇이었는지 합리적으로 추측해
그 추측이 옳다면 손상된 메시지를 수정할 수 있다.

이 방정식은 왜 중요할까?

가장 단순한 통신 모델은 메시지와 보내는 쪽, 받는 쪽, 그리고 통로를 포함한다. 통로란 메시지를 보내는 우편 체계라든가 광학 케이블을 말한다. 현실 세계에서 거의 모든 통로에는 '잡음'이 존재한다. 잡음은 전달되는 과정에서 변형되고 메시지를 방해하는 물리적인 특징을 갖는다.

하지만 오류를 수정하는 계획은 어떤 것이든 완벽하지 않다. 최악의 경우에는 보내는 쪽과 받는 쪽 사이에서 메시지 전체가 삭제될 수 있고, 그런 경우 아무리 교묘한 방법으로 오류를 수정하려 해도 전혀 소용없다. 그럼에도 잡음이 존재하는 통로를 따라 신호를 보내는 방식을 잘 처리할 수 있는 방법이 있다. 또 반대쪽 끝에서 그것이 올바른 신호라는 합리적인 근거를 갖고 신호를 다시 구축할 수도 있다.

만일 여러분이 왜곡되어 뒤바뀐 메시지를 받았다면, 확실한 처리법은 보내는 사람에게 다시 보내달라고 요청하는 것이다. 하지만 문제는 여러분이 받은 메시지가 왜곡된 것인지 아닌지 알 수 없다는 점이다.

여기엔 또 다른 해결책이 있다. 모든 메시지를 두 번 보내는 것이다. 그러면 첫 번째 메시지에서 엉망진창으로 변형된 부분도 두 번째 메시지에서는 정상일 테고, 두 번째 메시지에서 변형된 부분도 첫 번째 메시지에서는 문제가 없을 것이다. 하지만 이런 접근법이 지닌 문제점은 어떤 버전이 옳은지를 구별할 수 없거나, 양쪽 메시지 모두 망가졌을 수도 있거나 한다는 점이다.

게다가 이 전략을 선택하면 메시지의 길이가 두 배가 되어버린다. 이러면 통신의 대역너비가 제한된 상황에서는 문제가 된다. 그렇기 때문에 같은 메시지를 여러 배로 보내는 방식은 원래 메시지를 정확하게 복원할 수는 있어도 우리가 고를 만한 선택지는 아니다. 우리는 효율성을 고려해야 한다. 가끔은 끔찍할 정도로 잡음이 섞인 원천에서 정보를 복구해야 할 수도 있다. 아마도 엄청난 노력을 들여야 할 것이다. 우리의 목적은 오류를 보다 빠르고 쉽게, 가능한 고생을 덜 하면서 수정하는 것이다.

앞서 나열한 문제들은 19세기에서 20세기에 통신

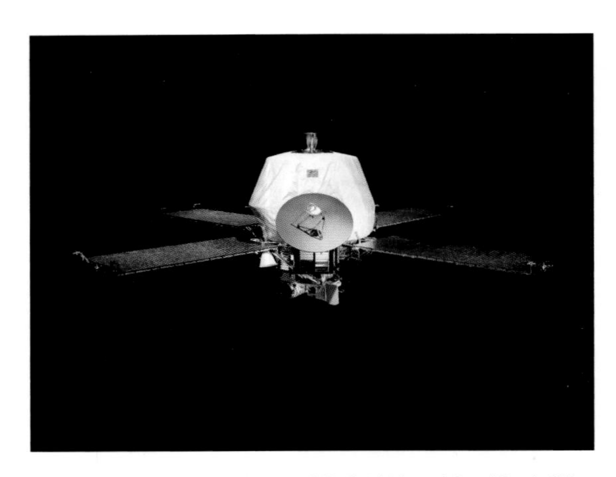

매리너 9호는 아다마르 코드를 사용해 화성 표면을 찍은 자세한 이미지를 전송했다.

기술이 발전하면서 한층 심각해지고 흔해졌다. 전자 통신은 빠르고 저렴해야 하기 때문에 같은 메시지를 여러 번 보내는 것은 이상적인 상황과 거리가 멀었다. 지난 10년 동안 전송되는 데이터의 양이 폭발적으로 늘면서, 우리는 메시지가 조금의 흠집도 없이 비용을 거의 들이지 않고 눈 깜짝할 사이에 전달되기를 기대한다. 다행히 오늘날 우리는 눈부신 성취를 거두었다. 대부분의 경우 굉장히 잘 작동하기 때문에 오류가 거의 눈에 띄지 않는다.

더 자세하게 알아보자

1971년 11월 14일, 무인 우주선인 매리너 9호가 화성의 궤도에 진입해 사진을 찍었다. 이 우주선은 시각적 정보를 2진수의 데이터로 코드화한 다음 지구로 전송했다. 이 메시지는 수백만 킬로미터를 날아왔고, 그러는 동안에 엄청난 양의 잡음으로 오염되었다. 그럼에도 사진의 질이 좋았고, 대중의 상상력을 일깨웠다. 매리너 9호는 질 좋은 사진을 찍기 위해 오류 수정 코드를 활용했다.

그러면 이 코드는 어떻게 작동할까? 먼저 우리가 10×10픽셀로 디지털 이미지를 보낸다고 가정하자. 각 픽셀은 8개 색 가운데 하나다. 우리는 숫자 100개의 흐름으로 자료를 보내지만, 받는 쪽의 사람은 이미지를 보기 위해 10열의 10픽셀로 사진을 해독한다. 우리는 매리너 9호에서 사용했던 것과 비슷한 아다마르 코드를 활용해 잡음이 섞인 통로로 자료를 전송한다. 처음에 우리는 각각의 색깔을 0이 나열된 가운데 특정한 자리에 1이 들어가는 목록으로 전송한다. 예를 들어 (0, 1, 0, 0, 0, 0, 0, 0)는 남색이고 (0, 0, 0, 0, 1, 0, 0, 0)는 초록색인 식이다. 이것이 맨 앞 방정식에서 m이 나타내는 바다.

이제 무엇보다 먼저 해야 할 일은 적당한 아다마르 행렬을 고르는 것이다. 이 행렬은 0과 1로 이뤄진 특별한 정사각형 배열이다. 8개의 글자를 처리해야 하므로 4×4 아다마르 행렬을 고를 것이다(그 이유에 대해서는 곧 알게 된다).

$$H_4 = \begin{pmatrix} 1 & 1 & 1 & 1 \\ 1 & 0 & 1 & 0 \\ 1 & 1 & 0 & 0 \\ 1 & 0 & 0 & 1 \end{pmatrix}$$

이제 이 행렬 2개를 위아래로 쌓은 다음, 아래쪽 행렬은 0을 전부 1로, 1을 전부 0으로 바꾼다.

$$C_4 = \begin{pmatrix} 1 & 1 & 1 & 1 \\ 1 & 0 & 1 & 0 \\ 1 & 1 & 0 & 0 \\ 1 & 0 & 0 & 1 \\ 0 & 0 & 0 & 0 \\ 0 & 1 & 0 & 1 \\ 0 & 0 & 1 & 1 \\ 0 & 1 & 1 & 0 \end{pmatrix}$$

각 색깔을 코드화하기 위해 우리는 색깔에 해당하는 표현에 행렬 C_4를 곱해야 한다. 그러면 행렬에서 각각의 색깔에 대한 독특한 가로줄을 얻을 수 있다. 두 번째 가로줄 (1, 0, 1, 0)은 파란색이고 세 번째 가로줄은 빨간색에 해당하는 식이다. 이때 유의해야 할 중요한 사실은 2개의 가로줄이 적어도 2개의 숫자만큼 서로 다르다는 점이다. 예컨대 초록색을 자홍색과 혼동하면 3번째와 4번째 숫자가 뒤집힌다.

이제 우리에게 픽셀 (1, 0, 0, 0)이 주어졌다고 가정해보자. 이 픽셀은 C_4의 가로줄에 존재하지 않기 때문에 당장 해독할 수는 없다. 이 픽셀은 어떤 색깔로든 시작할 수 있고 최대 4개의 숫자가 틀릴 수도 있다. 심지어 1개의 오류만 있다고 가정할지라도, 이 암호는 두 번째 자리에 오류가 있는 (1, 1, 0, 0)과 세 번째 자리에 오류가 있는 (1, 0, 1, 0), 네 번째 자리에 오류가 있는 (1, 0, 0, 1)을 원래 암호와 구별할 수 없다.

그러나 이 암호는 전달되는 단어의 단일 오류를 감지할 수는 있다. 하지만 우리를 위해 자동으로 수정해주지는 못한다. 물론 오류 탐지는 그 자체만으로 쓸모가 있다. 그럼에도 오류 수정 장치는 절대 완벽해지지 않는다. 우리가 할 수 있는 일은 신호를 받는 쪽에서 제대로 해석할 가능성을 높여주는 것이다. 만약 우리가 우연한 오류를 연속해서 겪고 유효한 부호어를 얻었다면 맥락을 통해 문제점을 발견하는 것이 유일한 방법이다. 이 방법은 어떤 유형의 메시지에서 꽤 쉽지만, 또 다른 유형에서는 거의 불가능하다.

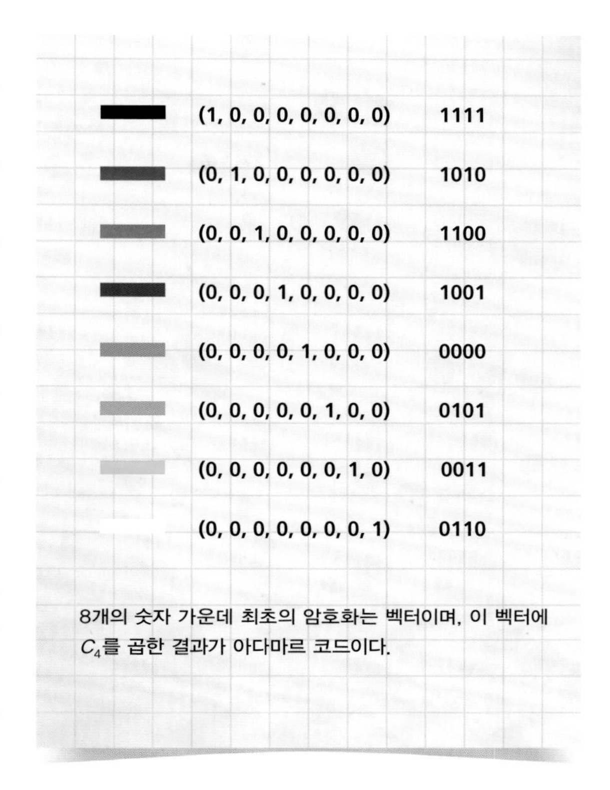

8개의 숫자 가운데 최초의 암호화는 벡터이며, 이 벡터에 C_4를 곱한 결과가 아다마르 코드이다.

이 방식은 더 큰 아다마르 행렬로 확장될 수 있지만, 여기에 대해 자세히 늘어놓는 것은 불필요해 보인다. 결과만 얘기하자면, 제한된 수의 오류가 전달된 픽셀에 끼어들었을 때, 우리는 그 오류가 탐지되어 수정될 것이라 보장할 수 있다. 예를 들어 적어도 두 장소를 구별하는 대신 부호어는 적어도 네 장소를 구별한다. 그러면 오류가 하나인 경우에는 전달받은 메시지에 다른 것들보다 더욱 가까운 부호어가 언제나 하나 존재한다. 만약 오류가 하나뿐이라고 가정한다면 가장 가까운 부호어를 사용해 오류를 수정할 수 있다.

여기에 대한 대가가 있다면 메시지가 점점 길어진다는 점이다. 더구나 우리는 모든 오류를 탐지해 올바르게 수정했는지 여부를 결코 확신할 수 없다. 우리가 할 수 있는 것은 오류를 수정할 확률을 높이는 것이다. 이때 통신 기술에는 대개 어느 정도의 잡음이 섞여 있다는 점을 감안해야 한다.

메시지를 적절한 방법으로 코드화하면
메시지를 받는 사람이 메시지가 손상됐는지 알 수 있으며,
심지어 전송 과정에서 발생한 오류를 수정할 수도 있다.

정보 이론

이 식은 현대 컴퓨터 과학의 주춧돌 역할을 한 기본 방정식이다.

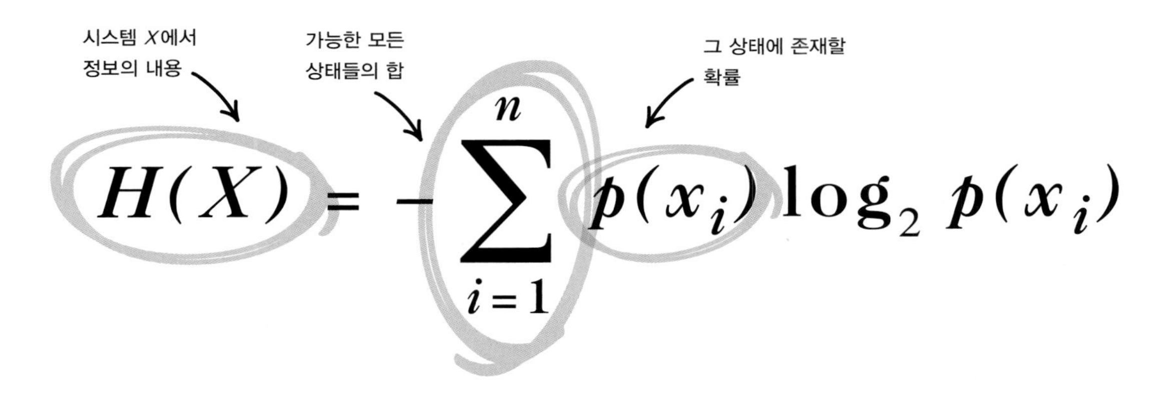

$$H(X) = -\sum_{i=1}^{n} p(x_i)\log_2 p(x_i)$$

어떤 내용일까?

디지털 이미지를 저장하는 가장 확실한 방법은 픽셀 각각의 색을 목록으로 정리하는 것이다. 이때 가로줄과 세로줄을 서로 맞춘다(130쪽, '오류 수정 코드' 참고). 이 형식에서 32×32픽셀의 이미지는 1024개의 서로 분리된 정보 조각을 하나씩 픽셀 하나에 할당한다. 오늘날의 그래픽 형식은 이런 이미지를 품질을 떨어뜨리지 않은 채 작은 크기로 압축할 수 있다.

웹브라우저를 켜면 흔히 보이는 집 모양의 아이콘을 예로 들어 보자.

0 0 0 1 1 0 0 0
0 0 1 1 1 1 0 0
0 1 1 1 1 1 1 0
1 1 1 1 1 1 1 1
0 1 1 1 1 1 1 0
0 1 1 0 0 1 1 0
0 1 1 0 0 1 1 0
0 1 1 0 0 1 1 0

여기서 0을 흰색으로, 1을 검은색으로 바꿀 수 있다. 네 번째 세로줄은 8개의 검은색 픽셀로 구성되어

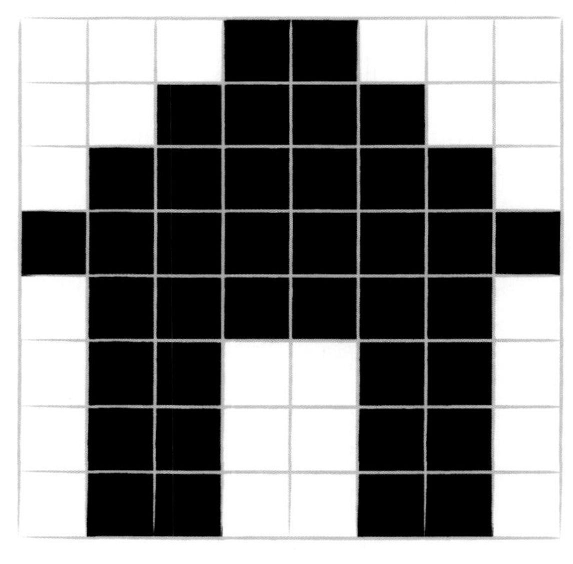

비트맵으로 저장된 이 단순한 이미지는 64비트의 정보를 필요로 한다. 1픽셀당 1비트이기 때문이다. 하지만 만약 공간이 모자라다면 우리는 더 좋은 방법을 찾을 수 있다.

있다. 여기서 우리는 다음과 같은 질문을 던질 수 있다. 우리가 굳이 '검정'이라는 단어를 8번 반복해 말해야 할까? '검정 8'이라고 얘기하면 같은 단어를 8번 되풀이하는 것보다 데이터를 적게 쓰지 않을까? 아래의 가로줄

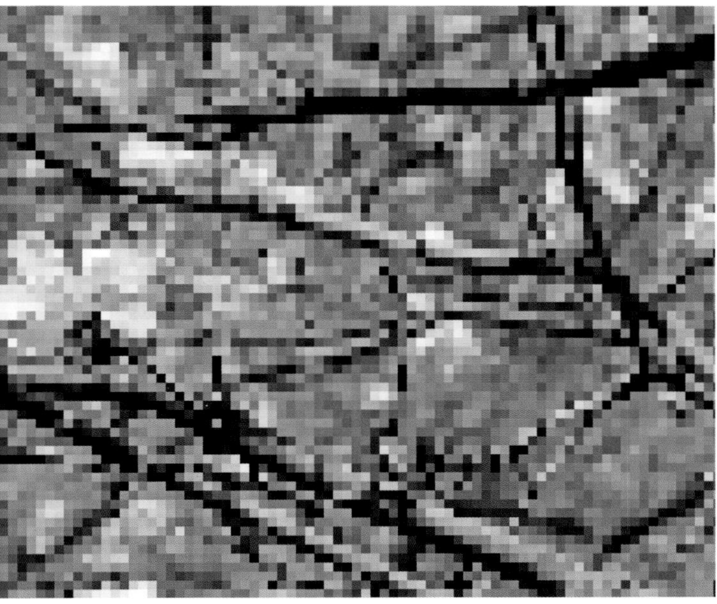

3개에 대해서는 더 좋은 제안을 할 수 있다. 24개의 개별적인 정보 조각을 되풀이하는 대신 '01100110 3번'이라고 말하면 더 좋지 않을까?

이것은 렘펠-지브-웰치(LZV) 압축 알고리즘의 기본 아이디어이기도 하다. 이 알고리즘은 GIF와 PNG 같은 표준적인 컴퓨터 이미지 포맷에 활용된다. 또한 ZIP나 PDF 같은 이미지가 아닌 파일 포맷에도 쓰인다. 이 원리는 마치 기적 같다. 원본보다 작은 데이터를 활용해서 같은 사진을 전송할 수 있기 때문이다. 이 마법처럼 보이는 기술의 핵심에는 정보 이론이 있다.

이 방정식은 왜 중요할까?

디지털 기술의 강자였던 시스코 사에 따르면, 2000년대에서 2010년 사이에 인터넷 트래픽은 300배로 증가했다. 2000년은 인터넷 초창기가 아니었다. 사실 그 시기는 인터넷 기업인 닷컴 회사가 한창 유행하던 때였다. 상당수의 사람들이 이미 집과 직장에 인터넷을 설치하고 음악을 내려받거나 쇼핑을 하고, 이메일을 보내거나 온라인 토론장에서 결론 없는 논쟁을 벌이거나 했다. 오늘날 우리는 집에서 광대역 인터넷을 통해 스트리밍 방식으로 영화를 감상하고, 회사에서는 멀리 떨어진 외국까지 다량의 데이터를 몇 초 안에 전송한다.

이미지를 압축하는 방식 가운데에는 손실이 생기는 경우가 있다. JPEG 포맷은 정보를 버리면서 파일을 작게 만들기 때문에 그 과정에서 세부 사항을 잃게 된다.

가공하지 않은 음악 파일이나 동영상, 고해상도의 사진을 가지고 일하는 사람이라면 다들 대용량 저장 공간이 필요하다는 사실을 안다. 그래서 인터넷에서는 파일을 흔히 압축시킨다. 하지만 그 가운데 MP3 같은 형식은 압축하는 과정에서 정보를 잃는다. 그러면 파일을 전송받은 쪽은 원본을 복구할 수 없기 때문에, 데이터의 품질은 영구적으로 떨어진다. 하지만 LZW 같은 방식은 압축할 때 손실이 없고, 데이터를 더욱 빽빽하게 압축시킴으로써 그 크기를 줄일 수 있다.

우리는 정보 이론을 통해 이 알고리즘에서 보존되는 데이터의 양을 알아내고 무엇을 잃어버리는지를 알 수 있다. 정보 이론은 수십 년 전부터 이론의 기초가 이미 어느 정도 발전되어 있었지만, 1940년대에 이르러서야 클로드 E. 섀넌(Claude E. Shannon)이 이론으로 정립했다.

인터넷에 활용된 사례 말고도 정보 이론은 신경과학, 유전학을 비롯한 다른 여러 분야에도 생산적으로 활용되었다. 이미 1956년부터 클로드 섀넌은 「악대차

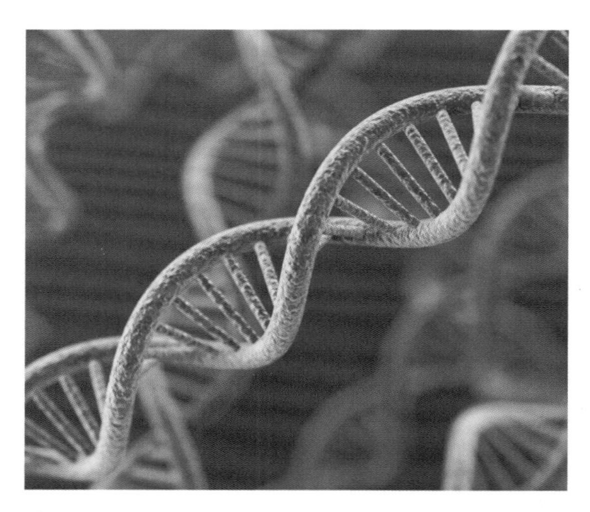

여러분의 DNA는 무척 복잡해 보이는 구조물을 놀랍게도 작은 공간 속에 집어넣는다. 이 구조물에는 여러분을 만들어내는 데 필요한 지시가 담겼다.

(The Bandwagon)」라는 제목의 논문을 출간해 다른 연구자들에게 지금 책상에 놓고 연구하는 문제에 정보 이론을 적용하는 데 신중을 가해야 한다고 주장했다. 그럼에도 섀넌의 이론은 폭넓게 적용되었다.

더 자세하게 알아보자

섀넌의 핵심적인 통찰은 어떤 메시지 속 정보의 양을 결정하는 것이 그 안의 문자나 숫자, 기호의 수를 세는 것처럼 간단하지 않다는 관찰에서부터 시작했다. 예컨대, 대중교통 방송에서 곧잘 들리는데, 되풀이되는 메시지는 같은 내용을 두 번 말할 뿐 두 배의 정보를 담고 있지는 않다는 것이다. 이런 일종의 중복은 어떤 메시지에서는 몹시 유용할 수 있는데, 바로 새로운 정보를 추가하지는 않지만 우리가 받은 정보의 일관성을 확인할 수 있기 때문이다(130쪽, '오류 수정 코드' 참고).

숫자가 AABAAAABABBABBA처럼 복잡한 숫자들의 나열은 ABABABABABABABAB처럼 되풀이되는 패턴에 비해 더 많은 정보를 담고 있다. 두 번째 패턴은 중복되어 있기 때문에 단순화될 수 있지만, 첫 번째 패턴은 그렇지 않다. 두 번째 패턴이 바로 LZW 알고리즘이 활용하는 대상이다(두 번째 패턴을 'AB × 8'로 압축할 수 있다). 첫 번째 메시지가 두 번째 메시지에 비해 정보를 더 많이 담고 있는 이유는, 첫 번째 메시지가 예측하기 더 힘들며 반복되는 패턴을 통해 설명하기가 힘들어서다.

이것은 예측 불가능성이 정보의 양을 재는 좋은 척도라는 사실을 알려준다. 극단적인 사례를 들자면, 내가 여러분이 나에게 말하려는 바를 알고 있는 경우에 여러분의 메시지는 정보를 전혀 전달하지 못한다. 반대로 만약 여러분이 나에게 말하려는 메시지가 상당히 예측하기 힘들다면 나는 주의를 더 많이 기울여야 한다. 새롭게 등장하는 부분이 정말로 예측하지 못한, 처음 접하는 내용이기 때문이다. 그 말은 메시지 속의 엔트로피, 즉 혼란스러움의 정도가 메시지에 담긴 정보량을 측정하는 좋은 수단일 수 있다는 뜻이다(74쪽, '엔트로피' 참고). 엔트로피가 낮은 메시지는 정보량이 낮기 때문에 엔트로피가 높은 메시지에 비해 더 많이 압축되어 있다.

우선 메시지가 고정된 '알파벳'으로 구성된 기호들의 흐름으로 구성되었다고 생각해보자. 이 알파벳은 문자나 숫자일 수도 있고 과일의 종류일 수도 있다. 무엇이든 수가 유한하고 우리가 서로 구별할 수 있으면 된다. 예를 들어 어떤 동물 연구가가 여러 종류의 동물을 관찰한 뒤 아래와 같이 알파벳을 사용해 기록했다고 가정하자.

x_1	x_2	x_3	x_4	x_5
(P)	(B)	(O)	(S)	(A)
펭귄	북극곰	범고래	바다표범	신천옹

그리고 시간이 지나 우리는 동물들 각각이 다음과 같은 확률로 관찰되었다는 사실을 알게 된다.

$p(x_1)$	$p(x_2)$	$p(x_3)$	$p(x_4)$	$p(x_5)$
0.4	0.05	0.15	0.25	0.15

그러면 다음과 같이 섀넌의 식에 따라 이 정보의 엔트로피 값을 계산할 수 있다. 각 메시지들이 나타나는 확률의 총합(18쪽, '제논의 이분법' 참고)을 그 확률

에 대한 밑이 2인 로그와 곱하는 것이다(36쪽, '로그' 참고).

$$H = -\sum_{(i=1)}^{5} p(x_i)\log_2 p(x_i) \approx -2.07$$

이때 H값, 즉 정보의 양은 가능한 신호들의 수가 증가할수록, 그리고 그 확률분포가 균일해질수록 큰 음수 값이 된다. 그러면 다음 신호가 무엇이 될 것이라고 추측하기 힘들어질 것이다(162쪽, '균일분포' 참고). 하지만 섀넌-하틀리 정리에 따르면 여기에는 한계 값이 있다. 특정한 종류의 통신로는 그 대역폭과 얼마나 많은 잡음에 영향을 받는지에 의해 구별된다. 그리고 당신이 압축할 수 있는 정보의 양에는 이론적인 최댓값이 존재한다. 이 말은 어떤 지점에서는 압축이 더 이상 작동하지 않는다는 것을 뜻한다. 그래서 정보를 더욱 빠르게 전달하고자 한다면 잡음이 적은 대용량 통신로에 투자할 필요가 있다.

정보에 대한 섀넌의 정의는 어렵고 전문적이다. 정확한 정의이기는 하지만 용어에 대한 우리의 일상적인 용법과는 꼭 일치하지 않는다. 예를 들어, 이 정의에 따르면 제대로 채널을 맞추지 않아 잡음(백색 잡음)만 들리는 라디오는 하나의 방송국에 채널을 맞춘 라디오보다 훨씬 많은 정보를 전달한다. 후자가 전자에 비해 훨씬 의미 있는 정보를 주지만 말이다. 우리는 식별 가능한 소리나 이미지를 되풀이해서 의미를 만들어낸다. 그렇지만 섀넌의 정의에서는 반복되는 패턴을 피해야 정보가 된다.

이런 현상은 과학적인 정의를 제시하는 과정에서 종종 벌어진다. 일상적인 경험을 수학적인 형태로 압축하는 정의일 때 특히 더 그렇다. 이 과정에서 거의 언제나 뜻이 변형되기 때문에, 우리는 새롭고 정확한 정의와 그동안 익숙하게 사용했던 일상적인 정의를 혼동하지 않도록 주의해야 한다.

몇몇 정보는 압축했을 때 가장 잘 전달된다.

'정보'와 같이 모호하게 들리는 대상을 수치로 나타내는 작업은 그 자체로 지성적인 업적이었다. 또한 이 작업은 컴퓨터와 통신 기술에 지대한 영향을 미쳤다.

푸리에 변환

우리가 사용하는 디지털 매체(또한 그 밖의 많은 것들)를 가능하게 하는 함수를 다음과 같이 표현할 수도 있다.

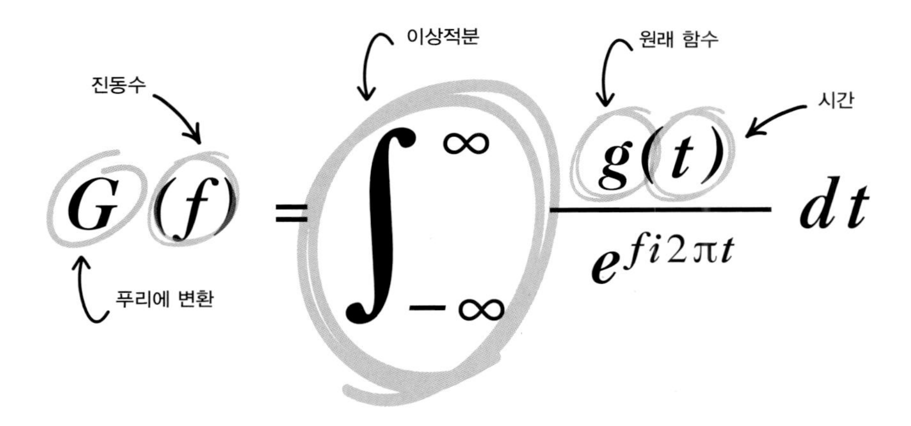

어떤 내용일까?

푸리에 변환은 수학 함수의 환전소와 비슷하다(36쪽, '로그' 참고). 여러분에게 $g(t)$라는 다루기 까다로운 함수가 있다고 가정하자. 비유적으로 말하면 $g(t)$는 일종의 고액권이라서 동네 가게에서는 잘 받아주려고 하지 않는다. 만약 $g(t)$를 은행 창구로 가져가면 직원은 기꺼이 동전이 가득 든 커다란 자루로 바꿔줄 것이다. 이 동전은 어디서든 원하는 대로 간편하게 사용할 수 있다. 만약 여러분이 돈을 쓰고 싶지 않다면 은행으로 돌아가 동전을 다시 원래의 고액권으로 바꾸면 된다.

정식 용어로 말하면 푸리에 변환은 거의 모든 복잡한 함수를 무척 단순한 함수들의 무한한 모음으로 바꿀 수 있다. 이런 단순한 함수들은 언제나 사인이나 코사인의 변형이다(14쪽, '삼각법' 참고). 즉 처음의 $g(t)$가 기묘한 함수였다 해도 이런 도구를 사용해 조작할 수 있다. 또 다른 비유를 들 수도 있다. 푸리에 변환은 이상하고 별난 함수를 단순하고 보편적인 언어로 번역한다. 그러면 우리는 이 보편 언어로 소통할 수 있으며, 필요하다면 원래로 되돌릴 수도 있다.

이 방정식은 왜 중요할까?

바깥세상에서 들어오는 신호를 처리하려면 기술적인 장치가 여럿 필요하다. 알다시피 바깥세상은 엉망진창일 수 있기 때문이다. 이렇게 들어오는 신호는 $g(t)$ 같은 함수 형태인 경우가 무척 많다. 그리고 우리는 이 함수가 어떤 모습이 될지 미리 알 수 없다. 모든 가능한 함수를 처리하는 시스템을 만드는 일은 무척 복잡하고, 설령 이런 시스템이 만들어졌다 해도 취약할 수밖에 없다. '모든 가능한 함수'가 정확히 무슨 뜻인지 아무도 쉽게 추측할 수 없기 때문이다. 예를 들어 CD 플레이어는 음악 속의 다양한 파형을 처리하기 위해 무척이나 많은 소프트웨어를 담고 있어야 한다. 하지만 가끔은 여러분이 집어넣는 무척 별난 기록을 읽지 못할 것이다.

푸리에 변환에 따르면 여러분은 이런 일을 할 필요가 없다. 대신에 우리가 처리하려는 신호가 무엇이든 그것을 단순한 삼각함수의 무한한 모음으로 변형시킨다. 소프트웨어는 이런 함수를 통해 제 구실을 하고, 만약 필요하다면 그 결과를 되돌릴 수도 있다. 단순하고 깔끔하며 효과적이다. 더구나 1960년대에 발명된 고속 푸리에 변환(FFT)이라는 알고리즘은 이 모든 변환

푸리에 환전소에서는 시간에 대한 함수를 진동수에 대한 함수로 바꿔준다. 또 그 반대의 작업도 한다.

을 무척 빠른 시간 안에 해낸다.

　푸리에 분석은 훨씬 오래전부터 이뤄졌다. 진동하는 현이나 줄을 다루는 방정식을 풀기 위해서였다(84쪽, '파동 방정식' 참고). 삼각함수 여럿을 더해 또 다른 종류의 진동을 만들어내는 방식이었다. 이 아이디어는 거의 환상적이라 할 수 있을 정도로 적용 범위가 넓었다. 바이올린 현의 떨림을 위아래로 진동하는 움직임의 조합으로 여길 수 있다는 사실은 그렇게 놀랍지 않다. 하지만 무척 넓은 영역에서 반복되지 않는 (때때로 지그재그 모양의) 데이터가 같은 방식을 따른다는 점은 오랫동안 불분명했었는데, 푸리에 변환에 의해 가능한 작업이 되었다.

SPL (dB)

20　100　1k　10k　20k

진동수 (Hz)

푸리에 변환의 진동수 영역은 음악을 시각화하는 데 종종 활용된다. 그 결과는 보기에 좋을 뿐 아니라 음향 엔지니어들의 작업도 간편하게 만들어준다.

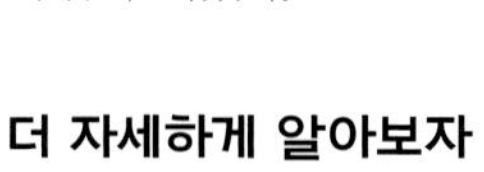

더 자세하게 알아보자

여러분이 복잡한 함수를 가져다주면, 푸리에 환전소의 직원은 그 함수를 단순한 함수가 가득 든 자루로 바꿔준다. 그 자루는 정말 클 것이다. 사실상 무한대에 가깝게 크다. 이 단순한 함수들 가운데 하나를 고르려면, 먼저 우리가 사용하고 싶은 진동수 f를 선택하고 그 진동수에 대한 푸리에 변환인 $G(t)$를 얻는다. 이 진동수는 어떤 수라도 상관없다. 무슨 수를 골랐는지, 전체 그림을 정확하게 보기 위해 얼마나 많은 샘플이 필요한지는 적용하는 방식에 따라 완전히 달라진다.

　이제 방정식의 일부를 하나하나 살펴보자. 방정식의 오른쪽 변은 거의 분수로 이뤄졌고, 원래 함수인 $g(t)$는 깔끔하지 못한 항으로 나뉘어져 있다. 이제 함수의 분모에 집중해보자. 여기에는 다음과 같은 사실을 적용할 수 있다(40쪽, '오일러 항등식' 참고).

$$e^{it} = \cos t + i \sin t$$

즉 이 항은 우리가 관심이 있는 두 개의 삼각함수를 동시에 가진 셈이다. 적분 기호에 달린 조금 무섭게 생긴 무한대 기호가 뜻하는 바에 따라, t는 보통의 양수와 음수를 전부 아우른다.

하지만 이 방정식에는 아직 더 살필 부분이 남았다. 앞의 항에 2π를 추가한 다음 항을 보자.

$$e^{i2\pi t}$$

2π를 추가했다는 말은 $t = 0$일 때 전체 항이 1이 된다는 뜻이다. 그리고 t가 정수가 될 때마다 진동주기는 다시 1로 반복해 돌아간다. 이런 방식으로 이 함수는 우리가 이해할 수 있는 범위 안에 들어오고 통제된다. 이제 다음을 보자.

$$e^{fi2\pi t}$$

진동수가 합쳐진 모습이다. 환전소에서 받은 자루에서 함수를 하나 끄집어내면 진동수 하나를 얻게 된다. 전체 방정식에서 f가 들어가는 곳은 여기뿐이니, 다양한 함수 사이에 차이가 나는 부분도 이곳이다.

이제 이것을 전부 합치면, 원래 함수를 사인과 코사인으로 나눈 진동하는 주기적인 함수가 된다. 이제 가능한 t값의 영역 전체에 걸쳐 이것들을 전부 더한다 (26쪽, '미적분학의 기본 정리' 참고). 그러면 수 하나를 얻게 되는데, 이것은 특정 진동수 f에 대한 푸리에 변환의 값이다.

하지만 여러분은 이렇게 물을지도 모른다. '잠깐만요, 저 함수의 가능한 값을 전부 무한대로 더했는데 어떻게 유한한 수가 나오죠?' 의미 있는 질문이다. 앞서 우리는 $e^{fi2\pi t}$가 주기 함수라는 사실을 강조했다. 주기적으로 스스로 되풀이된다는 뜻이다. 만약 $g(t)$가 무한대로 퍼져나가면 어떻게 될까? 그 함수에 대한 적분 역시

푸리에 변환 덕분에 자기공명영상(MRI)이 가능해졌다.

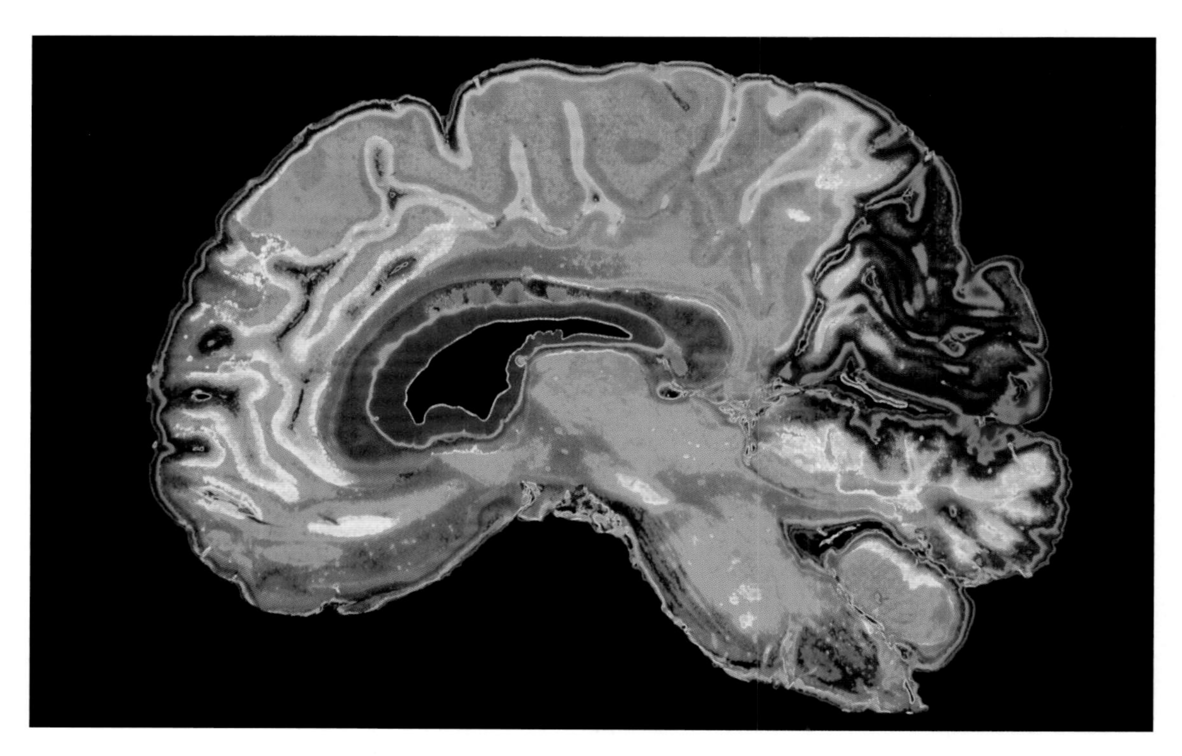

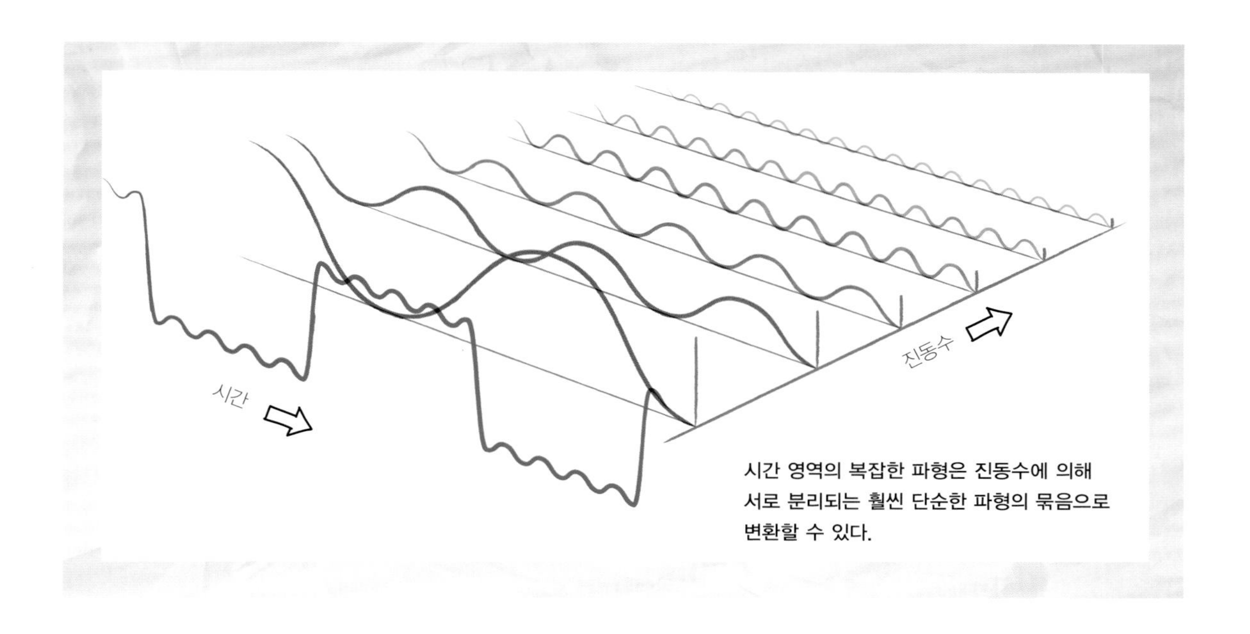

시간 영역의 복잡한 파형은 진동수에 의해 서로 분리되는 훨씬 단순한 파형의 묶음으로 변환할 수 있다.

무한대가 되지 않을까? 여기에 대한 답은, 우리가 양수 값과 똑같은 정도로 음수 값을 갖는 주기 함수(사인과 코사인)들의 조합을 곱한다는 사실에서 찾을 수 있다. 그러면 양수 부분과 음수 부분이 상쇄되어 0이 될지도 모른다. 이렇게 되지 않도록 방지하는 유일한 요소는 원래 함수 $g(t)$에서 오는 변형이다. 푸리에 변환이 바로 이 변형을 포착해낸다.

즉 푸리에 변환은 함수들의 새로운 집합이 아니라 다른 관점에서 바라본 원래 함수다. 원래 함수가 시간에 관한 함수라는 점은 꽤 자연스러워 보인다. 신호나 데이터의 묶음은 시간의 흐름에 따라 우리에게 전송되고, 우리는 시간의 흐름에 따라 그것을 저장하고 재구축한다. 우리는 시간이 흐르면서 발전하는 수학적 과정을 보고 싶어 한다. 이것은 우리가 세계를 탐색하는 방식이기도 하다. 시간을 변화의 변인으로 삼으면 벌어지는 모든 것을 볼 수 있다.

그런데 푸리에 변환은 함수들이 가득 든 자루를 우리에게 건네고, 우리는 시간보다는 진동수를 통해 이 함수에 접근한다. 자루 속에는 함수들이 질서 없이 모여 있다. 하지만 사실 그 진동수들은 무척 질서정연하게 배열된 보통 수들이다. 마치 원래 함수 $g(t)$를 다루는 데 활용하는 순간순간의 시간과 마찬가지다. 따라서 어떤 의미에서 우리가 지금까지 했던 작업은 '시간'을 '진동수'로 바꾸는 일이다. '시간' 대신 '진동수'가 수학적인 대상을 바라보는 창문이 된 셈이다. 푸리에 변환에 열광하는 사람들은 이 방식이 '시간 영역'과 '진동수 영역'을 뒤바꾼다고 얘기한다. 우리에게 직관적으로 잘 와 닿는 것은 시간 영역이지만 진동수 영역으로 바꾸면 수학적으로 다루기가 훨씬 간단해진다.

이 방정식은 열과 파동에 대한 물리학이 발전하는 과정에서 필요에 의해 탄생했다. 하지만 오늘날 푸리에 변환은 미적분학의 핵심과 맞닿아 있다.

블랙-숄스 방정식

이 방정식으로 이론적인 옵션 가치에 대한 계산이 가능해졌다.
그 결과 파생상품을 기초로 하는 디지털 금융 상품이 만들어졌다.

$$\frac{1}{2}S^2\sigma^2\gamma - \theta = r(V - \delta S)$$

기초자산의 변동성
세타
무위험 이자율
델타
감마
옵션의 가치
기초자산의 가격

어떤 내용일까?

금융 업계에서 '옵션'이란 미래의 어떤 날짜에 정해진 가격으로 특정 사물을 얼마큼 팔거나 사겠다는 계약을 말한다. 옵션은 양도가 가능한데, 이 말은 여러분이 옵션을 갖고 있다가 더 이상 원하지 않으면 누군가에게 팔 수 있다는 뜻이다. 그러면 산 사람에게 여러분이 가졌던 권리가 넘어간다.

옵션은 대개 금융 자산에 적용된다. 여러분이 이해하기 쉽도록 구체적인 사례를 들어보겠다. 여러분이 중고차 가게 주인이라고 가정하자. 여러분은 누군가에게 자동차를 어떤 정해진 가격으로 사서 더 높은 가격으로 팔려는 참이다. 사람들이 이 자동차에 지불하려는 가격이 떨어지면 여러분은 돈을 잃을 테고, 아무도 자동차를 사려 하지 않는다면 여러분은 돈을 전부 잃을 것이다. 만약 해당 자동차 모델에 안전상의 심각한 결함이 발견되었다면 이런 일이 벌어지기 쉽다.

이런 상황에서 여러분은 약간의 손해는 감수할 수 있지만 돈을 전부 잃는 것은 감당할 수 없다. 여러분의 잘못도 아닌데 가격이 내려갔기 때문이다. 그래서 여러분은 자동차 값이 구매한 가격보다 떨어지면 차를 판매하되 심한 손해를 입을 정도로 낮은 가격에 팔지는 않는 옵션을 샀다. 당장 이런 자동차를 저렴하게 팔려는 사람이 없기 때문에, 이 옵션은 값이 싸다. 그래서 옵션을 만든 사람은 그것이 사용된다고는 생각하지 않는다. 만약 사용된다면 자동차를 낮은 가격에 살 수 있어서 만족할 것이다. 만약 자동차의 가격이 크게 떨어진다면 옵션은 여러분을 곤경에서 구할 테고, 옵션을 판 사람은 그렇게 만족스럽지만은 않은 가격에 자동차를 사야만 한다.

대부분의 다른 파생상품과 마찬가지로 옵션은 일종의 보험 계약이다. 여러분은 옵션을 샀지만 이것은 아예 사용되지 않을 수도 있다. 그래도 여러분이 옵션을 사는 데 지불한 비용은 나중에 큰돈을 잃지 않도록 위험에서 구해준다는 점에서 상쇄된다. 알다시피 옵션은 돈을 벌겠다는 투기 목적으로 팔린다. 이런 점 때문에 옵션은 금융 시장의 병폐라며 조금은 부당하게 비판받는 경우가 많다.

이 방정식은 왜 중요할까?

하지만 옵션의 실제 가치가 얼마인지를 알아내는 과정은 골칫거리다. 그 가치는 계약의 세부 조건에 따라 달라지는데, 특히 앞의 사례에서 여러분이 자동차를 얼마에 팔기로 했으며 유효기간이 언제까지인지에 따라 다르다. 해당 자동차 모델의 시세 같은 계약 외적인 조건에 의해서도 달라진다. 그래서 이 모든 요소를 아우르는 하나의 공식이 있어서 여러분에게 옵션에 대한 제대로 된 값을 치러주면 좋겠지만, 여러 요소를 어떻게 묶어야 할지는 뚜렷이 보이지 않는다.

가장 문제가 되는 부분은 우리가 미래를 내다봐야 한다는 점이다. 1년 안에 자동차의 시장 가치가 얼마가 될지는 아무도 모른다. 애초에 옵션을 원했던 이유도 부분적으로 이런 점 때문이겠지만, 그러면 적정 가격을 찾기가 조금 까다로워진다.

이런 상황에서 1970년대에 미국의 경제학자인 피셔 블랙(Fischer Black)과 마이런 숄스(Myron Scholes), 로버트 머튼(Robert Merton)은 꽤 신기한 수학적 아이디어로 이 문제를 해결해냈다. 이들이 세운 방정식은 상당 부분 가설에 근거했지만, 그래도 인상적인 진전을 보였다. 또한 블랙-숄스 방정식은 오늘날의 금융 수학을 낳았고, 거의 모든 파생상품을 이해하도록 돕는다. 좋든 나쁘든, 고성능 컴퓨터와 대단한 수학을 무기로 삼은 오늘날의 금융 시장이 생긴 것은 이들의 선구적인 작업 덕분이라 해도 과언이 아니다.

더 자세하게 알아보자

이 방정식을 이해하려면 우리는 그리스 문자들의 숲을 헤치고 해독 작업을 벌여야 한다. 이 문자들 각각은 옵션의 가격을 만들어내는 중요한 요소를 나타낸다.

여러분에게 특정 상품(이것을 기초자산이라 한다)의 판매 권리를 제공하는 옵션이 있다고 가정해보자. 미래의 정해진 날짜(이 조건이 붙으면 '유럽 스타일의 옵션'이라고 부른다)에 정해진 가격, 즉 '약정 가격'에 판매하는 것이다. 여러분은 여행자 보험과 마찬가지로 옵션을 반드시 사용할 필요는 없으며 사용하겠다고 요구할 수도 없다.

이제 여러분에게 기초자산이 특정한 양만큼 있고, 여러분이 이 자산을 고정된 가격에 팔겠다는 옵션을 샀다고 해보자. 만약 시장 가격이 올라가면 옵션의 매력이 떨어지기 때문에 옵션에 대한 시장 가치는 떨

시카고 옵션 거래소는 1973년에 문을 열었다. 그리고 머지않아 이곳은 블랙-숄스 모형의 첫 시험장이 되었다.

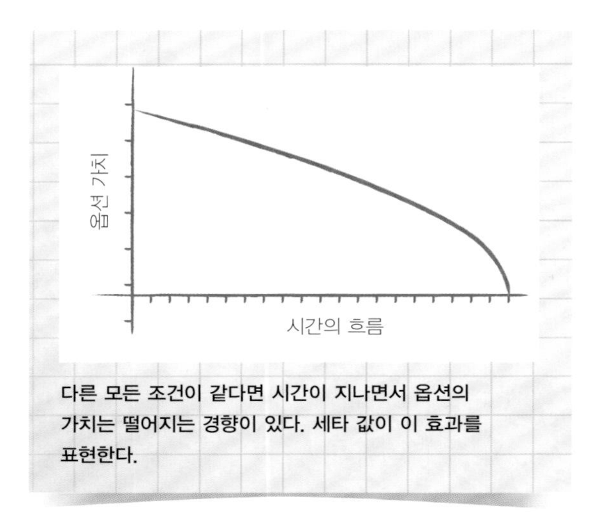

다른 모든 조건이 같다면 시간이 지나면서 옵션의 가치는 떨어지는 경향이 있다. 세타 값이 이 효과를 표현한다.

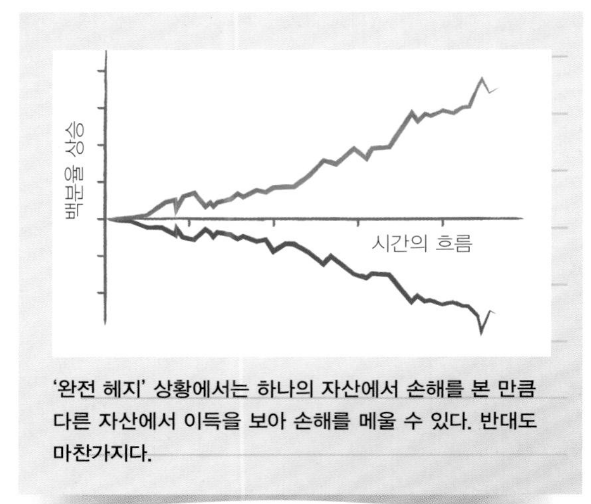

'완전 헤지' 상황에서는 하나의 자산에서 손해를 본 만큼 다른 자산에서 이득을 보아 손해를 메울 수 있다. 반대도 마찬가지다.

어질 것이다.

이런 상황을 처리하기 위해 여러분은 기초자산의 가격 변화와 정확하게 균형이 잡힐 만큼 가격 변동에 대응하는 옵션을 구매한다. 만약 기초자산으로 돈을 벌었다면 정확히 그만큼 옵션으로 손해를 보며, 반대의 경우도 마찬가지다. 다른 조건이 모두 같다면, 이것은 '완전 헤지(perfect Hedge)' 상황이다. 이때는 가격 변동의 영향을 받지 않은 채 기초자산을 보유할 수 있다.

그렇다면 우리는 옵션을 얼마나 사야 할까? 이 질문에 대한 답은 기초자산의 가격에 따라서 옵션 가격이 얼마나 변하는지에 따라 결정된다. 이것은 다음과 같은 '델타(δ)'라는 양이다.

$$\delta = \frac{dV}{dS}$$

만약 여러분이 기초자산 1단위를 가졌다면 그 가치는 S이고, 자산을 보유하는 데 따르는 손실을 대비하고 위험을 분산하려면(헤지), 가치가 δS인 옵션이 필요하다. 그러면 우리는 전체적으로 보아 옵션의 이론적인 가치가 헤지의 가치와 동일하다고 예측할 수 있다. 그러면 다음 식이 성립한다.

$$V - \delta S = 0$$

하지만 항상 이렇지는 않다. 기초자산 가격의 변동이 우리가 고려해야 할 유일한 요소는 아니기 때문이다. 이런 불일치가 방정식의 왼쪽 변이 설명하는 내용이다. 그리고 오른쪽 변은 '무위험 이자율'인 r로 전체 항을 곱했다. r은 현실 세계에 가격을 적용할 때 중요하지만 우리는 무시하고 넘어가도 괜찮다.

왼쪽 변에는 두 요소가 있는데, 이것은 기초자산의 가격 변동이 갖는 위험을 분산하기 위한 옵션의 가치와 시장에서 예상할 수 있는 실제 옵션의 가치 사이의 차이와 같아야 한다. 이 차이는 두 가지 원천에서 온다.

왼쪽 변에서 더 이해하기 쉬운 것은 세타(θ)이다. 이 값은 아래와 같이 시간의 흐름이 옵션의 가치에 얼마나 영향을 주는지 측정한다.

$$\theta = -\frac{dV}{dS}$$

결국 옵션 계약에는 시간이라는 요소가 관여한다. 옵션은 특정 날짜에 효력을 발휘하는데, 이 날짜가 가까워질수록 기초자산의 가격이 변동할 확률 때문에 옵션의 가치가 떨어질 수 있다. 이것은 옵션에 대해 왜 단순한 δS가 아닌 다른 가격을 지불하는지 그 이유를 일부 설명해준다. 기초자산의 가격 변동에 따르는 위험을 분산해야 할 필요성을 보여주는 가격이다.

또 왼쪽 변에는 감마(γ)를 포함하는 더 복잡한 요소도 있다. 감마는 기초자산의 가격이 변동할 때 옵션의 가치가 얼마나 변화하는지에 대한 '가속도'를 측정한 값이다. 이 값은 델타의 변화율과 같다. 식으로 나타내면 다음과 같다.

$$\gamma = \frac{d^2V}{dS^2} = \frac{d\delta}{dS}$$

이제 만기일이 다가올수록 기초자산의 가격 변동은 여기에 비례해 옵션의 가치에 더욱 큰 영향을 준다. 그 이유는 불확실성이 감소하기 때문이다. 이것은 세타의 효과를 상쇄해준다. 우리는 이 값을 주가가 실제로 얼마나 변하는지를 기술하는 요소와 곱해준다.

이 모든 요인을 합친다는 것은, 세타 요소(옵션 가격에 미치는 시간의 직접적인 효과)에 감마 요소(시간이 델타에 미치는 효과)를 더한다는 뜻이다. 그러면 방정식의 왼쪽 변을 얻게 된다. 앞서 언급했듯이 이 변은 옵션의 가격과 '완전 헤지'에 의한 가격 사이의 차이를 나타낸다. 이제 이 방정식을 V에 대해서 풀면(한 번에 풀리지는 않는다), 이론적으로 옵션의 '적정 가격'을 얻을 수 있다.

현실 세계에 일어나는 사건을 수학적인 모형으로 나타내는 일은 언제나 여러 가정과 단순화, 근삿값을 포함한다. 가끔은 무척 극단적인 단순화나 근삿값일 수도 있다. 모형이 복잡할수록 우리는 그 모형이 정확히 무엇인지, 언제 말썽을 일으킬지 알기 힘들다.

보험을 활용한다는 생각은 이상적인 방법이 아닐지 모르지만, 그래도 없는 것보다는 낫다.

블랙-숄스 방정식은 오늘날의 금융을 완전히 바꿔놓았다.
이 방정식은 대단한 위력을 갖는 수학과 물리학을 응용해서 자산의 가격을 설정했다.

퍼지 논리

고대 철학에서 에어컨에 이르기까지, 어떤 문제에 대한 정답은 어딘가 조금은 딱 떨어지지 않았다.

$$\neg x = 1 - x$$

$$x \wedge y = \min(x, y)$$

$$x \vee y = \max(x, y)$$

~이 아닌

그리고

작은 값

또는

큰 값

어떤 내용일까?

우리는 우리의 믿음이 세계에 대한 진술로 이뤄져 있으며 그 진술은 참이거나 거짓이라고 여기는 경우가 많다. 내 이웃사람은 개를 키우거나, 키우지 않거나 둘 중 하나다. 둘 다 참이거나 둘 다 거짓일 수는 없다. 하지만 사실은 세 가지 답이 있다. 이웃사람이 키우는 개가 있거나, 개가 없거나, 내가 여기에 대해 모르거나 하는 경우다. 이렇듯 내가 잘 모르거나 짐작은 해도 확신할

비는 단순히 오거나 오지 않는다고 말할 수 없다.
비가 어느 정도 오는지 단계가 있기 때문이다. 비가 많이 온다거나, 조금 또는 거의 오지 않는다고 얘기하는 것이 더 정확하다.

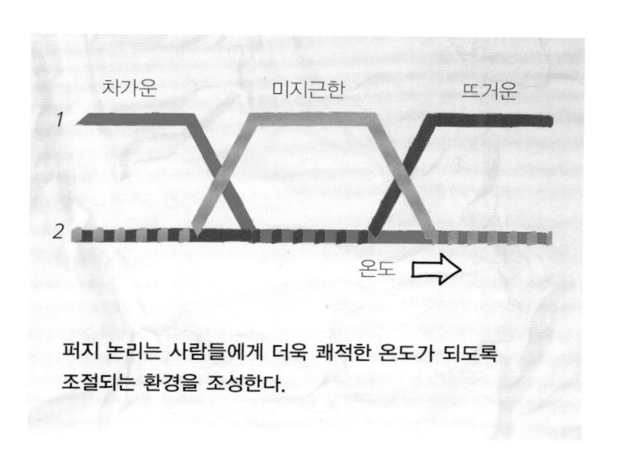

퍼지 논리는 사람들에게 더욱 쾌적한 온도가 되도록 조절되는 환경을 조성한다.

수 없을 때 우리는 확률이라는 영역으로 들어간다(162쪽, '균일분포' 참고). 하지만 그럼에도, 첫 번째와 두 번째 가능성 중 하나가 참이면, 다른 하나는 거짓이다.

이것은 고전 논리다. 고전 논리는 2개의 진릿값을 인정하며, 모든 진술이 진릿값을 오직 하나만 가져야 한다고 주장한다(126쪽, '드모르간의 법칙' 참고). 이 논리학은 모든 것을 검은색 아니면 흰색으로 선명하게 나눌 수 있다고 여기지만, 사실 우리의 현실세계는 전혀 그렇지 않다.

예를 들어 누군가 오늘 꽤 따뜻했다고 말했다. 하지만 실제로 무척 추웠다면 여러분은 그 진술이 거짓이라고 말할 것이다. 굉장히 더운 한여름이라 해도 역시 여러분은 거짓이라고 말한다. 하지만 이런 두 극단적인 상황의 중간인 경우라면 결코 확실하게 얘기할 수 없다. 고전 논리학에 따르면 어떤 정확한 온도에 대해 '오늘 꽤 따뜻했어'라는 진술은 참이거나 거짓이어야 한다. 그런데 아무래도 이건 좀 우스꽝스럽다. '어느 정도 참'이라거나 '조금 참'이라거나 '무척 참'이라고 말할 수밖에 없는 온도도 있지 않는가.

1950년대에 등장한 퍼지 논리는 이런 상황을 수학적으로 표현하는 방법을 제공한다. 고전 논리는 거짓은 0, 참은 1이라는 2개의 숫자로 나타내게 하지만, 퍼지 논리는 그 사이의 모든 값을 나타낼 수 있게 한다. 즉 확률과 비슷하다. 참이거나 거짓인 정도를 얘기할 수 있는 셈이다.

이 방정식은 왜 중요할까?

우리 삶에서 어떤 대상들은 건조하게 딱 잘라 말할 수 있다. 고전 논리는 이런 대상을 상당히 잘 다룬다. 예컨대 어떤 전등이 꺼졌는지 켜졌는지에 대한 문제가 그렇다(조명을 어둑하게 만드는 장치를 쓰지 않았을 때). 답은 이것 아니면 저것이고, 여기에 대해 뭔가 변명을 하려면 철학 수업에나 가봐야 할 것이다. 하지만 이렇게 깔끔하게 잘라 말할 수 없는 상황들도 존재한다. 그래도 우리는 지나치게 무리하지 않고 이 상황을 단순하게 만들 수 있다. 예컨대 여러분이 직장을 구한다고 가정해보자. '직업이 있다'라는 말이 참인지 거짓인지 얘기하기 어려운 애매한 상황이 있기는 하다. 곧 정리해고를 당할 것 같다거나 구조조정을 한다는 통지를 받았다거나 계약직으로 짧게 일하는 중이거나 할 수 있다. 그럼에도 우리는 골머리를 앓거나 혼란에 빠지는 대신 약간의 정의를 덧붙여 상황을 깔끔하게 정리할 수 있다.

하지만 몇몇 경우에는 이런 처방도 잘 먹히지 않는다. 가장 쉽게 접할 수 있는 사례는 온도 조절 장치가 장착된 온냉방 시스템이다. 설정이 단순한 시스템에서는 온도가 특정 온도 밑으로 내려가면 추운 상태로 여기고('춥다'가 참이다) 난방을 시작한다. 그러다가 그 특정 온도 위로 올라가면 춥지 않다고 여긴다('춥다'가 거짓이다). 그러면 난방이 꺼지고 에어컨에서 찬바람이 나와 열기를 식힌다. 그 결과 더위와 추위 사이에서 온도가 심하게 변동하기 때문에, 그 방에 사는 사람들은 다들 불편을 느끼게 된다. 이런 장치를 개선하기 위해 등장한 퍼지 논리 시스템은 온도를 훨씬 매끄럽게 변화시킨다. 오늘날 대부분의 온도 조절 시스템은 이런 식으로 작동한다.

이 일반적인 원리는 자동화된 시스템으로 작동을 조절하는 여러 기술에서 발견된다. 대중교통 시스템, 비행기의 자동조종 장치, 인공위성뿐만 아니라 각 가정의 거의 모든 전자기기가 여기에 해당한다. 개념적인 수준에서 이 원리는 본질적으로 불명료한 현상을 다루는 과학자들에게 큰 도움을 주었다. 심지어는 일부 철학자들도 이 원리를 받아들였다. 또한 법학과 의학 분야에서 자동화된 의사결정을 돕는 '전문가 시스템'을 개선시키기도 했다.

더 자세하게 알아보자

퍼지 논리는 고대 그리스 시대로 거슬러 올라가는 어떤 철학 문제와도 관련 깊다. 이 문제에는 여러 형태가 있지만, 지금은 주로 '모호성의 문제'라고 불린다. 오늘날의 예를 하나 들어보자. 어떤 도로에서 시속 15km으로 달리는 자동차보다 시속 160km으로 달리는 자동차가 더 위험하다는 사실에 다들 동의할 것이다. 속도가 빨라지면 언제나 느린 속도보다 더 위험하다는 데에 우리 모두 동의할 것이다. 즉 다른 모든 조건이 같다면 속도가 높아지면 느린 속도보다 안전하지 않다.

그렇다면 '위험'과 '위험하지 않음' 사이의 기준이 되는 속도가 존재해야 하지 않을까? 왜 그런지, 그리고 왜 그것이 문제인지를 알려면 다음과 같이 상상해보자. 시속 15km에서 시작해 달리다가 시속 160km까지 속도를 완만하게 올리는 것이다. 처음에는 위험하지 않은 속도였고, 한동안 위험하지 않은 단계에 머물렀다. 하지만 결국에는 위험한 속도에 다다랐다. 즉 중간의 어떤 지점에서 위험한 속도로 바뀐 것이다. 우리가 그 지점을 찾을 수 있다면 이 주변 지역에서 제한속도를 얼마로 두어야 할지에 대한 좋은 참고자료가 될 것이다.

그렇다면 이 실험의 일부 지점에서는 완벽하게 안전한 속도였다가 눈 깜짝 할 사이에 거의 눈치 채지 못할 정도로 가속해 위험한 속도로 진입하는 일이 가능할까? 바보 같은 이야기다. 사실 우리가 지금 운전하는 속도가 안전하다면 여기서 살짝 빠르게 가는 정도로는 여전히 안전해야 한다. 그리고 지금 운전하는 속도가 위험하다면 아주 살짝 느리게 가는 정도로는 아직 안전하지 않다.

이 사례에서 문제가 생기는 이유는 '위험한'이라는 단어가 모호하기 때문이다. 만약 우리가 이 단어에 대

비행기는 잠깐 구름 안에 들어갔다가 다시 나온다. 하지만 '안'에서 '바깥'으로 나오는 정확한 순간이 언제인지 말할 수 있을까?

한쪽 끝은 확실히 파란색이고 반대쪽 끝은 초록색이다. 파란색은 확실히 초록색과 다르기 때문에, 어딘가 파란색이 파란색 아닌 색으로 바뀌는 정확한 지점이 있어야 할 것만 같다. 그 지점은 과연 어디일까?

해 '시속 50km 이상으로 운전하기'처럼 정확한 정의를 내린다면 원래의 의미는 사라지고 전문적인 용어가 되어버린다. 법은 언제나 이런 일을 한다. 물론 법은 잘 작동하는 경우가 많지만, 가끔은 누군가 법적인 개념이 잡아내지 못하는 어떤 임의적인 선을 넘고서는 나쁜 세계로 빠져들어 정의롭지 못한 일을 저지르는 중차대한 사례가 생기곤 한다.

이 지점에서 퍼지 논리의 사고방식이 끼어들 수 있다. 이전에 우리는 '이 속도는 위험하다'라는 진술 A를 가졌고 이 진술의 진릿값을 확인했다. $T(A)=1$이면 그 속도는 위험하고 $T(A)=0$이면 위험하지 않다. 이제 우리는 $T(A)$에 0과 1 사이의 값을 줄 것이다. 앞선 사례에서 자동차의 속도가 시속 15km이면 $T(A)=0$이고 시속 160km이면 $T(A)=1$이라고 할 때 그 사이에서 속도를 높일수록 진릿값을 완만하게 늘리는 것이다. 이제는 '이 속도는 위험하다'라고 얘기하는 대신 '이 속도는 0.8만큼 위험하다'라는 식으로 얘기한다.

하지만 이 사례는 퍼지 논리의 단점을 드러낸다. 도로 표지판이라면 '0.8 위험'이라는 식으로 표시하는 대신, 제한속도를 그냥 제시할 것이다. 다만 우리는 퍼지 논리에 따라 벌금을 적용하는 게 어떨지 상상해볼 수 있다. 이미 어느 정도 그런 식으로 적용되지만 말이다. 예컨대 조용한 동네에서 시속 160km으로 달리는 것은 도로에서 제한속도를 살짝 넘기는 것보다 훨씬 문제가 크다.

그리고 퍼지 논리가 논리학이 되려면 그저 참과 거짓 말고도 '그리고', '또는', '~이 아닌'과 같은(126쪽, '드모르간의 법칙' 참고) 논리 연산자들이 필요하다. 가장 흔하게 사용되는 도구는 앞서 방정식에 나온 자데 연산자(Zadeh operator)다. 우리는 A가 참이고 B가 참일 때 'A 그리고 B'가 참이라고 말하는 대신, 'A 그리고 B'는 A와 B 진릿값의 최솟값을 가진다고 말할 수 있다. 결국 전체 연결 고리의 강도는 가장 약한 고리의 강도에 따라 결정된다. 이 연산자는 컴퓨터가 여러 변수를 포함하는 복잡한 상황에 퍼지 논리를 적용하는 데 쓰인다.

모든 것이 참 또는 거짓이라는 이분법적인 편안한 세계를 포기하기란 쉬운 일이 아니다. 하지만 일단 그렇게 한다면, 예전보다 해결하기 쉬운 문제들이 조금씩 생길 것이다.

자유도

이 개념은 로봇공학에서 핵심적이며, 고차원적 공간에 깔끔하게 적용된다.

$$M = 6n - \sum_{i=1}^{k}(6 - f_i)$$

자유도

관절의 수

각 관절의 자유도

움직이는 부품의 수

어떤 내용일까?

헬리콥터 한 대가 하늘을 날고 있다. 이 움직임을 어떤 식으로 표현할 수 있을까? 먼저 헬리콥터는 앞으로 가기도 하고 뒤로 가기도 한다. 그러면 앞으로 갈 때는 양수, 뒤로 갈 때는 음수라는 식으로 수를 하나 부여할 수 있다. 여기에 움직인 거리를 미터나 야드 같은 단위로 표시하면 된다. 비슷하게, 헬리콥터는 양옆으로 움직일 수 있다. 그러면 예컨대 오른쪽을 음수, 왼쪽을 양수로 놓는다. 하지만 앞뒤와 양옆을 뜻하는 수들은 서로 독립적이기 때문에 한데 합칠 수는 없다. 마지막으로 헬리콥터이니 위아래로도 움직일 수 있어 이 방향에 대해 따로 수를 부여한다.

그런데 아직 끝나지 않았다. 헬리콥터는 이보다 더 많은 일을 할 수 있다. 먼저 맨 앞의 코 부분에서 위아래로 까닥까닥 회전할 수 있는데, 조종사들은 이렇게 좌우 축을 중심으로 위아래로 회전하는 것을 '피치

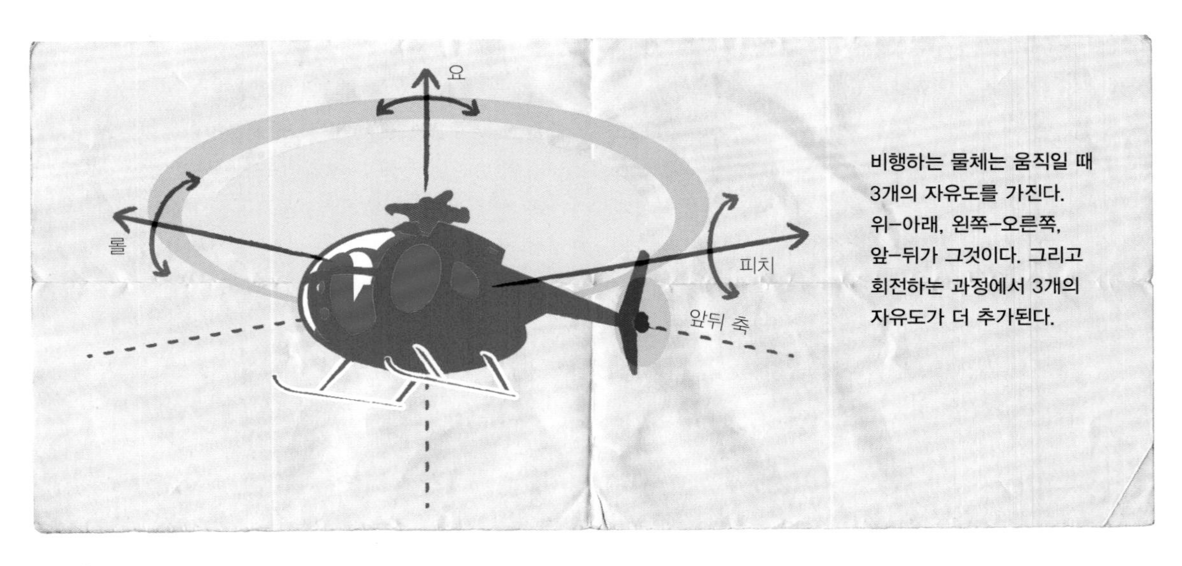

비행하는 물체는 움직일 때 3개의 자유도를 가진다. 위-아래, 왼쪽-오른쪽, 앞-뒤가 그것이다. 그리고 회전하는 과정에서 3개의 자유도가 더 추가된다.

(pitch, 끄덕끄덕)'라고 한다. 피치 역시 독립적으로 움직이므로 피치의 각도에 대해 네 번째 수를 부여할 수 있다. 이제 여러분이 짐작할지 모르겠지만, 2종류의 회전이 더 남았다. 앞뒤 축을 중심으로 좌우로 회전하는 '롤(Roll, 갸웃갸웃)'과 위아래 축을 중심으로 좌우로 회전하는 '요(Yaw, 도리도리)'다. 여기에 대해 각각 따로 수를 부여한다. 이렇게 헬리콥터는 여섯 가지의 독립된 방식으로 움직일 수 있다. 즉 헬리콥터는 6개의 자유도를 가진다.

더 자세하게 알아보자

헬리콥터의 위치나 헬리콥터의 특정 움직임은 이 여섯 가지 독립된 수에 의해 표시될 수 있다. 마치 공간 안에서 좌표를 사용해 특정 점의 위치를 표시하는 일과 비슷하다. 단지 좌표가 조금 더 많아졌을 뿐이다. 하지만 그렇다고 해서 수학자들이 겁을 집어먹지는 않는다. 선형 대수학이라는 도구를 활용하면 공간 위의 이 점들을 무척 쉽게 다룰 수 있기 때문이다. 선형대수학은 차원이 얼마나 많든 크게 상관이 없다. 그러니 다음번에 친구와 놀다가 헬리콥터가 지나가는 모습을 보거든 손가락으로 가리키며 이렇게 말해보자. '저기 봐, 6차원 공간이야!'

3차원 공간 안의 물체라면 이렇듯 3개의 이동 방향과 3개의 회전 방식이면 충분하다. 컴퓨터 시각화나 게임에서 어떤 물체의 위치와 움직임을 구체적으로 표시할 때도 이 방법을 사용한다. 회전을 할 때 조금 골치가 아프지만 말이다(152쪽, '사원수 회전' 참고). 그리고 우리가 로봇 관절에 기계 팔을 연결하는 것처럼 다양한 방식으로 제한되는 시스템을 만든다면 더욱 흥미로워질 것이다.

관절이나 경첩은 다양한 방식으로 자유도를 제한한다. 주위에서 쉽게 볼 수 있는 사례는 문이다. 네모난 목재일 때는 헬리콥터만큼이나 공간에서 자유롭게 움직일 수 있지만 일단 경첩으로 연결해 출입구에 설치하고 나면 갑자기 자유도가 '요' 하나로 줄어든다. 위치를 전혀 바꿀 수 없는 대신 한 가지 방식으로만 회전할 수 있다. 관절의 한 종류인 경첩은 자유도 1을 문에 허락한다. 그래서 경첩 하나만으로 6차원 공간이 1차원으로 줄어든다. 바로 문이 도는 각도를 나타내는 원이다.

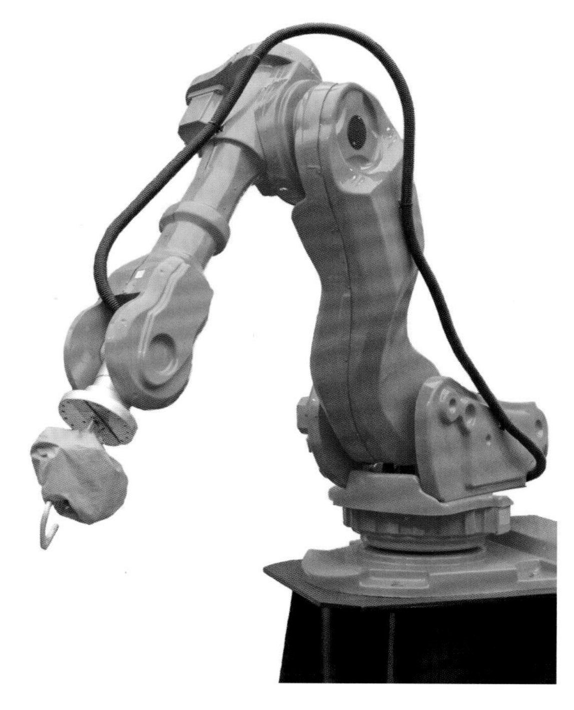

로봇 팔에 관절이 많아지면 움직일 수 있는 방식도 점점 늘어난다. 관절의 종류가 다르면 자유도의 수도 달라진다.

**비행기는 어떤 의미에서 6차원 공간에 있다.
놀랍게도 이런 식으로 생각하면 여러 가지로 꽤 유용하다.**

사원수 회전

19세기의 수학적 골동품 하나가 20~21세기에 생겨난 다양한 실용적인 문제들을 해결해준다.

$$i^2 = j^2 = k^2 = ijk = -1$$

(i, j, k 각각에 $\sqrt{(-1)}$ 표시)

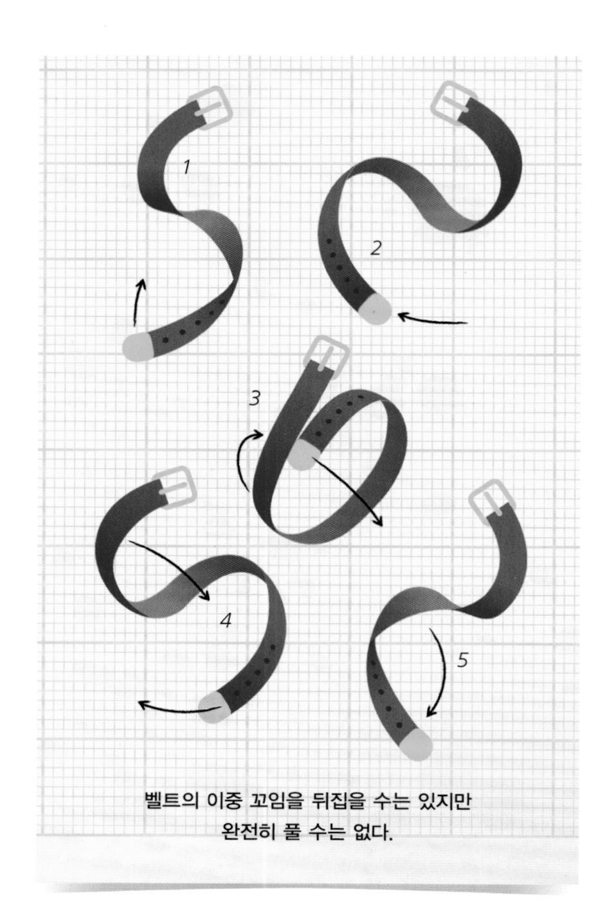

벨트의 이중 꼬임을 뒤집을 수는 있지만 완전히 풀 수는 없다.

어떤 내용일까?

먼저 우리가 흔히 사용하는 가죽 벨트를 준비하고 친구 한 명을 불러 다음 실험을 해보자. 그리고 친구와 여러분이 각각 벨트의 한쪽 끝을 잡고, 지면과 평행하게 한 채 끝이 여러분을 가리키게 하자. 이제 벨트의 한쪽 끝을 완전히 한 바퀴 돌려 꼬임을 만들자. 이제 도전 과제는 지면과 평행하게 유지하면서 처음과 같은 방향을 한 채로, 벨트의 두 끝을 움직여 꼬임을 푸는 것이다(회전시키면 안 된다).

친구와 여러분은 벨트의 끝을 아무리 움직여도 벨트의 꼬임을 뒤집을 수는 있지만 완전히 풀 수는 없다는 사실을 알게 될 것이다. 이상한 일이다. 꼬임을 뒤집으면 원래의 반대 방향에서 이중의 꼬임이 생긴다. 어느 지점에선가는 원래의 꼬임을 완전히 없애야 한다. 하지만 아무리 해봐도 그 지점이 어디인지는 알 수 없다. 실제로 없어지지 않기 때문이다.

이런 현상은 3차원 공간에서 사물을 회전시키는 것이 보기보다 훨씬 복잡하며, 항상 여러분의 예상대로 작동하는 것은 아니라는 사실을 알려준다. 이때 사원수라는 기묘한 수학적인 대상은 이런 회전이 실제로 어떻게 움직이는지 보여준다. 사원수를 처음 접했을 때는 회전과 전혀 관계가 없을 것처럼 보이지만 말이다.

이 방정식은 왜 중요할까?

우리는 3차원 공간에 살면서 회전과 관련된 여러 물리학적인 문제를 겪곤 한다. 이런 현상을 어떻게 설명할 수 있을까? 먼저 공간의 3개 방향(앞뒤, 좌우, 위아래)을 표시하는 좌표계를 설정하자. 이제 각각의 방향으로 사물이 회전하는 모습을 상상해보자(150쪽, '자유도' 참고). 먼저 앞뒤 축을 중심으로 회전하면 여러분은 양옆으로 공중제비를 하듯이 돌게 된다. 그리고 좌우 축을 중심으로 회전하면 앞뒤로 공중제비를 하듯이 돌게 된다. 마지막으로 위아래 축을 중심으로 회전하면 그대로 선 채 좌우로 빙글빙글 돌게 된다. 이런 여러 회전을 '오일러 각(Euler angles)'이라고 한다. 오일러 각을 서로 결합하면 상상할 수 있는 모든 회전을 만들어 낼 수 있다.

오일러 각과 관련해 사고가 난 적도 있다. 1969년 7월 아폴로 11호 달착륙선이 지구 귀환을 준비하는 과정에서 사령선과 도킹하려던 차였다. 도킹을 하기 위해 착륙선을 회전시키던 우주비행사는 '짐벌록'이라는 현상 때문에 착륙선을 더 이상 제어할 수 없게 되었다. 유도 시스템 안에서 3개 방향 가운데 2개가 같은 방향을 가리키며 정렬해 동시에 움직였기 때문이었다. 우주비행사는 이도저도 못하는 위험한 상황에서 빠져나오려고 계획하지 않았던 수동 조작을 다각도로 수행한 끝에 시스템을 다시 제어할 수 있었다. 어떤 비행체라도 이론적으로는 이런 위험한 상황을 동일하게 겪을 수 있다.

짐벌은 기계 장치의 이름이다. 짐벌록은 비디오 게임 개발자에게도 잘 알려져 있는 현상이다. 오일러 각은 직관적이고 다루기 쉽다. 하지만 비디오 게임에서는 사물을 심하게 회전시키면 짐벌록 현상을 쉽게 겪을 수 있고 그에 따라 유쾌하지 않은 상황을 맞게 된다. 그래서 오늘날 우주선, 비행기를 비롯해 비디오 게임조차 오일러 각 대신 사원수를 이용해 설계한다. 사원수는

아폴로 11호는 짐벌록이라는 위험한 사태를 겪었지만 안전하게 지구로 돌아왔다.

우리가 관심 있는 3차원 대상의 대칭과 균형에도 유용하게 사용된다. 그래서 분자생물학자와 화학자들 역시 사원수를 사용한다. 양자 스핀을 정의하는 파울리 행렬에서도 사원수가 쓰인다. 더욱이 어떤 의미에서는 여러분도 3차원 공간에서 움직일 때마다 사원수를 이용한다고 볼 수 있다. 매일 여기저기 돌아다닐 때마다 이 점을 떠올려도 좋다.

더 자세하게 알아보자

특별한 수 체계로 사원수를 소개할 수 있다. 복소수 체계와 비슷한데(40쪽, '오일러 항등식' 참고), 보통의 수에 −1의 제곱근인 i를 더한 것이다. 사원수의 개념은 복소수 체계에 이런 특별한 수를 2개 덧붙인 것이다. 이 특별한 수들은 서로 다르지만 역시 −1의 제곱근을 가진다. 이런 체계가 별나 보인다면 보통의 수 체계, 예컨대 4는 2와 −2라는 두 제곱근을 가진다는 사실을 기억하자. $2^2 = (-2)^2 = 4$이기 때문이다. 그러니 제곱근이 여러 개라도 그 자체로 이상하지는 않다. 이때 새로 등장한 수를 j와 k라고 부른다. 앞에서 본 방정식에도 나오지만, 또 하나의 규칙은 이 수들을(i, j, k) 전부 곱하면 −1이라는 점이다.

사원수 체계에서 모든 수들은 4개의 기본 요소들(1, i, j, k)과 보통의 수를 곱해 서로 더한 형태로 표시된다. 이 체계는 목록으로, 수학적으로 말하면 '벡터'로 나타낼 수 있다. 다음은 사원수의 한 예다.

$$(3, -2, 1.8, -3.72) = 3 - 2i + 1.8j - 3.72k$$

이렇게 우리가 만들 수 있는 목록을 전부 합치면 사원수가 된다. 4개의 독립 항목이 벡터 안에 들어간다는 사실에 주목하자. 다시 말해 사원수는 4차원 대상이다.

우리는 이 사원수를 실제 수 체계로 활용할 수 있을까? 우리가 새로운 수를 무작정 창조할 수는 없다. 이 수를 가지고 더하거나 곱하는 등의 작업을 할 수 있어야 한다. 밝혀진 바에 따르면 이 작업을 어떻게 하는지 정의할 수는 있지만, 예컨대 서로 곱셈을 하는 규칙은 무척 골치 아프다고 한다. 그럼에도 지금 그대로의 사원수는 꽤 훌륭한 수 체계다. 사원수는 '실 유한-차원 다원체'의 한 사례다. 여기에 해당하는 것들로는 우

짐벌은 공간 안에서 세가지의 회전을 조절한다.
하지만 어느 한 가지를 쓸 수 없게 되면 오도 가도 못하고 꼼짝 없이 '잠기는' 신세가 된다.

리가 일상적으로 쓰는 수, 복소수, 사원수, 그리고 이것들이 연장된 팔원수가 있다.

이제 사원수를 회전과 연관 지어보자. 먼저 '크기'(10쪽, 피타고라스 정리 참고)가 1인 단위 사원수에 한정해 살펴보겠다. 전부 확실한 벡터 표기를 하지는 못해도, 4차원의 사원수는 3차원의 대상으로 바뀐다. 그래도 아직 안심이다. 3차원의 회전은 3차원의 대상에 적용되기 때문이다. 그리고 복잡한 대수학을 약간 거치면 우리는 단위 사원수를 3차원 공간의 회전으로 변환할 수 있다.

이 대수학적 변환을 믿고 넘어간다 해도 여러분은 지금 얻은 결과를 의심할지 모른다. 같은 대상을 표기하는 또 다른 방식을 발견했다는 뜻일까? 정말 그렇다. 하지만 이 표기는 우리가 실제로 이것을 가지고 작업하기 때문에 꽤 중요하다. 앞에서 살폈듯이 오일러 각은 회전을 표기하기에는 근본적인 결함이 있었다. 오일러 각을 활용하려고 하면서부터 문제가 불거졌다. 뭔가를 했을 때, 문제가 보이지 않아도, 잇따라서 계속하면(예컨대 수학자들이 하듯이 회전들을 구성해보면) 엉망이 되고 만다. 그렇다고 사원수 때문도 아니다. 사원수의 근본적인 결함은 이미 바로잡아놓았다.

그렇다면 결함은 정확히 어디에서 오는가? 이것은 기하학과 위상수학, 대수학의 심오하면서도 아름다운 상호 작용과 관련이 있다. 잠깐만 간단히 살펴보겠다. 만약 여러분이 오일러 각으로 회전을 나타냈을 때 도넛 모양의 토러스(위상수학의 용어임)가 만들어진다 해도(44쪽, '오일러 표수' 참고), 사원수를 이용하면 구체가 만들어진다. 이 회전들은 토러스보다는 구체에 가깝기 때문에 오일러 각을 지도로 활용하면 잘못된 모양을 가리킨다. 이것은 둥근 지구를 편평한 지도로 들여다보는 경우와 비슷하다. 지도의 가장자리 쪽으로 갈 때마다 여러분은 갑자기 공간을 뛰어넘게 된다. 왜냐하면 지구가 편평한 평면이 아닌 구체이기 때문이다(110쪽, '메르카토르 도법' 참고). 여기서 더 자세히 들어가면 리 군과 피복 공간을 이야기해야 한다. 그 주제는 다음을 기약하도록 하겠다.

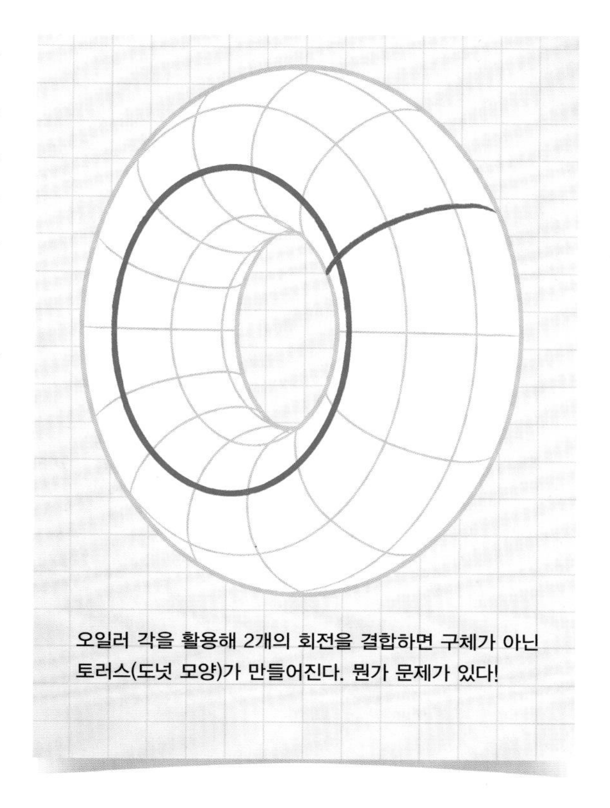
오일러 각을 활용해 2개의 회전을 결합하면 구체가 아닌 토러스(도넛 모양)가 만들어진다. 뭔가 문제가 있다!

**회전은 우리가 흔히 생각하는 만큼 단순하지 않다.
대부분 문제를 일으키지 않지만 가끔씩 우리를 곤란하게 한다.**

구글의 페이지랭크

구글의 창립자는 몹시 대단한 방정식을 풀어 떼돈을 벌었다.

$$R(A) = 1 - d + d\sum_{i=1}^{n}\frac{R(T_i)}{C(T_i)}$$

페이지의 랭크

A에 연결된 링크의 수

링크한 페이지의 랭크

감쇠 지수

링크한 페이지의 링크

어떤 내용일까?

구글은 월드와이드웹에 대한 색인을 제공한다고 말한다. 하지만 여기에는 문제가 하나 있다. 어떤 언어를 대상으로 하더라도 흔히 사용하는 낱말은 수천 개 정도인 데 반해, 웹페이지는 수십억 개가 넘기 때문이다. 만약 검색엔진이 여러분이 찾는 단어를 포함하는 모든 페이지를 전부 뒤죽박죽으로 보여준다면, 재난이 따로 없을 것이다. 여러분은 무엇이 중요한지 선택하기 힘들 테고 결과물의 상당수가 무척 질이 떨어질 것이다. 그렇기 때문에 이때 필요한 것은 어떤 페이지가 좋고 나쁜지를 알아내는 기술이다. 사람한테 그 웹페이지를 전부 살펴보라고 시키면 좋겠지만, 그 수가 너무 많은 만큼 컴퓨터가 알아서 적용할 수 있는 수단을 개발할 필요가 있다. 하지만 어떤 웹페이지가 무슨 내용인지 이해하지도 못하는 컴퓨터에게 어떻게 내용을 판단하라고 하겠는가?

하지만 '페이지랭크'라는 방식에 따르면 컴퓨터는 적어도 직접적으로 판단하지 않아도 된다. 다른 사용자들이 이미 컴퓨터가 해석할 수 있는 방식으로 일을 해주기 때문이다. 누군가 웹페이지를 만들면 보통 다른 사이트에 속한 다른 웹페이지에 링크를 건다. 이는 그 페이지들이 흥미롭거나 가치가 있다고 여겨서일 것이다. 그러면 컴퓨터는 가만히 앉아 이 링크에 대한 정보를 모은다. 그리고 상상할 수 없을 만큼 복잡한 '페이지의 연결망'을 통해 누가 누구를 많이 링크했는지를 알아낸다. 링크가 많이 들어온 웹페이지는 같은 주제의 몇몇 다른 페이지들보다 중요하다고 이미 '투표된' 상태다.

적어도 이론적으로는 이렇다. 문제는 누가 여러분의 웹페이지에 링크를 거느냐가 중요하다는 점이다. 만약 잘 만들어지고 믿을 만한 사이트가 링크를 걸었다면, 여러분의 웹페이지는 거의 알려지지 않은 사이트가 링크를 걸었을 때보다 높은 점수를 받는다. 하지만 그러면 링크를 통해 자신의 신뢰도를 끌어올리겠다는 목적으로 활동하는 광고성 스팸 사이트가 생길지도 모른다(한때는 정말 문제였다). 그렇다면 링크하는 사이트 가운데 어떤 것이 가장 믿을 만한지 컴퓨터가 판단할 수 있을까? 이 문제는 쉽다. 그 사이트에 들어오는 링크가 얼마나 많은지를 보면 된다!

하지만 이제 또 문제가 생긴다. 다음과 같은 악순

다. 하지만 페이지랭크의 방정식은 이 문제를 해결했다.

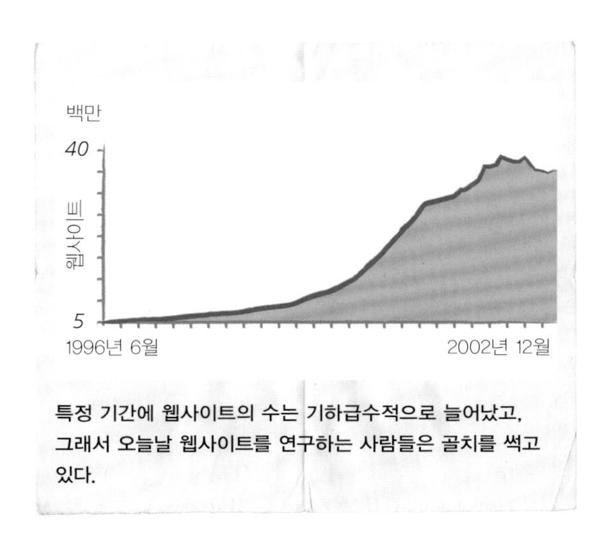

특정 기간에 웹사이트의 수는 기하급수적으로 늘어났고, 그래서 오늘날 웹사이트를 연구하는 사람들은 골치를 썩고 있다.

환에 빠질 수도 있기 때문이다. 여러분의 사이트를 평가하기 위해서는 사이트에 들어오는 링크의 신뢰도를 알아야 한다. 하지만 그 신뢰도를 알려면 다시 링크하는 사이트들의 신뢰도를 알아야 한다. 우리는 이 과정을 계속 되풀이해야 할 것이다. 이렇게 진행이 되더라도 인터넷은 한정되어 있기 때문에 우리는 언젠가 시작점으로 돌아온다. 이렇게 되기란 불가능할 것처럼 보인

이 방정식은 왜 중요할까?

아마도 여러분은 구글이 무엇인지, 수많은 인터넷 사용자들에게 구글이 왜 중요한지 알 것이다. 이 책을 쓰는 순간에도 구글은 거의 독점적으로 일반적인 목적의 인터넷 검색을 제공한다. 새천년이 밝았을 즈음 사람들은 대부분 여러 개의 검색엔진을 사용했고 어떤 엔진이 작업에 더 유용한지에 대한 비밀스런 지식을 서로에게 전달했다. 당시 구글은 다른 어떤 검색엔진보다도 고성능의 검색 결과를 제공해 이 붐비던 시장에서 독점권을 쥐었다. 그럴 수 있었던 부분적인 이유는 바로 페이지랭크였다.

더 자세하게 알아보자

먼저 얘기해둬야 할 사실은, 구글이 다른 검색엔진들처럼 다양한 전략의 조합을 사용하며, 그 가운데 대부분

구글의 서버가 다루는 데이터의 양은 그동안 폭발적으로 늘었다. 이 데이터를 잘 사용하는 방법은 앞으로도 계속 고민거리일 것이다.

3개의 웹페이지만 가진 작은 인터넷은 행렬과 함께 페이지랭크를 계산하는 데 사용된다. 실제 값은 어떤 감쇠 지수를 선택했는지에 따라 다르다.

은 상업적으로 민감한 정보라는 점이다. 우리는 여기서 그 작은 일부만 살필 것이다. 바로 의사결정 과정에 영향을 주는 단일 숫자의 계산법이다. 여러분이 이 책을 읽을 무렵이면 구글의 계산법은 바뀌었을 수도 있다. 하지만 수학적인 원리 자체는 변하지 않는다.

그 기본적인 얼개는 무척 단순하다. 먼저 A 웹페이지의 페이지랭크를 계산한다고 가정하자. 방정식의 오른쪽 변을 통해 A 웹페이지를 링크한 인터넷의 웹페이지들을 전부 더한다(18쪽, '제논의 이분법' 참고). 우리는 그 각각의 웹페이지가 A를 몇 번이나 링크했는지를 센다. 그러고 나서 그 페이지에서 나오는 모든 링크의 수로 나눈다. 왜일까? 자기가 언급하는 링크를 몹시 깐깐하게 고르는 웹페이지야말로 수천 개의 링크를 무분별하게 포함하는 웹페이지보다 가치가 높기 때문이다.

방정식의 오른쪽 변은 A 웹페이지의 페이지랭크에 대한 정의다. 하지만 문제는 정의 안에도 페이지랭크가 나타난다는 점이다. 이것은 국어 선생님이 여러분에게 종종 지적하는 것이다. 어떤 단어를 정의할 때 그 단어를 사용하지 말라는 것이다. 마치 어떤 사람에게, 좋은 친구가 있어서 그 사람이 좋은 사람이라고 이야기하는 것이나 마찬가지다. 이것은 온갖 문제를 일으키는 악순환이다. 우리는 이 막다른 끝을 깨부수는 도구가 필요하다. 그 도구는 바로 선형대수학이다.

선형대수학은 여러 가지를 다루는데 그중에는 행렬이 포함된다. 행렬이란 수들을 직사각형 모양으로 배열한 것이다. 여러분은 행렬 L에 속한 개별 숫자를 i번째 세로줄과 j번째 가로줄에 있다는 식으로 표현할 수 있다. 드넓은 주차장에서 자동차를 주차한 위치를 기억할 때 그렇게 하듯이 말이다. 우리는 이 숫자를 편의상 L_{ij}로 표시한다. 그런데 우리가 다룰 행렬은 무척 커서 인터넷의 모든 웹페이지를 하나의 가로줄과 하나의 세로줄로 담아낸다. 만약 웹페이지 T_i가 웹페이지 T_j를 링크한다면, 행렬의 항목 L_{ij}는 $^1/_C$이다. 여기서 C는 웹페이지 T_i에서 빠져나가는 총 링크 수다. 만약 이 페이지에 링크가 없다면 이 항목은 0이 된다.

이 행렬을 사용하면 다음과 같은 방식으로 페이지랭크를 계산할 수 있다. 우리는 우리가 모은 웹페이지들의 페이지랭크 전부에 대한 목록을 만들고자 한다. 만약 우리가 이 목록을 P라는 이름의 벡터로 바꾼다면, 이 벡터는 다음의 방정식을 만족시킨다.

$$P = LP$$

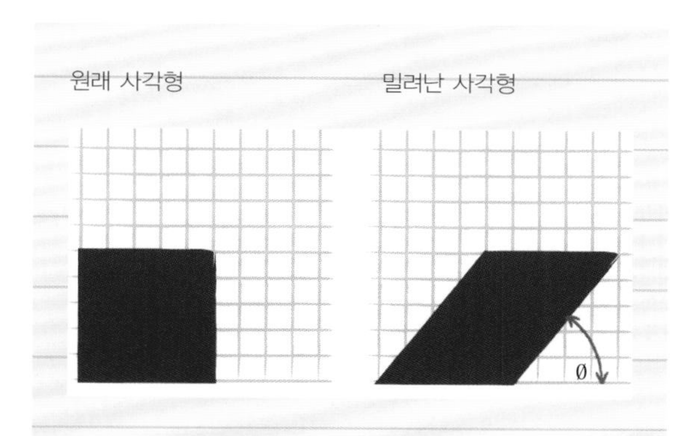

**이 행렬은 사각형을 다이아몬드 모양으로 변형한다.
하지만 맨 아래 가장자리에 속한 점들은 원래 그대로다.
이 점들은 행렬의 고정점이다.**

만약 여러분이 벡터와 행렬을 곱하는 방법을 안다면, 연필과 종이를 준비해 직접 계산해보라. 이 절의 맨 위에 등장한 정의와 정확하게 같을 것이다. 그 과정은 꽤 간단하지만 여기에 펼쳐놓기에는 좀 번거롭다.

우리는 여기서 또 다른 사실을 끄집어낼 수 있다. P(우리의 페이지랭크 집합)가 방정식의 양변에 나타난다는 사실은 더 이상 문제가 아니다. P와 L을 곱해도 아무 일도 일어나지 않는다. 멋진 전문 용어로 말하면, P가 L에 대한 고유 벡터인 특별한 사례이기 때문이다. 만약 여러분이 이런 종류의 대수학을 접하지 못했다면 마치 부두교의 주술처럼 느껴질지도 모른다. 하지만 이것은 일반적이고 흔한 문제일 뿐이고 여러분도 아마 예전에 다른 사례들을 풀었을 것이다. 예를 들어 우리가 아래와 같은 함수가 있다고 가정하자.

$$f(x) = 6 - 2x$$

이제 '$P = LP$'라는 방정식은 아래와 같아 보인다.

$$x = f(x)$$

여기에 악순환이 존재하는가? 별로 그렇지 않아 보인다. 우리는 앞의 식에서 $f(x)$에 그 정의를 대입하고, 기호를 이리저리 옮기며 x의 값을 구할 수 있다.

$$x = 6 - 2x$$
$$3x = 6$$
$$x = 2$$

우리의 방정식에 벡터와 행렬을 곱하는 과정이 있다 해도 그것이 더 복잡해지지는 않는다. 궁극적으로는 수많은 단순한 연산이 되기 때문이다. 진짜 문제는 L이 링크를 표시하는 625,000,000,000,000,000,000개의 숫자를 담은 사각형이며, P는 약 25,000,000,000이라는 페이지랭크를 가진 벡터라는 점이다. 그러니 둘을 곱하려면 휴대용 계산기로는 아마 무리일 것이다.

그래도 좋은 소식은, 행렬의 고유 벡터를 찾아 사용하는 아주 똑똑한 방법이 있다는 점이다. 행렬의 고유 벡터는 수많은 곳에 응용되고 있다. 길고 지루한 계산이겠지만, 컴퓨터라면 기계적으로 수많은 계산을 한다 해도 전혀 개의치 않으며, 결국 P를 찾는다.

우리는 단일 웹페이지에 대해 페이지랭크를 찾는 작은 문제부터 시작해, 훨씬 크고 복잡해 보이는 문제까지 접근했다. 여기서 우리는 모든 페이지랭크의 벡터를 단번에 계산했다. 이처럼 선형대수학이 무척 많이 적용된다는 것은 벅찰 만큼 많은 작업이 갑자기 마술처럼 간단하고 쉬운 무언가로 바뀌는 상황과 같다.

이런 이유로 행렬 대수학은 검색엔진의 세계를 넘어선 영역에서까지 기본 도구로 사용된다. 사실 행렬의 고유 벡터가 중요하지 않는 기술은 거의 없다.

**페이지랭크는 인터넷을 설명하기 위한 한 회사의 노력이 빚은 산물이다.
그뿐만 아니라 페이지랭크는 선형대수학의 힘을 보여주는 좋은
사례이기도 하다.**

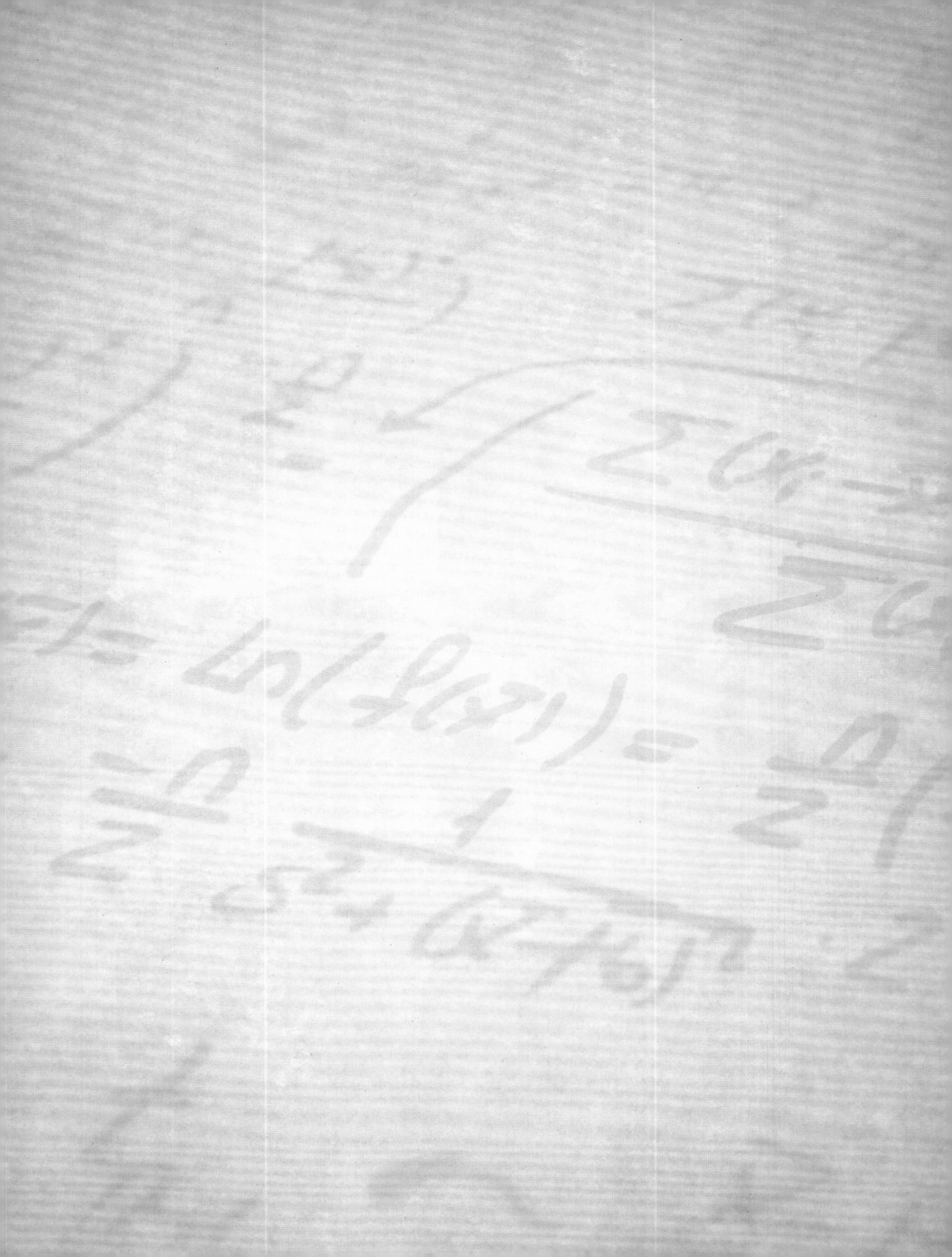

우리가 알면서도 모르는 것

확률과 불확실성

균일분포

균일분포는 확률 게임의 바탕이 되며 베이즈 추론의 시작점이다.
그리고 의학, 과학, 인공지능과도 연결된다.

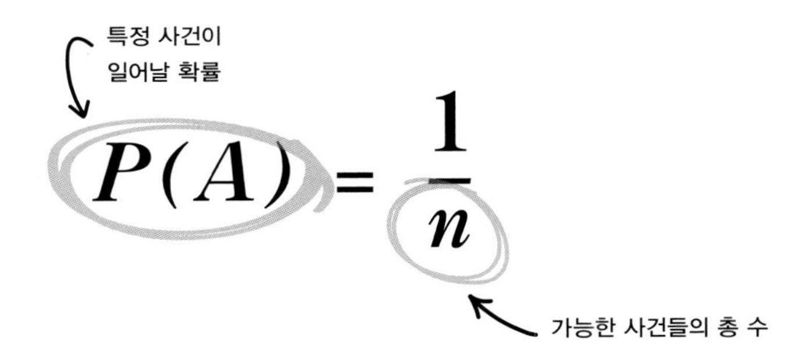

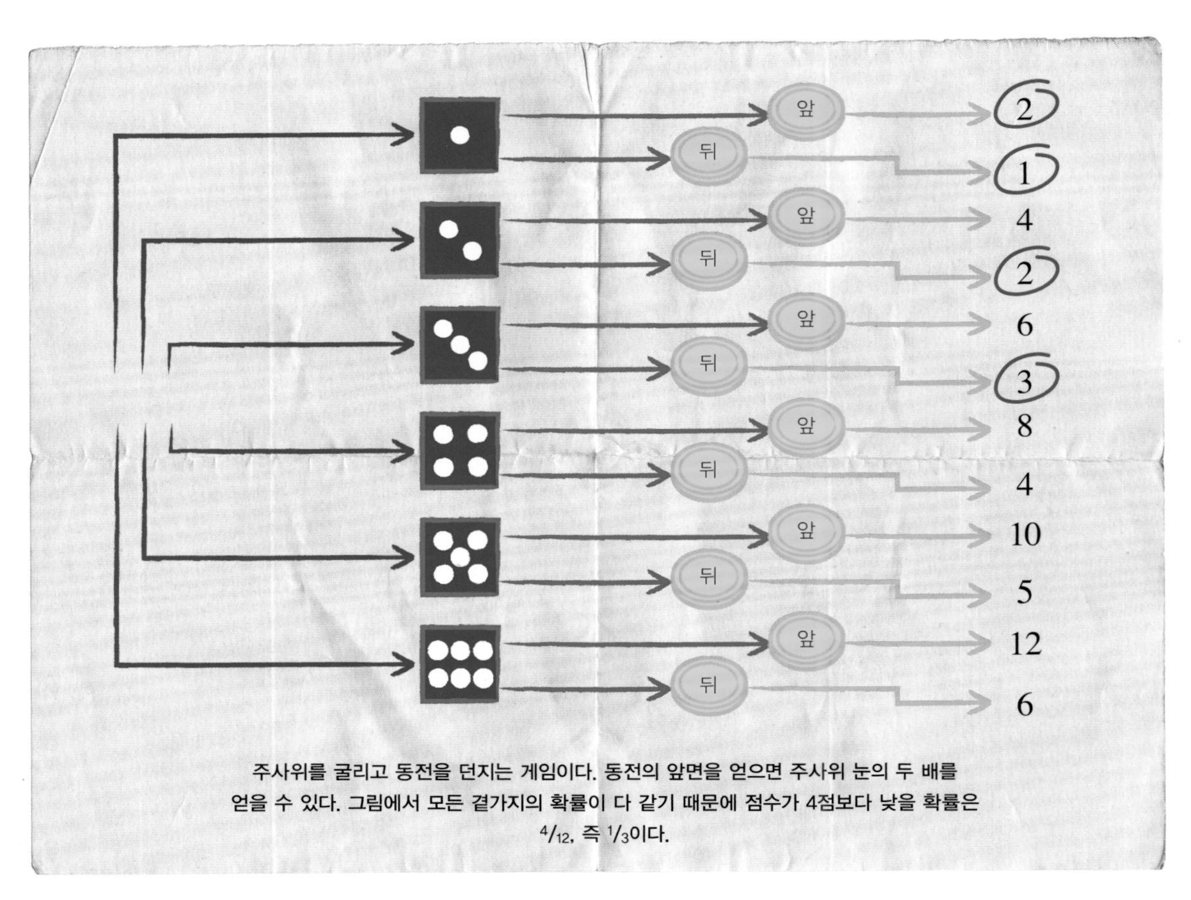

주사위를 굴리고 동전을 던지는 게임이다. 동전의 앞면을 얻으면 주사위 눈의 두 배를 얻을 수 있다. 그림에서 모든 곁가지의 확률이 다 같기 때문에 점수가 4점보다 낮을 확률은 $^4/_{12}$, 즉 $^1/_3$이다.

어떤 내용일까?

확률 이론은 불확실한 무언가에 대한 지식을 얻는 방법을 마련해준다. 이것은 꽤 대단한 업적이다. 오랜 시간 동안 사람들은 그런 일은 불가능할 것이라 여겼기 때문이다. 균일분포는 우리가 알고 있는 가능한 가장 단순한 상황(일어날 확률이 동일한, 가능한 상황들의 유한 집합)을 설명해준다.

우리가 흔히 아는 주사위를 던진다고 상상해보자. 그러면 나올 수 있는 가능한 결과는 6가지다. 여섯 면이 고른 주사위를 공평한 방법으로 던지면 한 면이 다른 면보다 자주 나올 이유는 없다. 그러므로 주사위의 각 면이 나올 확률은 동등하며, 여섯 가지 가능한 결과로 이루어진 집합은 균일분포를 이룬다.

균일분포라는 개념은 그 자체로 그렇게 쓸모 있지는 않다. 하지만 조금만 더 작업을 하면 우리는 각각의 가능성에 숫자를 붙여 더욱 복잡한 문제에 답을 할 수 있다. 예를 들어 짝수가 나올 확률은 5보다 작은 숫자가 나올 확률보다 얼마나 더 클까? 여러 개의 주사위를 한꺼번에 굴려 눈의 수를 다 더하면 어떻게 될까? 이런 식으로, 시작은 그렇게 거창하지 않았지만, 확률 이론은 우리가 '불확실성'이라 부르는 현상을 더 정확하게 다루는 이론으로 나아간다.

이 방정식은 왜 중요할까?

여러분이 수학 수업을 듣고 있는데 선생님이 칠판에 삼각형을 하나 그렸다. 선생님은 삼각형의 모서리 하나를 가리키면서 이 각도가 직각이라고 말씀하시고는 여러분에게 이 삼각형에 대한 몇몇 문제를 풀라고 했다. 이 경우에 여러분은 선생님에게 이 각이 직각이 확실한지 물어볼 수 있을까? 만약 정확히 90°가 아니라면?

이런 질문을 던지면 선생님들은 대부분 그 문제에서 직각이라고 가정되었거나 정의되어 있다고 대답할 것이다. 그냥 주어진 것으로 받아들이면 되지(수학 책에 잘 나오는 말이다) 질문을 던질 필요가 없다는 것이다. 하지만 현실 속에서는 그렇지 않다. 생활 속에서 당장 확신할 수 있는 내용은 거의 드물고, 확신한다 해도 약간은 틀릴 가능성이 남아 있다.

17세기까지 수학은 대부분 확실성에 기초를 두었다. 예를 들어 기하학 문제는 길이, 각도, 점을 주고 이것들을 기반으로 해서 추론을 이끌었다. 확실한 정보들로부터 특정 결론을 얻었던 것이다. 예컨대 짧은 변들의 길이가 각각 3단위, 4단위인 직각삼각형이 주어진다면, 우리는 나머지 긴 변의 길이가 5단위라는 사실을 조금도 의심하지 않는다(10쪽, '피타고라스 정리' 참고). 하지만 수학 교실 밖에서 그런 정보를 미리 주는 사람은 없다.

여러 개의 줄을 선 사람들은 대개 균일하게 분포한다. 줄 하나가 다른 줄보다 짧아지면 뒷사람들이 얼른 짧은 줄로 옮기기 때문이다.

많은 상황에서 우리가 가진 정보는 절대적으로 정확하거나, 완전하거나, 확실하거나 하지 않는다. 예를 들어 과학적인 관찰은 언제나 약간의 오차 범위 안에서 이뤄진다. 아무리 이런 사실을 염두에 두고 조심하더라도, 실험기기의 영점 조절이 잘 되지 않았거나 오류가 생기거나 할 수 있고, 계산 실수를 저지를 수도 있다. 우리가 아는 거의 모든 것들은 제아무리 확신한다 해도 어딘가에서 약간의 의심을 지울 수가 없다.

확률 이론은 카드나 주사위 게임에서 나타나는 확률 문제를 이해하기 위해 처음으로 시작되었으며, 균일분포가 이 이론을 다스렸다. 이후 확률 이론은 과학과 기술의 여러 분야에서 높은 지위를 누렸다. 초기에는 물리학과 금융 분야에 적용되었으며, 나중에는 사회학이나 심리학 같은 더욱 통계적으로 보이는 분야가 탄생하는 데 도움이 되기도 했다. 그리고 과학 분야에서 정초한 수학 모델은 확률을 무기로 훨씬 더 강력하고 효과적인 모델이 되었다.

더 자세하게 알아보자

동전을 던지거나 주사위를 굴리고, 잘 섞인 카드 무더기에서 카드를 한 장 고르는 모든 상황에서, 우리는 나타날 수 있는 모든 결과의 확률이 같다고 가정한다. 다시 말해 균일분포를 이루는 것이다. 이때 주사위를 한 번 던졌을 때 1이 나올 확률은 얼마일까? 답은 6분의 1이다. 이런 답을 듣고 우리가 알 수 있는 바는 다음과 같다. 주사위를 여섯 번 던지면 그중에 1은 한 번 정도 나올 것이다. 어쩌면 1이 한 번도 나오지 않거나 매번 1이 나올 수도 있다(162쪽 참고). 하지만 평균적으로 주사위를 되풀이해서 여러 번 던지면 1은 약 여섯 번 중에 한 번쯤 나올 것이다.

주사위 눈이 5나 6이 나오면 이기는 게임을 상상해보자. 우리는 이것을 하나의 새로운 사건으로 여길 수 있다. 우리는 '5가 나오거나 6이 나오게' 해야 한다. 아니면 2개의 단순한 사건들의 조합으로 생각할 수도 있다. '5가 나오거나' 또는 '6이 나와야' 한다. 여기서 '또는'이라는 단어가 나오면 두 종류의 가능성을 더하면 된다. 둘 중에 하나만 나와도 좋기 때문에 두 확률을 더하는 것이다. 즉 $^1/_6 + ^1/_6 = ^2/_6 = ^1/_3$이므로, 우리가 이 게임에서 이길 가능성은 3분의 1이다.

만약 이 게임을 여러 번 한다면 주사위를 세 번 던질 때마다 5 또는 6이 약 한 번 정도 나올 것이다. 이 기술은 두 결과가 '또는'으로 결합되고 결과가 동시에 벌어지지 않는 경우에 사용할 수 있다.

극단적인 경우에 여섯 가지 가운데 어느 하나라도 얻을 확률은 $^1/_6 + ^1/_6 + ^1/_6 + ^1/_6 + ^1/_6 + ^1/_6 = 1$이다. 이때 우리는 이 사건의 확률이 '확실하게' 1이라고 말한다. 확률은 1보다 높을 수가 없다. 주사위가 모서리로 착지해 아슬아슬하게 균형을 이루는 이상한 결과를 제외한다면, 주사위를 던져서 여섯 가지 결과 가운데 어느 하나를 얻으리라는 것은 확실하다. 이와 비슷하게 우리

일어날 수 있는 모든 사건이 다들 동등한 확률을 가진다면, 이 사건들은 균일하게 분포되어 있다.

카드 더미가 잘 뒤섞여 있다면 각 카드가 더미의 맨 앞에 나올 가능성은 전부 동일하다($^1/_{52}$).

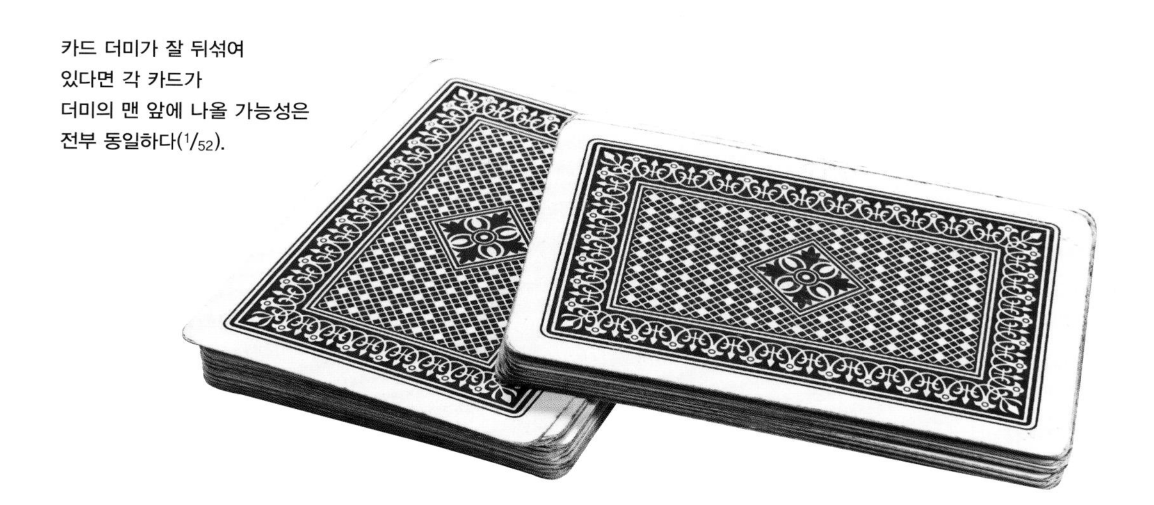

는 보통의 주사위에서 7이나 0 같은 눈은 나오지 않는다고 정의하므로, 이런 경우는 확률이 0이다. 수학적으로도 말이 된다. 주사위에서 6 또는 7을 얻을 확률은 $^1/_6 + 0 = {}^1/_6$이다. 그냥 6을 얻을 확률과 같은 것이다. '또는 7이 나오는'이라는 추가적인 조건은 결과에 영향을 주지 않는다. 7이 나올 확률이 전혀 없기 때문이다.

이것은 우리가 확률을 계산할 때 매우 유용하다. 사건 x가 일어나지 않을 확률은 $1 - p(x)$다. 어떤 사건이 일어나거나 일어나지 않을 확률을 더하면 1이기 때문이다! 예를 들어 주사위에서 1, 2, 3, 4, 5가 나올 확률은 6이 나오지 않을 확률과 같기 때문에, $1 - {}^1/_6 = {}^5/_6$이 된다.

이제 주사위를 여러 번 던지는 게임에 대해 생각해 보자. 예컨대 두 번 연속으로 6이 나올 확률은 얼마일까? '6이 나오고, 다시 6이 나올 확률', 즉 '6이 나오고, 그리고 6이 나올 확률'을 구하려는 셈이다. 첫 번째 주사위는 여섯 가지의 결과를 얻을 수 있지만, 이중에 우리의 목적에 도움이 되는 결과는 하나뿐이다. 그리고 이후에 두 번째 주사위 역시 여섯 가지의 결과를 얻지만, 하나의 결과만이 우리에게 의미가 있다. 운명의 주사위를 두 번 던졌을 때, 성공을 거둘 확률은 매번 $^1/_6$이다. 이런 상황을 수학적으로 나타내기 위해서는 두 개의 확률을 곱하면 된다. 즉 $^1/_6 \times {}^1/_6 = {}^1/_{36}$이다. 꽤 확률이 낮은 셈이다.

이런 '또는', '그리고', '~이 아닌'의 조합은 무척 강력하다(126쪽, '드모르간의 법칙' 참고). 이런 기술을 가진 채 상황을 조심스레 살핀다면 꽤 복잡해 보이는 확률도 계산할 수 있다. 예컨대 이제 꽤 어려운 문제를 하나 내보겠다. 여러분은 52장으로 이뤄진 보통의 트럼프 카드가 있는데 여기서 5장의 카드를 무작위로 뽑았을 때 서로 짝이 맞는 한 쌍을 얻고(예컨대 퀸 한 쌍), 나머지 카드는 짝이 맞지 않을 확률은 얼마일까? 포커를 치는 사람들은 이런 종류의 확률 문제에 크게 흥미를 보인다.

일어날 수 있는 모든 결과의 확률이 동일하다면, 균일분포라고 말할 수 있다. 균일분포는 확률을 처음 공부하는 사람에게 좋은 시작점이다.

도박꾼의 파산 문제

도박을 하면 결국 끝에 가서 도박장 쪽이 이긴다. 이 방정식은 그 이유를 설명해준다.

$$P(A) = \frac{1-\left(\frac{1-p}{p}\right)^{f}}{1-\left(\frac{1-p}{p}\right)^{t}}$$

앨런이 베티를 파산시킬 확률

앨런이 각 라운드에서 이길 확률

앨런이 처음에 쥔 돈

총 시작 자금

어떤 내용일까?

프랑스의 수학자이자 철학자였던 블레즈 파스칼(Blaise Pascal)은 1656년에 동료 피에르 드 페르마(Pierre de Fermat)에게 한 통의 편지를 보냈다. 이 편지에는 오늘날 유명해진 문제 하나가 실려 있었다. 이 문제를 현대식 설정으로 바꿔보겠다. 앨런과 베티가 도박 게임을 하고 있다. 두 사람은 약간의 토큰을 들고 게임을 시작했다(아마 개수가 같지는 않았을 것이다). 두 사람은 매번 주사위를 몇 개씩 던져 예상한 결과가 나오는지 살핀다. 예컨대 주사위 3개를 던져 적어도 하나에서 6이 나오는지 보는 것이다. 적어도 하나에서 6이 나오면 앨런이 이기고 베티에게서 토큰 하나를 뺏는다. 하지만 이대로 되지 않으면 베티가 이기고 앨런의 토큰 하나를 뺏는다. 두 사람은 둘 중 한 사람이 '파산'할 때까지 이 게임을 계속한다. 이때 문제는 다음과 같다. 두 사람이 파산할 확률은 각각 얼마인가?

이 문제를 분석하면 놀라운 결과를 얻을 수 있다. 만약 앨런이 베티보다 토큰을 더 많이 가지고 있어서 필요한 만큼 게임을 계속할 수 있고, 앨런이 베티보다 아주 약간이라도 더 유리하면, 베티는 거의 확실히 파산하게 된다. 앨런에게 유리한 결과가 나올 확률이 $^1/_2$보다 아주 살짝 더 높더라도 말이다. 이것은 거의 모든 카지노 게임의 기초가 되는 원리다. 도박장에는 여분의 토큰이 무척 많고 도박꾼에 비해 약간의 이점을 가진다. 이 정도만으로도 아무리 도박꾼들이 많이 이긴다 한들, 결국에는 도박장이 모든 돈을 가져간다.

룰렛판에서 0이나 00이 나오면 도박장이 이긴다. 이런 일은 거의 일어나지 않지만 이런 사소한 이점만으로도 이 카지노는 계속 영업을 계속할 수 있다.

더 자세하게 알아보자

이 게임은 마르코프 과정이며(70쪽, '브라운 운동' 참고), 우리의 방정식은 매 라운드마다 $P(A)$ 값을 계산하는 데 활용된다. 토큰을 들고 게임을 시작하는 그 순간, 앨런이 결국에 이길 확률이 $P(A)$다. 만약 앨런이 그 순간에 토큰을 전부 가진다면 $P(A)=1$이다. 그러면 결국 베티는 파산하고 게임이 끝난다. 이와 비슷하게 만약 앨런에게 지금 토큰이 아예 없다면 방정식에 따라 $P(A)=0$이다. 앨런은 이미 파산했기 때문에 이길 가능성은 전혀 없다.

이제 각 참가자들이 갖고 있는 토큰의 수와, 앨런이 살짝 우위를 점하는 상황이 게임에 어떤 영향을 주는지를 살펴보자. 앨런이 살짝 유리하다면 $p>1-p$라는 뜻이고 그러면 아래와 같은 식이 성립한다.

$$\frac{1-p}{p} < 1$$

게임을 차례로 하면서 이 수를 많이 제곱하면 적게 제곱했을 때보다 0에 가까워질 것이다. 앨런이 토큰을 100개, 베티가 10개 가졌으며 앨런이 이길 확률이 $^{51}/_{100}$이라고 가정해보자. 그러면 $P(A)$는 다음과 같다.

$$P(A) = \frac{1-(\frac{0.49}{0.51})^{100}}{1-(\frac{0.49}{0.51})^{110}} \approx 0.994$$

이 값은 1에서 작은 수를 뺀 수를 다시 1에서 그보다 조금 더 작은 수를 뺀 수로 나눈 값이다. 그러면 거의 $^{1}/_{1}=1$에 가까워진다. 그런데 이 결론은 놀라운 결과를 낳는다. 만약 앨런이 카지노를 열어 이 게임을 손님들에게 제공한다고 생각해보자. 각 손님에게 토큰을 최대 10개만 주고 자기는 손님 한 명과 게임을 할 때마다 토큰 100개씩 쥐고 있다면, 앨런은 거의 모든 손님을 파산시킬 것이다. 1000명 가운데 오직 6명 정도만이 잭팟을 터뜨려 앨런의 토큰 100개를 가져간다. 하지만 앨런은 나머지 다른 게임에서 이겨 9940개의 토큰을 가져가기 때문에 별 타격이 없다.

아무리 앨런이 처음에 시작했을 때보다 많이 땄다 해도 아직 어려움을 겪고 있다. 베티가 토큰을 애초에 더 많이 갖고 있다면 결국 앨런을 파산시킬 것이다.

마지막으로 위의 방정식이 완벽하게 공정한 조건에서는 성립하지 않는다는 사실을 알아두자. 분수의 분모가 0이고, 분수를 0으로 나눌 수는 없기 때문이다. 이 경우 아래와 같은 식을 적용할 수 있다.

$$P(A) = \frac{f}{t}$$

이 식에 따르면 앨런이 이길 확률은 그 순간에 가진 토큰 수 대 전체 토큰 수의 비율과 같을 뿐이다.

**여러분이 돈을 많이 가질수록 끝에 가서 여러분이 이길 확률은 더 높아진다.
여러분이 게임에서 더 오래 남을 수 있기 때문이다.**

베이즈의 정리

**신뢰할 만한 희귀병 진단 검사에서 양성이라는 결과를 얻었을 때
여러분은 얼마나 걱정해야 할까?**

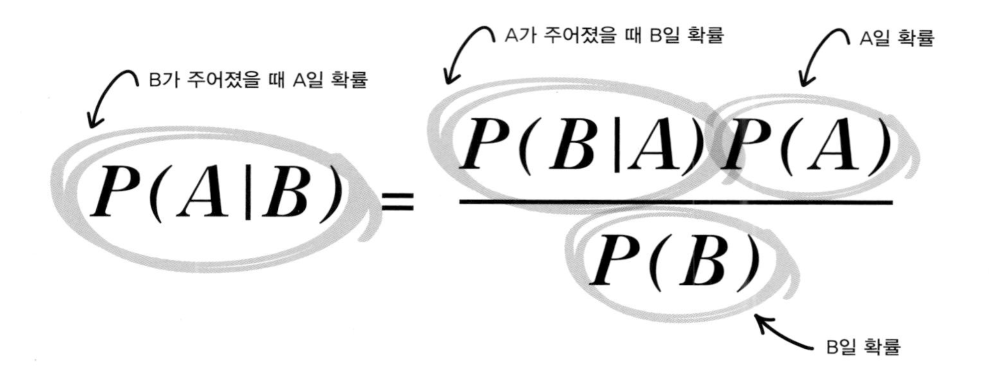

$$P(A|B) = \frac{P(B|A)P(A)}{P(B)}$$

어떤 내용일까?

건강검진을 받은 결과 여러분에게 1%의 사람만이 갖는 병의 증상이 발견되었다. 이 검진의 정확도는 99%라고 한다. 이 말은 이 병을 앓는 환자를 검사했을 때 양성을 얻을 확률이 99%이며, 병이 없는 사람을 검사했을 때 음성을 얻을 확률이 99%라는 것을 뜻한다. 그러면 여러분은 양성이라는 결과를 얻었을 때 얼마나 걱정해야 할까?

사실 무척 걱정스러운 상황인 것처럼 보인다. 어쨌든 무척 정확한 검사이니 말이다. 그러니 큰 두려움을 안고 의사를 다시 만나러 갈 것이다. 의사는 이런 일에 경험이 많기 때문에 검사를 다시 해보자고 권유한다. 검사를 다시 하자 무척 기쁘게도 이번에는 음성이 나왔고 건강에 이상이 없다는 진단을 받았다. 대체 무슨 일인가?

베이즈의 정리에 따르면 비록 이 검사는 무척 정확하지만 양성이 나왔다고 해도 내가 그 병에 실제로 걸렸을 확률은 50%밖에 되지 않는다. 대부분의 사람들은 이런 사실을 알게 되면 무척 놀라워한다. 사실 우리는 이런 상황에서 직관에 따라 행동했다가 판단을 그르치는 경우가 많다. 베이즈의 정리가 몹시 유용한 것도 바로 이런 이유에서다.

하지만 그렇다고 검사의 정확도 역시 무시할 수는 없다. 그래도 두 번째 검사가 잘못되었을 가능성은 아주 낮기 때문에 여기서 음성이 나왔다면 실제로는 병에 걸리지 않았다고 자신 있게 말할 수 있다. 이렇게 두 상황에서 대칭성이 무너지는 이유는 이 병에 걸리는 상황이 원래 거의 일어나지 않기 때문이다. 하지만 베이즈의 정리가 없었다면 이런 서로 다른 확률을 제대로 판단하기가 힘들었을 것이다.

이 방정식은 왜 중요할까?

베이즈의 정리는 우리가 무언가를 아는 상황에서 다른 무언가의 확률을 판단하는 데 도움이 된다. 우리는 실제 생활에서 관련 정보를 이미 아는 경우가 많기 때문에 이런 상황은 언제나 발생한다. 2012년에 통계학자인 네이트 실버(Nate Silver)는 미국의 50개 주와 워싱턴 D.C.의 총선 결과를 정확하게 예측해 명성을 얻었다. 이때 실버는 자기가 베이즈의 정리를 주로 활용한다고 밝혔다. 법정에서 베이즈의 정리는 어떤 증거를 유죄나 무죄 주장과 연결짓는 데 잘 활용되기도 하고 오용되기도 한다. DNA 증거와 관련한 일일 때 특히 더 그렇다.

더 일상적인 예를 들자면, 여러분의 이메일 계정은 베이즈의 정리를 활용한 스팸 메일 필터를 갖고 있다.

먼저 스팸 메일에서 흔히 사용하는 단어들의 집단과 '어떤 이메일이 스팸일 때 이 단어를 포함하고 있을 확률은 X다'라는 확률 형식의 모음을 활용해, 그 단어를 포함한 어떤 이메일이 스팸일 가능성을 계산한다. 그러면 시간이 지나면서 이 필터는 여러분이 받는 이메일을 바탕으로 이런 확률과 단어들의 모음을 조정한다.

그뿐만 아니라 이 정리는 심리학자, 여론 조사 요원, 유전학자, 물리학자, 해커, 언어학자, 철학자, 회사 중역, 군사 전략가, 스파이 등 여러 사람들에게 일상적으로 쓰인다. 역사적으로는 제2차 세계대전에서 독일군의 에니그마 암호를 해독하거나 흡연이 폐암을 일으킨다는 사실을 증명하는 데도 활약했다. 사실 이 정리는 조금 묘한 결론으로 우리를 이끈다. 어쩌면 이 책에 등장한 방정식 가운데 유일하게 논쟁을 겪고 있는 방정식인지도 모른다. 하지만 논쟁이 생기는 이유가 방정식의 정확성 때문은 아니다. 그보다 사람들은 이 식을 어떻게 해석하는지, 확률을 계산할 때 우리가 실제로 어떤 일을 하고 있는지에 관해 논쟁을 벌인다. 그러면 흥미로운 철학적인 논의가 이어지지만, 여기서 그 논의를 다 쫓아가기는 어렵다(174쪽, '큰 수의 법칙' 참고). 다만 이 단순해 보이는 방정식 안에 심오함이 담겨 있다는 사실을 알아두면 좋겠다.

베이즈의 정리는
에니그마 암호를 푸는 데도 활약을 펼쳤다.

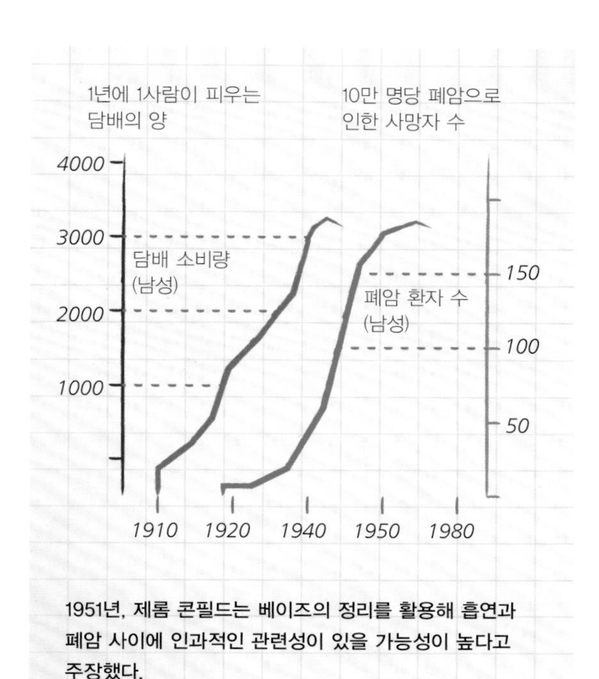

1951년, 제롬 콘필드는 베이즈의 정리를 활용해 흡연과 폐암 사이에 인과적인 관련성이 있을 가능성이 높다고 주장했다.

더 자세하게 알아보자

가끔 확률에 대한 계산은 이미 우리가 알고 있는 무언가에 의해 영향을 받는다. 내가 주사위를 하나 던지고 그 결과를 감췄을 때 내가 6을 얻을 확률은 $1/6$일 것이다(162쪽, '균일분포' 참고). 하지만 만약 여러분이 사실 내가 짝수를 얻었다고 말해준다면 어떤 일이 벌어질까? 그러면 내가 6을 얻을 확률은 확실히 더 높아진다. 그러면 이때 우리는 이런 질문을 던질 수 있다. 내가 주사위의 눈이 짝수가 나왔다는 사실을 이미 알고 있을 때, 6을 얻을 확률은 얼마일까?

$$P(\text{짝수가 나왔다는 사실을 알 때, 6을 얻을 확률})$$

$$= \frac{P(\text{6이 나왔다는 사실을 알 때, 짝수일 확률})P(\text{6일 확률})}{P(\text{짝수가 나올 확률})}$$

주사위의 눈이 6이라는 사실을 알 때, 그 눈이 짝수일 확률은 답은 쉽다. 1이다. 6은 언제나 짝수이기 때문이다! 그리고 각각의 눈이 나올 확률이 고른 주사위라면, 6이 나올 확률은 $^1/_6$이다. 이와 비슷하게 짝수 눈이 나올 확률은 $^1/_2$이다. 주사위에는 짝수가 3개이기 때문이다. 이제 약간의 분수 계산을 통해 이 결과를 다 합쳐보자.

$$P(\text{짝수가 나왔다는 사실을 알 때, 6을 얻을 확률}) = \frac{1 \times \frac{1}{6}}{\frac{1}{2}} = \frac{1}{3}$$

일반적으로 말하면, P(A|B)는 '우리가 B가 벌어졌다는 사실을 알고 있을 때, A가 일어날 확률'이다. 이런 종류의 문제들에 대한 연구를 '조건부 확률'이라고 하며, 베이즈의 정리는 그 주춧돌 가운데 하나다.

B가 주어졌을 때 A의 조건부 확률을 계산하는 데는 표준적인 방법이 있다. A가 아직 일어나지 않았고 B가 이미 일어났을 때, 우리는 A와 B가 둘 다 일어날 확률에 관심이 있다. 하지만 이것이 정확히 우리가 원하는 바는 아니다. B가 일어날 확률을 포함하기 때문이다. 우리는 이미 B가 일어났다는 사실을 알고 있기 때문에 우리는 그 확률을 불확실성의 영역에서 제거해야 한다. 이것은 다음과 같은 P(A|B)에 대한 수학적인 정의로 이끈다.

이 사람이 왼손잡이일 확률은 얼마나 될까? 그것은 우리가 이미 알고 있는 정보에 따라 달라진다.

방정식 1

$$P(A|B) = \frac{P(A \cap B)}{P(B)}$$

이때 우리가 $P(A|B)$를 $P(B|A)$와 혼동하면 여러 영역에서 문제가 생길 수 있다. '방정식 1'에 따르면 두 가지는 동일하지 않다. '조건 전치의 오류'라 불리는 이런 실수는 범죄 사건에서 법의학적인 증거를 판단할 때 꽤 흔하게 일어난다. 증거가 주어졌을 때 피고를 유죄라고 판단할 확률은, 피고가 유죄일 때 증거가 진짜일 확률과 전혀 같지 않다. 피고가 유죄일 때 증거가 진짜일 확률이 훨씬 일어나기 쉬운 확률이며, 두 가지를 혼동하면 얼마나 개연성이 있는 사건이었는지에 대해 크게 잘못된 판단을 할 수도 있다.

여러분은 만약 두 사건이 서로 관련이 없으면 어떤 일이 벌어질지 궁금할 것이다. 예를 들어 오늘이 화요일인 상황에서 여러분이 바로 다음에 만날 사람이 왼손잡이일 확률은 어떨까? 어쩌면 요일이 관련이 있을지도 모르지만, 통계학자들은 두 사건을 '독립'이라고 부를 것이다. 말 그대로 서로 독립적인 사건이라는 뜻이다. 여러분이 왼손잡이를 만날 확률은 오늘이 화요일인지 아닌지와는 상관이 없고, 그 반대도 마찬가지다. 수학적으로 표현하자면, $P(A|B) = P(A)$이다. 이 말은 오늘이 화요일인데 왼손잡이를 만날 확률은 그저 여러분이 왼손잡이를 만날 확률과 같다는 뜻이다. '오늘이 화요일임'은 전혀 영향을 주지 않는다.

이제 조건부 확률의 정의에서 베이즈의 정리로 넘어가는 게 좋을 것 같다. 앞의 식에서 문자를 서로 바꾸면 아래와 같은 식을 얻는다.

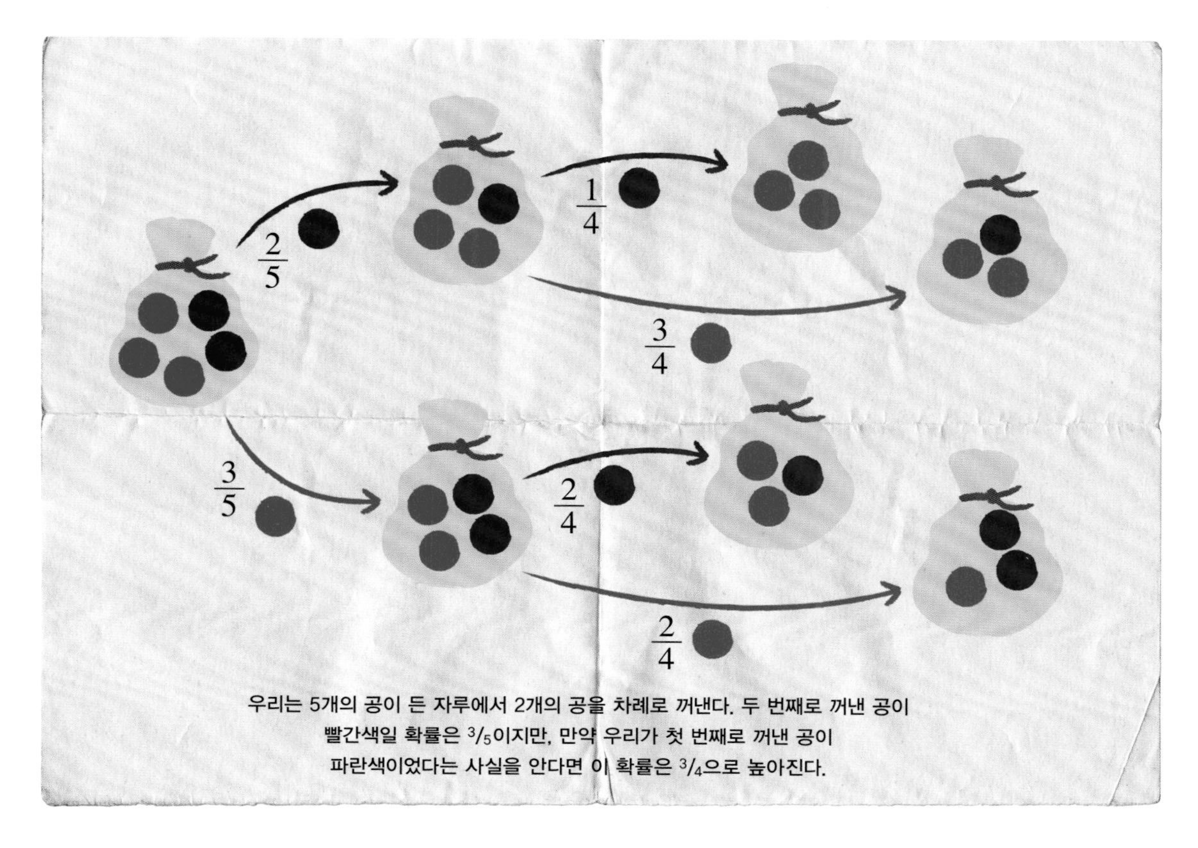

우리는 5개의 공이 든 자루에서 2개의 공을 차례로 꺼낸다. 두 번째로 꺼낸 공이 빨간색일 확률은 $^3/_5$이지만, 만약 우리가 첫 번째로 꺼낸 공이 파란색이었다는 사실을 안다면 이 확률은 $^3/_4$으로 높아진다.

방정식 2

$$P(B|A) = \frac{P(A \cap B)}{P(A)}$$

그리고 '방정식 1'을 다시 배열해 정리하면 아래와 같은 식이 된다.

$$P(A|B)P(B) = P(A \cap B)$$

이제 이 식을 '방정식 2'에 대입하면 다음과 같은 최종 식을 얻을 수 있다.

$$P(B|A) = \frac{P(A|B)P(B)}{P(A)}$$

베이즈의 정리는 베일에 싸인 신비로운 방정식이 아니다. 조건부 확률의 정의를 약간 수학적으로 정리를 하면 얻을 수 있는 식이다. 하지만 대부분의 사람들은 꽤나 이해하기 힘들어하고, 확률을 명확하게 사고하는 데 종종 낭패를 보곤 한다. 다음번에, 주어진 정보가 바뀔 때 무언가에 대한 확률이 어떻게 변화하는지 알아야 한다면, 베이즈의 정리가 제대로 적용되었는지, 틀리게 적용되었는지, 아니면 아예 고려되지 않았는지를 꼭 생각해보자.

만약 B가 주어졌을 때 A가 일어날 확률을 안다면, 베이즈의 정리에 따라 A가 주어졌을 때 B가 일어날 확률도 알 수 있다. 하지만 이것은 A와 B에 대한 다른 정보들에 의해서도 크게 좌우된다.

지수분포

버스가 도착하거나 임금이 인상되거나 독감이 유행하거나 지진이 일어나려면, 우리는 얼마나 기다려야 할까?

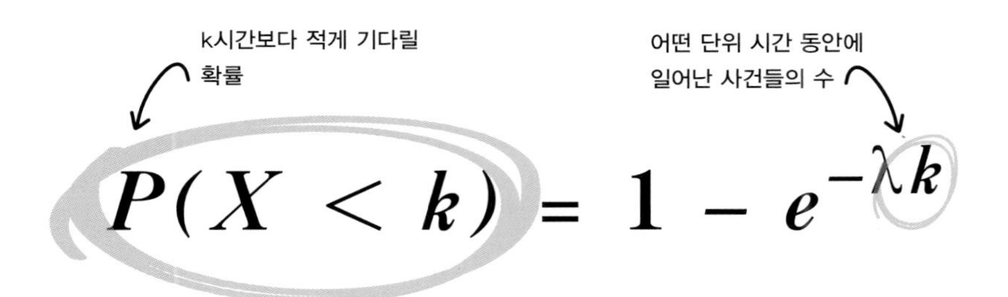

$$P(X < k) = 1 - e^{-\lambda k}$$

어떤 내용일까?

여러분은 정류장에서 버스를 기다리는 중이다. 버스는 12분마다 한 대씩 오기로 되어 있지만, 알다시피 교통 체증이 생기면 버스가 이상하게 몇 대씩 뭉쳐서 올 수도 있다. 그래서 다음 버스가 언제 나타날 것인지 확실히 알 방법은 없다. 그럼에도 버스들이 차고(멀리 떨어진)를 떠날 때 배차표를 따르기 때문에 그래도 1시간에 5대는 올 것이라고 합리적으로 예측할 수 있다. 그렇다면 앞으로 5분 안에 버스가 올 확률은 얼마일까? 지수분포가 이 질문에 대한 해답을 찾아준다.

위의 그림은 1시간에 5대의 버스가 오게 될 여러 방법 가운데 세 가지를 나타낸다. 기다려야 할 시간이 무척 제각각이라는 사실을 알 수 있다.

λ라는 매개변수는 버스가 올 확률이다. 이 사례에서 $\lambda = {}^{1}/_{12}$인데, 왜냐하면 조금 이상하게 들리겠지만 평균적으로 1분마다 ${}^{1}/_{12}$대의 버스가 오기 때문이다. 또 k는 기다려야 하는 시간을 분 단위로 나타낸 값이다. 위의 방정식은 k분 안에 우리가 버스를 잡을 확률을 계산하는 방법이다. 예를 들어 우리가 5분 안에 버스를 잡게 될 확률은 34%이고, 조금 놀랍지만 12분 뒤에 버스를 잡게 될 확률은 고작 63%다.

이제 여러분이 10분을 기다렸는데도 버스가 나타나지 않았다고 가정해보자. 그렇다면 5분을 더 기다리면 버스가 올 확률이 얼마일까? 역시 34%다. 다시 말하면 여러분이 그동안 기다린 시간과는 상관없이, 5분을 기다렸을 때 버스가 올 확률은 언제든 여러분이 처음에 버스를 기다리기 시작했을 때와 정확하게 같다.

더 자세하게 알아보자

이제, 나는 정류장에서 버스를 기다리는 중이고 여러분은 창문 너머로 나를 지켜본다고 해보자. 여러분은 줄곧 나를 지켜보는 것은 아니고 2분에 한 번씩 내가 아직도 정류장에 있는지를 확인한다. 그러면 여러분은 내가 기다린 시간을 2분이라는 단위만큼 정확하게 추

재난은 버스를 기다리는 것보다는 훨씬 드물게 일어나는데, 지수분포는 이런 재난을 예측하는 데도 활용된다.

정할 수 있다. 이때 여러분이 내가 버스를 타고 떠나기 전까지 n번을 확인했다고 하자. 그러면 여러분은 내가 $2n$분 기다렸다고 추정할 것이다. 이때의 확률은 다음의 푸아송 분포를 따른다.

$$P(X = n) = \frac{\lambda^n}{n!} e^{-\lambda}$$

여기서 λ는 평균적으로 2분마다 도착하는 버스의 수를 말한다. 아까 전의 사례와 마찬가지로 2분마다 도착하는 버스는 $^1/_6$대라는 분수로 표시된다.

이제 여러분이 1분에 한 번씩 확인한다고 가정하자. 그러면 여러분은 내가 기다리는 시간을 조금 더 정확하게 추측할 수 있다. 적어도 이론적으로는 이런 방식으로 정확도를 개선해 나갈 수 있다. 다음에는 30초마다 한 번씩, 10초마다 한 번씩, 1초마다, 0.1초마다 한 번씩 확인하는 식이다. 그러면 여러분은 내가 실제로 버스를 기다리는 시간에 점점 더 가까이 다가가게 될 것이다.

그렇다면 내가 기다리는 실제 값은 얼마인가? 그 값을 알려면 여러분이 창문으로 나를 지켜본 시간 간격이 0으로 다가갈 때의 극한값을 찾으면 된다(18쪽, '제논의 이분법' 참고). 이것이 뜻하는 바는 여러분이 되풀이해서 확인하는 대신, 창문 너머로 쭉 지켜보고 있을 때의 값을 구하라는 것이다. 그러면 지수분포를 얻을 수 있다.

이 방정식은 정해진 시간을 기다리는 동안에 어떤 불확실한 사건이 일어날 확률을 알려준다.

큰 수의 법칙

우리에게 한두 번은 행운이 따를 수 있다.
그런데 결국에 우리는 꼭 평균으로 돌아가야 할까?

$$\lim_{n \to \infty} P(\overline{X}_n = \mu) = 1$$

표본의 평균 / 모집단 평균 / 표본의 크기

어떤 내용일까?

특정 날짜에 어떤 미국인이 주머니 속에 갖고 있는 현금이 평균 얼마인지 알아본다고 가정하자. 한 가지 방법은 적은 수로 이뤄진 사람들의 집단(표본)을 고르고 그 사람들에게 가진 돈을 탁상 위에 올려놓게 하는 것이다. 그런 다음 돈을 사람들에게 똑같이 나눠준다. 이제 사람들은 모두 같은 액수의 돈을 갖게 되고(나눠 갖기 어려운 잔돈은 제외한 채), 이 값이 이 집단의 평균이 된다.

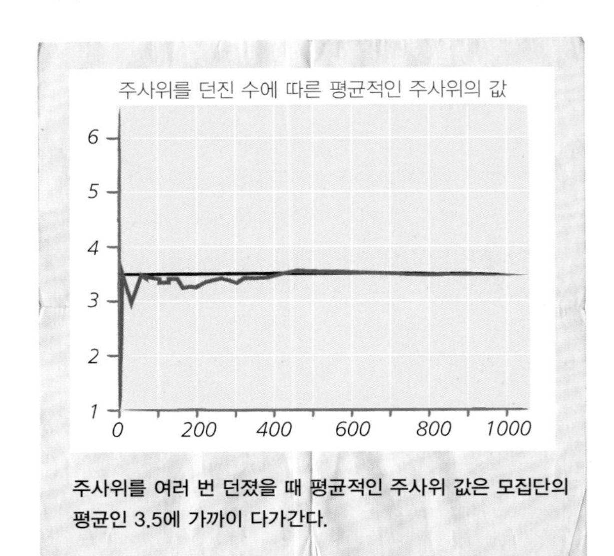

주사위를 여러 번 던졌을 때 평균적인 주사위 값은 모집단의 평균인 3.5에 가까이 다가간다.

일반적으로, 어떤 데이터 모음의 평균을 찾을 때도 우리는 똑같은 작업을 한다. 개인이 가진 값을 전부 더한 다음 '전체 값을 똑같이 나누는' 것이다. 처음에 시작했던 사람의 수로 나누면 된다. 이것은 과학, 비즈니스, 정치를 비롯해 수많은 분야에서 활용되는 가장 단순하고 흔한 통계다.

우리가 여기서 계산한 것은 바로 '표본 평균'이다. 표본에 속한 사람들 각각이 주머니에 가진 돈의 평균적인 액수이지, 미국 국민들 전체의 평균은 아니다. 직관적으로 생각해보면 이 실험에 참가하는 사람이 많을수록 우리는 더 나은 추측을 할 수 있을 것만 같다. 정말로 그럴까?

큰 수의 법칙에 따르면 우리가 표본을 확장할수록 표본 평균은 극한값에 가까이 다가간다(18쪽, '제논의 이분법' 참고). 그리고 그 값은 진짜 모집단의 평균이다. 즉 표본의 크기가 클수록 우리의 추측은 점점 더 실제에 가까워진다.

더 자세하게 알아보자

앞선 실험을 조금씩 확장해 미국에 사는 모든 사람이 참여하도록 한다고 상상해보자. 확실히 표본에 참여시키는 사람들 하나하나의 영향은 꽤 작아질 것이다. 더구나 모집단에는 유한한 수의 사람이 포함되기 때문에, 인내심만 가진다면 표본에 이들 전체를 아우를 수 있다. 그 순간 표본 평균은 모집단 평균과 같아진다. 사실상 표본이 곧 전체 모집단과 같아지기 때문이다.

하지만 만약 모집단이 무한하거나 적어도 한정적이지 않다면 골치 아프게 된다. 평균을 찾으려고 하는 대상이 시간이 지나면서 널리 퍼지는 경우가 그렇다. 예컨대 룰렛판 앞에 앉은 도박꾼을 상상해보자. 이 도박꾼은 판을 돌렸을 때 빨간색에 공이 멈출 확률이 $^1/_2$에 가깝다는 사실을 알고 있다. 실제로는 이 값보다는 살짝 적다(166쪽, '도박꾼의 파산 문제' 참고). 빨간색과 검정색을 어떻게 배열하더라도 절반가량은 빨간색이고 나머지 절반은 검정색이기 때문이다. 하지만 게임 수가 몇 판 되지 않으면 이 확률이 나타나지 않을 수도 있다. 이런 경우에는 예컨대 빨간색을 3번 연속으로 얻을 확률이 그렇게 낮지 않을 수 있다. 가끔씩은 이런 일이 생겨도 그렇게 놀랍지 않다. 하지만 충분히 오랜 시간 게임을 지켜보고 있으면 큰 수의 법칙이 효력을 발휘하면서 빨간색이 나올 표본 평균은 약 $^1/_2$에 가까워진다. 방정식에 따르면 그 이유는 룰렛판을 돌리는 수가 커질수록 표본 평균이 모집단 평균과 아주 가까워지기 때문이다.

하지만 도박꾼은 소위 '도박꾼의 오류'를 조심해야만 한다. 만약 빨간색이 세 번 연속으로 나왔다 해도 큰 수의 법칙 때문에 그 다음에 검정색이 더 많이 나오지는 않는다. 룰렛판을 돌리는 사건은 서로 독립적이기 때문에 다음번에 빨간색이 나올 확률은 여전히 약 $^1/_2$이다. 이 법칙에 따르면 룰렛판을 충분히 여러 번 돌릴 때 표본 평균이 서서히 $^1/_2$에 가까워져야 하지만, 개별 사건에 대해서는 전혀 얘기해주는 바가 없다. 꽤 오랫동안 평균에서 벗어났다면 지금쯤 평균으로 돌아갈 수 있을지에 대해서도 말해주지 않는다. 차라리 도박꾼들의 미신인 행운을 가져다주는 속옷이 도박에서 내리 이기는 일과 더 관련이 높을지도 모른다.

확률 이론이 발전하게 된 계기는 17세기의 도박 열풍이었다. 큰 수의 법칙도 이런 환경에서 발견되었다.

하지만 여러분은 어쩌면 이 상황에서 룰렛판을 돌리는 데 대한 진정한 '모집단 평균'이 존재하는지 의문을 품을지도 모른다. 룰렛판을 몇 번 돌리는지 우리가 모른다면 말이다. 이 사례에서 모집단 평균이 과연 '존재'할까? '존재'라는 단어는 철학적으로 파고들면 꽤 무시무시할 정도로 골치가 아프다. 통계학자라면 다들 큰 수의 법칙을 수학적인 사실로 받아들이겠지만, 이 방정식이 실제로 어떤 의미가 있는지에 대해서는 생각이 서로 다를 수 있다.

여러분이 확률의 지배를 받는 어떤 행동을 여러 번 하면, 전체 결과는 평균에 가까이 다가갈 것이다.

정규분포

나폴레옹 시대의 관료제부터 신용 파생상품의 가격에 이르기까지, 정규분포는 수많은 대상을 지배한다.

확률 X는 a와 b 사이에 있다

평균

$$P(a \le X \le b) = \frac{1}{\sigma\sqrt{2\pi}} \int_a^b e^{-\frac{(x-\mu)^2}{2\sigma^2}} dx$$

표준편차

어떤 내용일까?

여러분이 18세기 프로이센의 장군이라고 상상해보자. 여러분은 군인을 모집하는 경우를 대비해 어떤 모집단의 사람들이 얼마나 군인으로 적합한지 알고 싶어 한다. 그래서 군대에 갈 만한 나이의 남자들 중에서 표본을 뽑아 키, 몸무게 등 몇 가지를 측정했다. 일단 키에 집중해보자. 우리는 상당수의 사람들이 평균 키에 근접할 것이라 예상한다(174쪽, '큰 수의 법칙' 참고). 그리고 평균 키보다 작은 사람이 약간 존재하고, 평균보다 큰 사람이 그만큼 존재할 것이다. 키가 몹시 크거나 작은 사람은 상대적으로 드물 것이다. 다시 말해, 우리는 일종의 혹처럼 생긴 데이터가 나오기를 기대한다. 사람들의 키 대부분이 중간값에 가깝고 양쪽 끝에 자리한 사람은 별로 없을 테니 말이다.

바로 이런 생각을 공식화한 것이 정규분포다. 키를 확률 변수라고 생각해보자. 이 말은 모집단에서 무작위로 사람을 골랐을 때 그 사람의 키는 예측할 수 없을 만큼 다양하다는 뜻이다. 정규분포는 이 값이 얼마나 다양한지 기술하고, 확률을 계산하는 방법을 알려준다. 그러면 우리는 다음과 같은 질문에 대답할 수 있다. '무작위로 누군가를 골랐을 때 키가 1.8m보다 큰 사람일 확률은 얼마일까?' '무작위로 누군가를 골랐을 때 평균 키에서 10cm 이내로 크거나 작을 확률은 얼마일까?'

이 방정식은 왜 중요할까?

통계학을 뜻하는 영어 단어 'statistics'는 'state(국가)'에서 비롯했다. 즉 이 학문은 왕이나 관료들이 자기가 다스리는 백성들의 건강이나 생산성 등을 알아내고자 하는 과정에서 등장했다. 나폴레옹은 정복 사업을 벌일 때 통계를 중요하게 여겼고, 정부는 대중에 관한 데이터를 모으고 분석해왔다. 이 데이터는 정규분포를 따르거나 따르는 듯 보였다.

사실, 정규분포의 기원은 전혀 다른 곳에 있다. 천문학자들은 아무리 철저하게 관찰하더라도 오류가 생길 확률이 있다는 사실을 오래전부터 알고 있었다. 이에 대해 더 정확하게 파악하기 시작한 것은 18세기에 들어오면서부터였다. 18세기는 확률을 다루는 새로운 과학이 발전했던 시기였다. 천문학자들은 자신들이 한 관측이 실제보다 큰지 작은지 가늠할 수 없는 경우가 잦았다. 물론 관찰을 여러 번 하다 보면, 확실히 특정 오류를 줄일 수 있었다. 하지만 오류가 완전히 사라지지는 않았다. 천문학자들은 (오늘날의 용어로 하면) 데이터가 평균값 근처에서 정규분포를 이루길 바랐으며, 평균값이야말로 자신들이 관측하고자 하는 실제 값일 것이라 예상했다. 이때 정규분포는 오류를 줄이는 수단을 제공했다. 항상 그렇게 작동한다는 보장은 없었지만 말이다. 예를 들어 모든 사람의 키가 너무 크게 측정되면 평균 역시 지나치게 커져버리는 편향이 생길 수 있다. 이것을 '오류의 정규 법칙'이라 하는데, 과학에서 가져온 이 법칙은 무척 다양한 대상에 적용된다.

하지만 많은 경우, 이것은 근사 모형이라는 사실을 기억해야 한다. 사람들은 정규분포가 정상이라고 생각한 나머지 실제 데이터를 정규분포 곡선에 끼워 맞추는 경우가 많다. 표준화된 몇몇 시험에서 이런 일이 흔하다. 특정 또래 학생 집단의 강점이나 약점과 상관없이 이들이 얻은 결과를 상대평가를 통해 정규분포에 맞추는 것이다. 아니면 사람들의 무의식적인 편향성 때문에 시험 채점 결과가 정규분포에 가까워지기도 한다. 그것이 올바른 분포처럼 느껴진다는 이유에서다.

조금 더 우울한 사례를 들어보자. 사람들은 평균 수명이 정규분포를 띤다고 여긴다. 즉 사람들이 평균 나이가 있으며, 몇몇은 그 나이보다 오래 살고 몇몇은 일찍 죽는다는 것이다. 하지만 슬프게도 사실은 그렇지 않다. 왜냐하면 몇몇 사람들은 질병, 사고, 폭력 등 여러 이유로 평균보다 훨씬 더 일찍 숨지기 때문이다. 그렇다면 이런 현상을 통계학적으로 어떻게 다뤄야 할까? 예컨대 정규분포에서 벗어나는 사람들의 데이터에 '조기 사망'이라는 이름을 붙여 따로 처리할 수 있다.

더 자세하게 알아보자

정규분포 방정식을 들여다보면, 꽤나 별나게 생겼다. 그 이유는 별난 몇 가지의 기준을 만족시키기 위해서인 듯하다. 이런 분포는 '특정 수치를 가질 확률'을 알아내는 데 활용되지 않는다. 예컨대 누군가 정확하게 키가 6피트일 확률은 사실 0이기 때문이다. 언뜻 생각하면 무척 이상하게 들리겠지만, 왜 하필 6.1도, 6.01도, 6.000000001도 아니고 6피트인가? 우리는 무한정 정확하게 측정할 수 없기 때문에 질문은 합리적이지 않다. 그 대신에 우리는 다음과 같이 물어야 한다. '누군가의 키가 5.9피트에서 6.1피트 사이일 확률은 얼마인가?' 키처럼 연속적인 속성을 측정할 때는 언제나 이런 식으로 수치를 다룬다. 아이들이 몇 명인지와 같이 개별적인 수치를 세는 경우가 아니라면 말이다.

정규분포가 이 질문에 어떻게 답하는지 알아보려면 그래프를 그리면 된다. x축을 키, y축을 주어진 방

가끔 우리는 데이터가 정규분포에 맞도록 손질한다.
정규분포에서 어긋나면 데이터가 틀린 것처럼 보이기 때문이다.

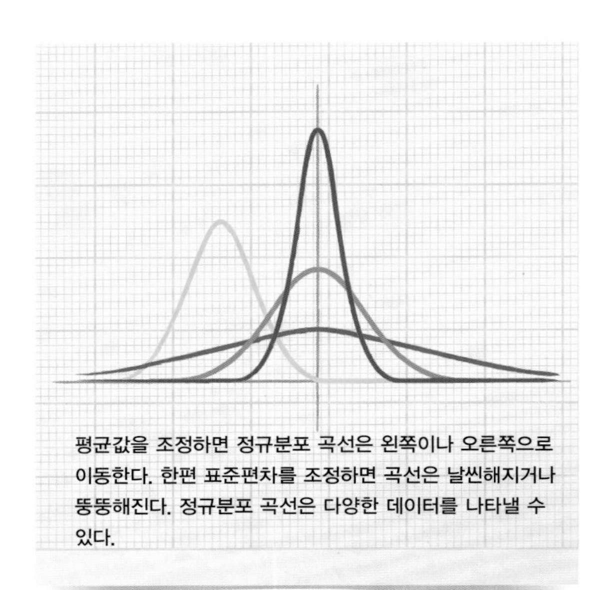

평균값을 조정하면 정규분포 곡선은 왼쪽이나 오른쪽으로 이동한다. 한편 표준편차를 조정하면 곡선은 날씬해지거나 뚱뚱해진다. 정규분포 곡선은 다양한 데이터를 나타낼 수 있다.

정식의 분포 값으로 삼는 것이다. 그러면 평균값에서 봉긋 솟은 혹 모양의 그래프가 만들어진다. 이제 그래프 위에 알고 싶었던 키의 범위를 표시하고 미적분을 활용해 곡선 아래의 면적을 구한다(26쪽, '미적분학의 기본 정리' 참고). 그러면 무작위로 어떤 사람을 골랐을 때 그 사람의 키가 해당 범위 안에 들어갈 확률을 구할 수 있다. 이 말은 곡선 아래의 전체 면적이 1이라는 뜻이다. 무작위로 고른 어떤 사람이 모든 키의 값을 갖는 확률이기 때문이다. 다시 말해, 어쨌든 그 사람이 특정 값을 가지는 것은 확실하다. 일반적으로 정규분포에는 최댓값과 최솟값이 없다. 다만 평균을 중심으로 양의 방향과 음의 방향으로 극단적인 값이 존재한다. 그리고 그런 값이 나타날 확률은 희박하다. 이런 점은 키가 정규분포가 아니라는 사실을 드러낸다. 키가 3m인 사람도, 키가 0이거나 음수인 사람도 없기 때문이다. 그래도 평균값에 가까워지면 정규분포는 괜찮은 근삿값을 제공할 것이다. 이처럼 정규분포를 정의하는 것은 까다롭다. 양쪽 방향으로 무한히 길게 뻗으면서도 결코 x선에 닿지 않는 곡선이지만, 곡선 아래의 면적을 전부 합치면 정확히 1이기 때문이다.

확률분포에는 여러 종류가 있지만 그중에서도 정규분포는 통계학에서 특별한 위치를 차지한다. 특별한 방법을 써서 다른 확률분포로부터 얻어낼 수 있기 때문이다. 여러분이 동전을 던진다고 상상해보자. 앞면인지 뒷면인지는 균일분포를 따른다(162쪽, '균일분포' 참고). 이제 게임을 하나 해보자. 동전을 10회 던져서 앞면의 수를 세는 것이다. 그 결과는 이항분포에 가깝다.

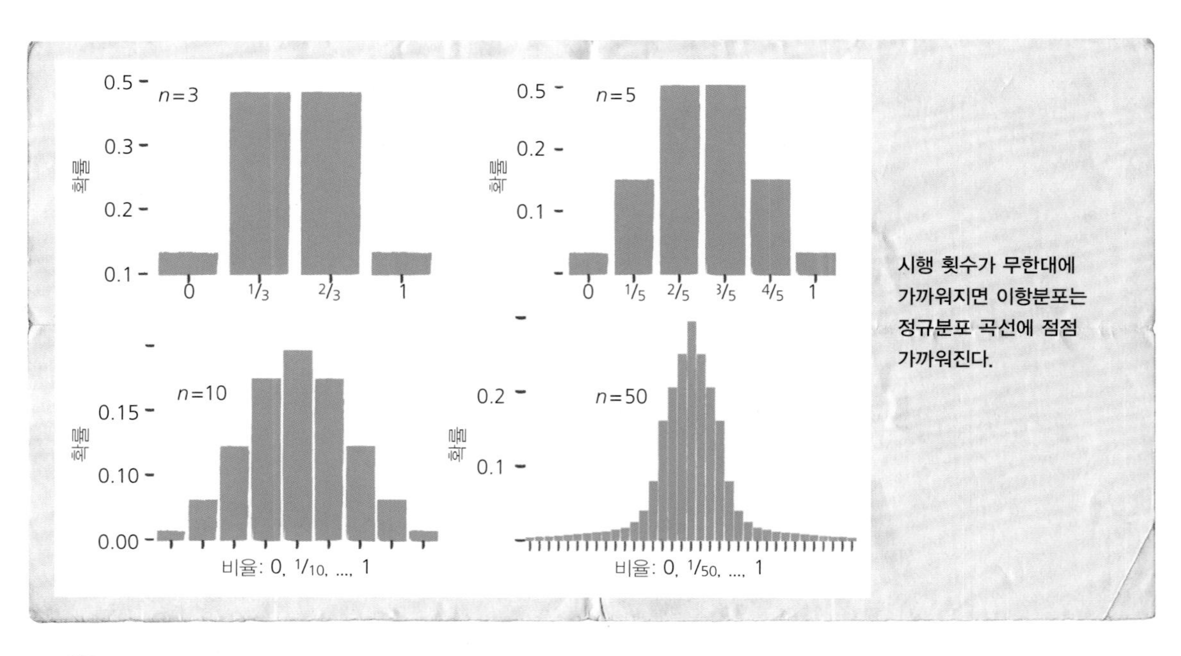

시행 횟수가 무한대에 가까워지면 이항분포는 정규분포 곡선에 점점 가까워진다.

그림처럼 다섯 눈 모양의 장치를 활용하면 단순한 물리적 상황에서도 이항분포가 나타난다는 사실을 보일 수 있다.

만약 동전을 충분히 많이 던진다면 평균인 5를 중심으로 다른 점수들이 배치되는 모습이 꽤 익숙하다는 사실을 느낄 것이다. 계속해서 동전을 100회 이상 던져보자. 그 결과는 확실히 정규분포 곡선과 비슷해진다. 사실 '중심극한정리'에 따르면 여러분이 동전을 이렇게 여러 번 던질수록 결과는 종 모양 곡선에 가까워진다. 굉장히 놀라운 일이다. 동전 던지기는 정규분포와 전혀 상관이 없기 때문이다. 정규분포는 여러 다른 변수를 자기에게 끌어당긴다는 일종의 통계적 블랙홀이다. 우리가 측정을 여러 번 반복하고 그 개별 측정이 서로 독립적이라면 말이다.

이 이상하게 생긴 방정식은 수많은 현상에 대한 유용한 모델을 제공한다.
하지만 그만큼 잘못 사용되기도 쉽다.

카이제곱 검정

데이터가 확률분포와 맞아떨어지는지 아닌지를 시험하는 흔한 방법이다.

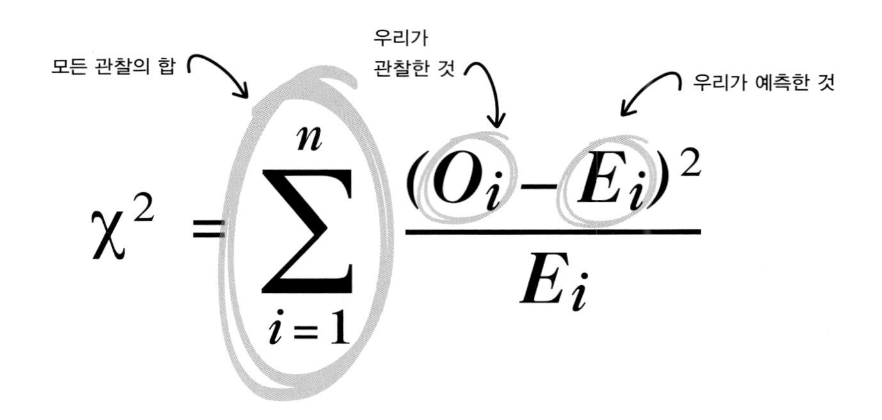

$$\chi^2 = \sum_{i=1}^{n} \frac{(O_i - E_i)^2}{E_i}$$

어떤 내용일까?

이렇게 상상해보자. 우리는 보드게임을 하고 있는데 미안하지만 나는 여러분이 속임수를 쓴다고 의심하는 중이다. 나는 여러분이 특정 면이 잘 나오도록 무게를 실어 개조한 주사위를 쓴다고 생각한다. 이런 경우가 아니라면 결과는 균일분포를 따라야 할 것이다(162쪽, '균일분포' 참고). 즉 주사위의 모든 면은 나올 확률이 같아야 한다. 하지만 그렇다고 해도 우리가 게임을 하는 동안 모든 눈이 같은 횟수만큼 나오지는 않을 것이다. 주사위에 문제가 없지만 단지 여러분이 오늘 운이 좋았을 가능성도 있기 때문이다(174쪽, '큰 수의 법칙' 참고). 그래서 나는 여러분에게 주사위를 바꿔달라고 요청한다. 그런데 여러분은 그 말을 듣더니 벌컥 화를 내면서 지금 자신이 못된 짓을 한다고 의심하는 건지 따진다. 이런 반응은 몹시 수상쩍지만, 그래도 나는 이 문제를 풀기 위해 지레짐작에만 머물기보다는 더 좋은 방법을 쓰기로 한다.

바로 카이제곱 검정을 재빨리 실시해보는 것이다. 이 방식은 다른 무엇보다도 여러분이 게임을 하는 동안 던져 얻은 점수에 기초해(이미 자연스럽게 꼼꼼히 기록해두었다) 주사위가 잘못되었을 확률이 얼마나 되는지를 대략적으로 잘 알려준다.

더 자세하게 알아보자

이 검정법은 가능한 결과에서 각각 관찰되는 빈도를, 그 분포가 제대로 이뤄졌을 때 예상되는 빈도와 비교한다. 그러고 나서 그 결과를 전부 더해 하나의 수를 얻는다. 이 수 자체는 의미가 없지만, 이 수를 활용해 주사위 눈의 분포가 우리가 예상하는 분포를 실제로 따르고 있는지를 알 수 있다. 신뢰도를 대략적으로 말해주는 것이다.

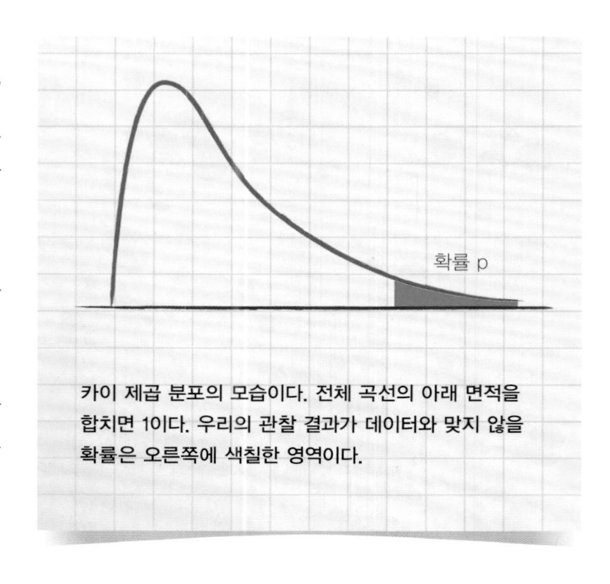

카이 제곱 분포의 모습이다. 전체 곡선의 아래 면적을 합치면 1이다. 우리의 관찰 결과가 데이터와 맞지 않을 확률은 오른쪽에 색칠한 영역이다.

사례를 살펴보자. 여러분이 주사위를 던졌더니 6, 3, 4, 4, 6, 1, 5, 2, 1, 6, 6, 6이 나왔다. 마지막에 6이 나오자 나는 인내심의 한계를 느꼈다. 정상적인 주사위라기엔 6이 지나치게 많이 나왔기 때문이었다. 이런 상황에서 나는 이 주사위가 균일분포를 따르지 않는다는 내 가설을 검증하고 싶었다. 그리고 우리는 여기에 대항하는 '귀무가설'을 갖고 있다. 즉 주사위가 사실은 아무 이상이 없는 공정한 주사위라는 평범하고 따분한 결론이다. 카이제곱 검정을 하면 p값이라는 수를 얻게 되는데, 이 수는 우리에게 주사위가 편향되어 있다는 사실에 대한 대략적인 신뢰도를 제공한다. 일반적으로 인쇄된 표나 컴퓨터를 통해 이 모든 작업이 이뤄진다.

이제 여러분의 주사위를 확인해보겠다. 총 12번을 던졌기 때문에 만약 주사위가 전혀 이상이 없다면 각 수를 2번씩 얻었을 것이다. 주사위의 눈 1에서 6까지에 대해, 관찰된 실제 횟수(O_i)를 식에 집어넣고 예상되는 횟수인 $E_i = 2$와 비교하면 아래와 같은 식을 얻는다.

$$x^2 = \frac{(2\text{-}2)^2}{2} + \frac{(1\text{-}2)^2}{2} + \frac{(1\text{-}2)^2}{2}$$

$$+ \frac{(2\text{-}2)^2}{2} + \frac{(1\text{-}2)^2}{2} + \frac{(5\text{-}2)^2}{2}$$

$$= 0 + \frac{1}{2} + \frac{1}{2} + 0 + \frac{1}{2} + \frac{9}{2} = 6$$

전체 점수는 6이다. 하지만 이게 무슨 뜻인가? 이제 표에서 6이라는 카이제곱 값을 찾아보면 주사위가 균일분포를 실제로 따랐는지에 관한 확률을 얻을 수 있다. 그리고 이 사례에서 내가 표를 찾아보니 앞선 귀무가설을 기각할 만한 이유를 찾을 수는 없었다. 여러분에게 사과를 구한다.

이런 통계적인 가설 검정은 굉장히 널리 활용된다.

카이제곱 검정은 데이터가 여러분이 예상하는 분포와 맞아떨어질 확률이 얼마인지를 보여준다.

하지만 완벽하지는 않다. 그러니 사실 여러분은 조작된 주사위를 썼는지도 모른다. 다만 이 검사가 이야기하는 바는, 여러분이 공평한 주사위에서 나올 수 있는 눈 수의 조합을 꽤 쉽게 얻을 수 있으며, 나는 성급하게 결론을 넘겨짚지 말아야 한다는 점이다. 수많은 통계적인 주장이 이런 식이다. 엄밀한 순수 수학이라기보다는, 사람들의 상식과 합리적인 기준에 호소하도록 설계된 것이다.

이 방정식은 여러분의 데이터가 특정 분포와 얼마나 일치하는지를 알려준다. 완벽하게 일치하지 않는 차이를 전부 더해서 결과를 살피는 것이다.

비서 문제

우리는 마땅한 사람을 구하기 위해 얼마나 많은 사람의 면접을 봐야 할까?

x 이후에 나타난 가장 훌륭한 사람이
전체 참가자 중에 가장 훌륭할 확률

$$P(x) = -x\ln(x)$$

어떤 내용일까?

몇몇 사람들은 끔찍할 정도로 우유부단하다. 어쩌면 여러분도 식당을 고를 때 그런 행동을 보일지 모르겠다. 여러분은 여러 선택지를 살펴보기 위해 거리를 거닐 것이다. 그중 몇몇 식당은 확실히 다른 식당보다 나아 보인다. 여러분은 괜찮아 보이는 프랑스식 레스토랑에 들어가고 싶었지만 같이 온 친구가 조금 더 둘러보자고 한다. 저 모퉁이 너머에 정말 좋은 식당이 있을지도 모른다는 것이다. 뱃속은 전쟁이 난 듯 꼬르륵대지만 당신은 친구의 말에 동의했고 터덜터덜 계속 걷는다. 당신과 친구 두 사람이 동의하는 한 가지는 다음과 같다. 일단 식당 한 곳에 들어가 여기서 먹기로 결정했다면 지나온 식당으로는 돌아가지 않는다는 것이다. 시간은 금이니 말이다.

사실 사람들은 상당수의 결정을 이런 식으로 내린다. 그중 한 가지가 누군가를 고용하는 경우다. 여러분 앞에 지원자들의 이력서가 끝도 없이 쌓였다고 해보자. 그리고 여러분은 면접을 진행하다가 마음에 들면 그 자리에서 결정하려고 한다. 사실 한 명씩 만날 때마다 시간도 아깝고, 사람이 필요한 자리를 빨리 메우지 못해 손실이다. 하지만 '비서 문제'로 잘 알려진 이 사례는 식당을 고르는 사례와 닮지는 않았다. 꽤 많은 지원자들을 다 볼 때까지 결정을 내리지 않았다가 그중 마음에 드는 사람을 고를 테니 말이다. 하지만 상황을 단순화하기 위해 여러분은 고용할 사람을 그 자리에서 골라야만 한다고 가정하겠다. 다른 식으로 바꿔 말하면 지나온 식당으로 발길을 돌리는 일 없이 바로 보이는 식당 중에서 갈 곳을 선택해야 한다. 이제 다음과 같이 문제를 정리할 수 있다. 여러분이 바로 그 다음 지원자를 선택하기 직전까지, 얼마나 많은 지원자를 거절해야 할까?

이 방정식은 왜 중요할까?

의사결정은 힘든 일이다. 식당을 고르는 일이 죽느냐 사느냐의 문제는 아니지만, 어떤 상황에서는 잘못된 한 번의 선택이 상당한 손실을 불러일으킨다. 사업에서는 그 손실이 대개 돈 문제다. 그리고 정치나 군사 영역에서는 정말로 다른 사람의 목숨을 위태롭게 하는 문제가 될 수 있다.

수학자들은 가능하면 사람들이 최고의 결정을 하도록 돕고자 한다. 여러분이 반드시 올바른 선택을 내리기 위한 유일한 방법은 모든 가능성을 일일이 확인해서 비교하는 것이다. 하지만 그렇게 할 수 없는 경우에는 어떻게 할까? 무작위로 고르거나, 아니면 최대한 노력하다가 일단 지치면 포기하거나 하는 수밖에 없을까?

나는 불확실성을 처리하는 방식으로 확률을 추천한다. 하지만 어떤 의미에서는 확률이 하나의 수준이 제거된 확실성에 의존한다고 볼 수 있다. 예를 들어 나는 주사위를 던졌을 때 다음번에 무엇이 나올지 모르지만, 5가 나올 확률이 $^1/_6$이라는 사실은 안다(162쪽, '균일분포' 참고). 그 이유는 보통의 주사위는 각 여섯 면이 나올 확률이 동등하도록 설계되었기 때문이다. 하지만 도박판이나 확률 수업 시간이 아니라면 실생활에서는 이런 상황이 없다. 가끔은 앞으로 어떤 일이 일어날지 짐작이 가는 경우도 있지만, 서로 다른 결과가 나올 확률을 모르는 경우도 있다. 그 식당이 이 동네에서 최고일 가능성이 얼마나 될까? 외부의 다른 정보를 갖지 못했다면 사실 우리는 절망적인 상황이다. 그럼에도 우리는 선택을 해야만 하고, 가끔은 맛있는 저녁식사를 하는 것보다 훨씬 중요한 문제에 대해 선택을 해야 한다.

결정 이론은 확률과 게임 이론, 논리학, 사회학, 심리학 등 여러 분야에 걸쳐 있다. 이 이론은 우리가 선택을 내리고 평가하는 방식을 공식화하려 한다. 또한 우리의 선호도를 알 때 더 나은 선택을 하는 방법을 알려 주고자 한다. 그래서 이 이론은 전략적인 결정이 이뤄지고 정당화되며, 뭔가 중대한 일의 성패가 달려 있는 모든 분야에서 중요하다. 이 '비서 문제'는 별것 아닌 것처럼 보여도 특정 종류의 결정을 내리는 과정을 수학적으로 분석해서 얻은 놀라운 결론을 보여주는 한 사례다.

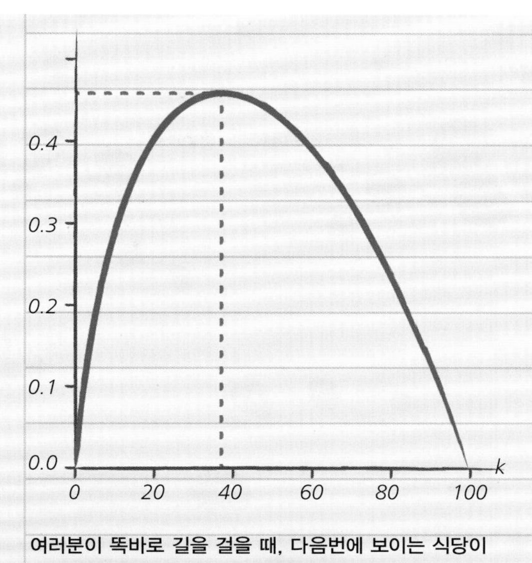

여러분이 똑바로 길을 걸을 때, 다음번에 보이는 식당이 그 전의 식당보다 좋을 확률은 점점 높아진다. 그러다가 전체 길의 1/e에 도달했을 때 확률이 가장 높고, 이후로는 점점 낮아진다.

우리는 종종 행동에 대한 정확한 전략을 개발하려 한다. 일상적인 선택 과정에 따르는 감정적인 소모, 좌절, 망설임 대신에 확실한 지침을 얻고자 하는 것이다. 사실 이런 지침은 대개 알고리즘의 형태를 따른다. 이것은 무척 명확해

위험과 보상 사이의 균형을 유지하는 일은 사업과 군사 분야에서 일상적으로 생기는 문제들뿐 아니라 루미(특정 조합의 카드를 모으는 놀이) 같은 단순한 카드 게임에서도 중요하다. 결정 이론의 목표는 우리가 이런 상황에서 충분히 잘 생각하도록 돕는 것이다.

서 컴퓨터 프로그램으로 전환하거나 로봇에게 명령을 내릴 수도 있다.

더 자세하게 알아보자

비서의 문제가 갖는 목표는 가능한 최선의 선택을 하는 것이 절대 아니다. 만약 그것이 목표였다면, 달성하기 위한 방법은 오직 하나다. 지원자를 모조리 만나는 것이다. 내 친구와 나는 이 동네의 저편에 멋진 식당이 있을지도 모른다고 생각했지만 그 식당을 찾으려면 철저한 조사를 해야만 했다. 하지만 그렇게 멀리까지 조사하는 것은 실용적이지 않았기에 우리는 가능한 적게 조사하되 그 가운데 최고의 식당이 포함될 가능성을 극대화하기로 했다. 그래서 우리는 먼저 일정 시간 동안 이 근처의 선택지가 어느 정도의 품질인지 감을 잡았다. 그런 다음, 지금껏 보았던 가장 나은 식당보다 더 나은 다음 식당을 골랐다. 여기까지 들으면 꽤 모호하게 들리기 때문에, 내가 그동안 이 방법을 생각해내기 어려웠던 것도 무리가 아닌 것 같다. 그러니 이제 이 과정을 조금 형식화하고 알고리즘으로 바꿀 수 있는지 살펴보자.

식당 고르는 문제로 다시 돌아가겠다. 우리는 거리의 식당이 좋은 것에서 나쁜 것 순서로 줄지어 있는 대신 서로 섞여 있다고 가정할 것이다. 전자의 경우라면 문제가 너무 쉬워지니 말이다. 그리고 우리가 고를 대상이 다 합해 n개라고 가정하자. 우리는 이 가운데 전체의 일부를 나타내는 무작위 표본을 고를 예정이다. 이때 전체의 절반을 제외하는 경우라면 $s = 1/2$다. 일단 살폈다가 제외시키는 과정에서 '충분히 봤다' 싶은 정도가 되었다면 여기까지가 표본이다. 이제 그동안 살폈던 가게들 가운데 가장 나은 가게보다 더 나은 가게가 우리가 고를 가게다.

이 정도도 꽤 괜찮은 알고리즘이지만 한 가지가 빠졌다. 전체의 일부라 할 때 일부가 어느 정도의 크기인지를 알아야 한다. 만약 우리가 충분히 살피지 않았다

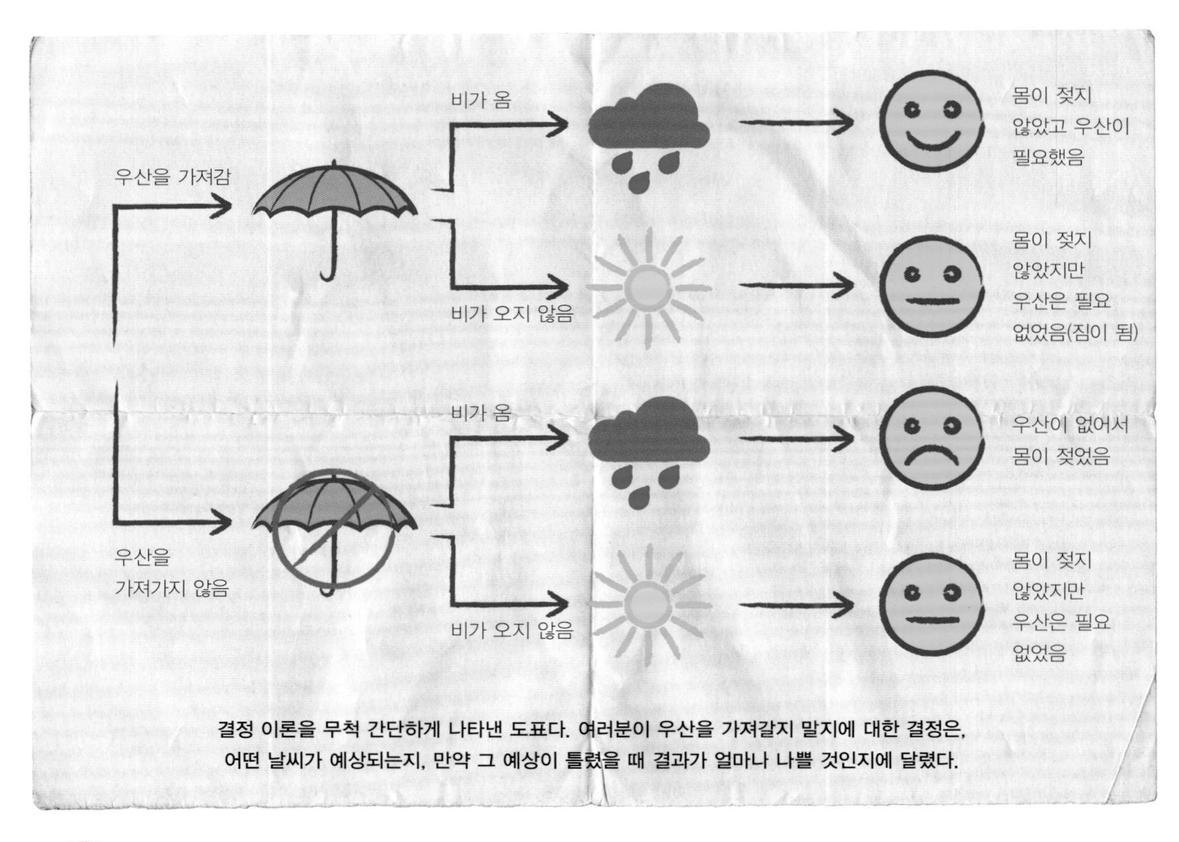

결정 이론을 무척 간단하게 나타낸 도표다. 여러분이 우산을 가져갈지 말지에 대한 결정은, 어떤 날씨가 예상되는지, 만약 그 예상이 틀렸을 때 결과가 얼마나 나쁠 것인지에 달렸다.

면 보통 이하의 선택지에 정착할 가능성이 있다. 그리고 만약 지나치게 많이 살폈다면, 우리가 최고의 선택지를 제외시키고 결국에는 그보다 덜한 선택지를 고를 가능성이 있다. 물론 어떤 전략을 사용하더라도 우리가 최고의 결론을 얻지 못할 가능성은 존재한다. 그렇기 때문에 우리는 그 가능성을 최소화하는 전략을 찾고, 무리 중에서 최고를 얻을 확률을 가능한 한 높여야 한다.

이때 실제 계산 과정이 그렇게 어렵지는 않지만 일일이 나열하며 설명할 정도는 아니다. 전체 수에 대한 표본의 크기가 주어진 상황에서 조건부 확률을 활용해(168쪽, '베이즈의 정리' 참고) 확률에 대한 표현을 찾으면, 표본 안에는 최고의 후보자가 없는 대신 두 번째로 좋은 후보자가 존재한다. 그렇기 때문에 우리는 표본을(두 번째로 좋은 후보자가 포함된) 버린 다음, 아직 버려지지 않은 최고의 후보자에게 정착할 것이다. 놀라운 점은 다음 극한값이 적용될 때 표본의 크기 s에 대한 최선의 선택을 할 수 있다는 점이다.

$$\lim_{n \to \infty} s = \frac{1}{e}$$

여기서 e는 자연로그의 밑이다(36쪽, '로그' 참고). 계산기를 두드려보면 이 수는 약 0.3679일 것이다. 그 말은 길을 가다가 식당 전체의 약 37%를 창문 너머로 기웃거린 다음, 또는 전체 구직자의 약 37%를 면접 본 다음 지금껏 본 가장 나은 지원자보다 더 나은 다음 지원자를 선택하면 된다는 것이다. 물론 확실히 최고를 보장할 수는 없다. 하지만 이 전략은 여러분이 가능한 최고의 식사와 최고의 직원을 맞이하기 위한 최선의 노력이다.

비록 면접 보는 사람도 무척 떨리겠지만, 면접 하는 사람 역시 걱정이 되는 상황이다. 이 자리에 올 가능한 지원자들을 전부 만나지 못하는 상황에서 올바른 결정을 내리는 것은 결코 쉬운 일은 아니다.

결정 이론에 수학을 적용하는 일은 어려움이 많지만 그래도 그럴 만한 가치가 충분하다. 겉보기에 단순해 보이는 유명한 비서 문제는 결정 이론을 통해 놀라운 해법을 얻을 수 있다.

찾아보기

| ㅇ |

| ㅈ |

| 숫자, 기호, A~Z |

감사의 말

자신의 여러 아이디어를 이 책에 제안해준 클레어 철리, 매의 눈으로 원고를 읽고 다른 모든 사항을 살펴준 로버트 킹햄, 저자가 내용에 대해 생각하고 이후에 뭔가를 할 수 있게 도와준 네이선 찰턴과 앤드루 맥게티건에게 감사를 전한다. 그리고 센트럴 세인트 마틴스 대학교, 시티 리트, 퀸 메리 대학교를 비롯한 여러 학교의 학생과 직원들에게도 고마움을 전한다.

도판의 출처

사진

8~9 © Dreamstime.com/Inga Nielsen, 11 © Fotolia/orangeberry, 12 © Dreamstime.com/Chatsuda Sakdapetsiri, 13 © REX Shutterstock British Library/Robana, 17 오른쪽 © Alamy/gkphotography, 17 왼쪽 © REX/Shutterstock, 21 © Dreamstime.com/Sharpshot, 24 © Fotolia/Sharpshot, 27 © Shutterstock/Everett Historical, 33 © Paul Nylander, 35 © istockphoto.com/RalphParish, 43 © Shutterstock/Pi-Lens, 45 CC-by-sa PlaneMad/Wikimedia/Delhi Metro Rail Network, 47 © Getty Images/Dorling Kindersley, 50-51 © Shutterstock/Marina Sun, 59 © Getty Images Prisma/UIG via Getty Images, 60 © Getty Images/Apic, 62 REX Shutterstock/Universal History Archive, 67 왼쪽 © REX Shutterstock/Universal History Archive/Universal Images Group, 67 오른쪽 © Alamy/Hilary Morgan, 69 © Alamy/Patrick Eden, 71 © istockphoto.com/jamesbenet, 76 © REX Shutterstock/Photoservice Electa/UIG, 78 © Shutterstock/Blackspring, 80 © istockphoto.com/ocipalla, 82 왼쪽 © Shutterstock/Balazs Kovacs Images, 82 오른쪽 © Shutterstock/Balazs Kovacs Images, 84 © Alamy/WS Collection, 85 © istockphoto.com/clearviewstock, 89 © Alamy/JG Photography, 93 © istockphoto.com/StephanHoerold, 98 istockphoto.com/sandsun, 106 © Institut International de Physique Solvay via Wikipedia, 108-109 © Dreamstime.com/Inga Nielsen, 113 © Getty Images/Buyenlarge, 115 © Thinkstock/Hemera Technologies, 119 © Alamy/ACTIVE MUSEUM, 120 © Getty Images,The Print Collector/Print Collector, 122 REX/Shutterstock View Pictures, 123 © Alamy/Ulrich Doering, 125 왼쪽 © REX Shutterstock/Universal History Archive, 125 오른쪽 © Alamy/INTERFOTO, 127 ©

Alamy/John Robertson, 132 © NASA/JPL–Caltech, 135 © Alamy/Kathryn Aegis, 136 istockphoto.com/DenisKot, 140 © istockphoto.com/Highwaystarz, 143 © Getty Images/ Tasos Katopodis, 148 © istockphoto.com/Flechas_Cardinales, 151 © Dreamstime.com/Edurivero, 153 © NASA, 157 © Corbis/Connie Zhou/ZUMA Press, 160~161 © istockphoto.com/DianaHirsch, 165 Shutterstock/Aaron Amat, 166 © Shutterstock/Paul Matthew Photography, 169 © Getty Images/SSPL, 173 Getty Images/Ishara S.KODIKARA/AFP, 175 © National Gallery of Art, Washington/Patrons' Permanent Fund, 179 © Antoine Taveneaux at English Language Wikipedia, 181 © Thinkstock/Ximagination, 183 © Alamy/ pintailpictures.

일러스트

15 © University of Melbourne on behalf the Australian Mathematical Sciences Institute, 16 © Il Giardino di Archimede, 31 © Cronholm144 at English Language Wikipedia, 65 © CSIRO and www.atnf.csiro.au/outreach/education/ senior/cosmicengine/renaissanceastro.html, 66 © 2011 by Encyclopaedia Britannica, Inc., 68 © Josell7 at English Language Wikipedia, 72 © Yahoo Finance(https://finance.yahoo.com), 79 © Richard Fitzpatrick, The University of Texas at Austin, 81 © James Bassingthwaighte, Gary M Raymond, www.physiome.org, 88 © http://physics.stackexchange.com/questions/60091/howdoes–e–mc2–put–an–upper–limit–to–velocity–of–a–body, 94 © Loodog at English Language Wikipedia, 96 © Duk at English language Wikipedia, 107 © American Physical Society, 111 © Stefan Kuhn at English Language Wikipedia, 117 © Peter Mercator at English Language Wikipedia, 123 © Sanpaz at English Language Wikipedia, 129 © Carl Burch, based on a work at www.toves.org/books/logic, 144 왼쪽 © www.optiontradingtips.com (http://www.optiontradingtips.com/images/ time–decay.gif), 144 오른쪽 © www.orpheusindices.com, 147 © fullofstars at English Language Wikipedia, 155 © Fropuff at English Language Wikipedia, 157 © Robert H Zakon, timeline@Zakon.org, 171 © Rod Pierce, www.mathsisfun.com, 180 © www.philender.com/courses/tables/distx.html

그 외

Emily@kja–artist.com, Peter Liddiard